广告设计之地产广告

神奇的滤镜之淡雅水墨

神奇的滤镜之燃烧的图腾

文字设计之插画风格文字

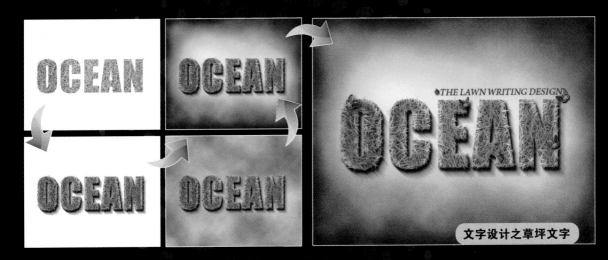

THE LAWN WRITING DESIGN

文字设计之草坪文字

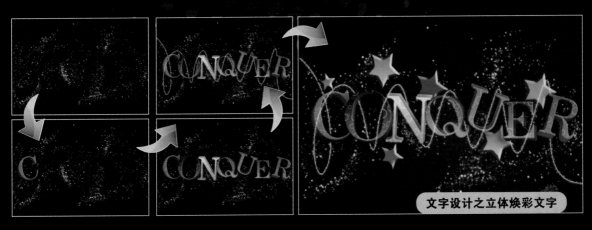

文字设计之立体焕彩文字

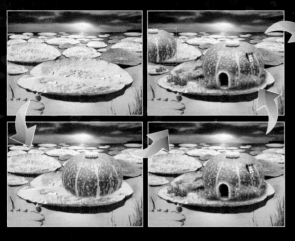

合成艺术之幻想世界

合成艺术之破碎美人

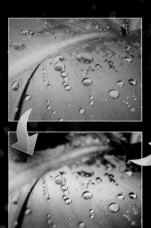

合成艺术之奇幻水晶球

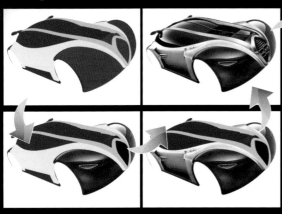

绘画艺术之汽车质感

海报设计之地产海报

海报设计之电影海报

征服 Photoshop CS3

基础与实践全攻略

许基海 编著

电子工业出版社

Publishing House of Electronics Industry

北京·BEIJING

内 容 简 介

随着电脑技术的发展，数码图像已经深入到我们周遭的各个角落。小到照片处理，大到影视传媒，数码图像都占据了非同寻常的重要地位。而Photoshop则是图像处理软件中众所周知的佼佼者。Photoshop CS3是Abode公司在Photoshop CS2基础上的升级版本，这次焕然一新的升级，不仅使软件的界面更加专业合理，在功能上也充分体现Photoshop CS3更加人性化的一面。

本书对Photoshop CS3的基础知识作了非常详尽的描述，图文并茂地将其知识点进行剖析，还精心安排了20多个精品实例的设计思路和制作流程解析。内容从易到难，由浅入深，全面地介绍了软件的技法和更多相关的设计知识。丰富的内容、精致的案例，将Photoshop CS3独具的艺术创造魅力展露得淋漓尽致。

本书附带光盘，收录了案例的素材、源文件和最终效果图片，以及数个重要案例的视频教程。

图书在版编目（CIP）数据

征服Photoshop CS3基础与实践全攻略 / 许基海编著. —北京：电子工业出版社，2009.4

ISBN 978-7-121-07980-1

I. 征…　Ⅱ. 许…　Ⅲ. 图形软件，Photoshop CS3　Ⅳ. TP391.41

中国版本图书馆CIP数据核字（2008）第196519号

责任编辑：王鹤扬

印　　刷：

装　　订：北京画中画印刷有限公司

出版发行：电子工业出版社

　　　　　北京市海淀区万寿路173信箱　邮编100036

开　　本：787×1092　1/16　印张：23　字数：633千字　彩插：2

印　　次：2009年4月第1次印刷

印　　数：4 000册　　定价：79.00元（含DVD光盘1张）

凡所购买电子工业出版社图书有缺损问题，请向购买书店调换。若书店售缺，请与本社发行部联系，联系及邮购电话：（010）88254888。

质量投诉请发邮件至zlts@phei.com.cn，盗版侵权举报请发邮件至dbqq@phei.com.cn。

服务热线：（010）88258888。

写给众位"菜鸟玩家"的话

Photoshop就像玩游戏？

玩电脑的朋友们大概都有这种体会吧。凡是打算学东西时往往提不起精神，但如果玩起电子游戏来则兴致盎然，想当年准备好一大罐可乐，一手鼠标，一手攻略，可以拼搏一个通宵都不会疲倦。

为什么啃书本总是不及打电玩有兴致？

其实，套用某达人的一句话说——我们太没有娱乐精神了。

不妨将Photoshop软件当做一个难度高，隐藏着各种惊喜的超级RPG游戏"征服Photoshop"，把教程当做一本过关全程攻略，或许学习起来就不是那么枯燥的事情了。

几年前，就是抱着这样一种玩游戏的心态，笔者顺利游戏通关，于是现在写下这样一本寓教于乐的全攻略，以飨打算玩这个游戏的菜鸟们。

"征服Photoshop"这款"游戏"

在图形图像的处理领域中，Photoshop软件绝对是功能最全面，普及最广泛的软件，其强大的图像处理功能，令用户叹为观止。相对于同类软件，Photoshop有着不可撼动的稳固地位。

当前，Photoshop继续强化和扩大自身创造功能，应用领域不断扩大，在平面设计、广告设计、网页设计、工业造型方面深受用户的喜欢。

本书将征服Photoshop作为一款游戏，把软件界面看做游戏画面；把参数对话框看做游戏工具；把绘图技巧看做游戏秘笈，那么这本教程就是一本深入讲解游戏玩法的全攻略。

本攻略的特色

● 本攻略精心划分为"基础知识篇"和"实例精讲篇"两大部分。两部分内容各有千秋。

第一部分"基础知识篇"覆盖了Photoshop CS3 的基础知识、重点及难点。就像我们在玩游戏时需要了解游戏中各关卡元素的用途一样。这一部分帮助读者迅速掌握Photoshop的秘密。

第二部分"实例精讲篇"以精品实例为主，覆盖了Photoshop的各个应用领域。就像我们在熟悉游戏规则之后，开始一步一步探索过关。这部分将是读者们最尽兴的内容。

● 本攻略以实用为目的，内容安排经过周密设计，通俗易懂，有助于读者学习揣摩。

对Photoshop一窍不通的人，也可以看懂并使用本攻略。虽然以游戏攻略为参照，但作为教程，本书的内容仍是非常严谨的。

● 本攻略画面精美，效果图片经过精心挑选。

读者可欣赏到Photoshop处理的美观效果。

● 本攻略采用紧密排版方式，定价低，内容超值。

物有所值才是正道。

● 精选十个实例，详细录制了有声视频，有助于读者学习理解。

兵贵精而不贵多，超过130分钟的视频内容，每一分钟都不简单。

内容提要

本书共分19章。其中第19章内容放在本书附赠光盘中。

第一部分"基础知识篇"由第1～12章组成，从易到难、由浅入深地讲解了Photoshop CS3中的基础知识，带领读者一步步迈进图像处理的领域。内容讲解全面、细致、清晰，使读者头脑中含糊不清的概念明朗化。在重要技巧处，安排小案例对理论知识进行剖析，让理论付诸于实践，不再纸上谈兵。

第二部分"实例精讲篇"由第13～19章组成，安排了多个经典综合案例，从案例分析、设计思路到制作步骤，都进行了非常详尽的讲解。"设计思路"是这一部分的特色栏目，它弥补了制作步骤仅针对单个案例的局限性，开拓性地讲解制作前构思、准备工作以及相关的专业知识。

本攻略适用人群

本书基础与实例并重，适合的读者对象有：

● 零基础的初学者，最适合使用本书进行学习，可短时间内提高实际绘图水平；

● 有一定Photoshop基础的读者，也可将本书作为工具参考书使用；

● 本书也可以作为大中专院校或社会培训的理想教材。

特别声明

本攻略虽然用心写作，精心设计，但由于作者的水平有限，书中难免存在谬误和不足之处，欢迎广大读者朋友批评指正。

本人博客：http://blog.sina.com.cn/xujihai520。同时也欢迎爱好Photoshop的广大朋友们切磋交流。

编　者

2008年11月

第一篇 基础知识篇

第1章
Photoshop CS3简介

第2章
Photoshop CS3的基本操作

精彩图片赏析

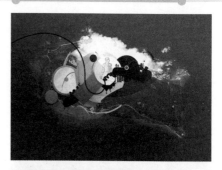

第3章
选区的使用

第4章
绘制与修复

精彩图片赏析

第5章
色彩与色调的调整

精彩图片赏析

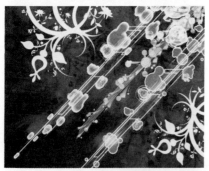

第6章
图层

精彩图片赏析

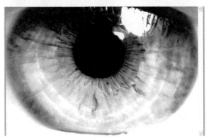

第7章
蒙版和通道

第8章
路径

第9章
文字处理

第10章
动作与批处理文件

精彩图片赏析

第11章
滤镜

第12章
动画

第二篇 实例精讲篇

精彩图片赏析

第13章
神奇的滤镜

第14章
文字设计

精彩图片赏析

第15章
合成艺术

第16章
广告设计

第17章
海报设计

第18章
动画效果

第19章
绘画艺术

（本章内容参见附赠光盘。）

第1篇 基础知识篇

子曰："工欲善其事，必先利其器"。学习Photoshop也是一样，要想创作出优秀的图像作品，首先要将我们手里的工具应用得得心应手。Photoshop CS3是一个强大的图像编辑软件，但它是否真正地发挥出它所有的潜能，取决于操作它的人。在初期，也许你并未发现它的强大之处究竟在哪里，但随着你不断地探索、磨练，Photoshop将以它惊人的实力回报你。千万不要轻视任何一个简单的基础知识，因为其中也许蕴藏着很多等待你去发掘的能力，这也是Photoshop总是在我们一筹莫展的时候带给我们惊喜的原因。

本个部分由12章构成，从易到难、图文并茂地讲解了Photoshop CS3的各种概念、工具、命令等。灵活地掌握这些乏味的知识点，在学习的过程中切忌呆板、钻牛角尖，这会让你的学习走进死胡同，甚至前功尽弃！学会举一反三地利用这些知识点，才会为你的学习开拓一条光明大道。

本篇精美效果图赏析

第1章
Photoshop CS3简介

在进入系统的学习之前，对Photoshop CS3工作环境的了解是非常必要的，只有熟练地掌握其各方面的特点及工作方式才能更有效地使用软件。一个软件的强大与否，取决于它自身的功能，而能否将其功能发挥到极致，就取决于用户了。当应用一个软件的时候，你对它了解得越多，它对你所做的贡献也就越多。

本章从最基础也是入门至关重要的部分入手，对Photoshop软件的简介、Photoshop CS3的工作环境到图像处理的基本知识和一些常规操作，都做了详细的描述。

1.1 Photoshop CS3简介

Adobe公司于1990年推出了Photoshop图形图像处理软件。继而，Adobe公司与Aldus公司合并，使Photoshop的升级迅速加快，任何一款同类软件都无法望其项背，从而在图像处理领域建立了更为牢固的地位。

Photoshop软件发展至今，已拥有包括Photoshop 4.0、Photoshop 5.0、Photoshop 6.0、Photoshop 7.0、Photoshop CS、Photoshop CS2和最新的Photoshop CS3等多个版本。

Photoshop CS3支持众多的图像格式，对图像操作做到了非常精细的程度，它拥有异常丰富的滤镜，熟练掌握软件后，能体会到一些意想不到的神奇境界。

在保留原有版本传统功能的基础上，Photoshop CS3还提供更高效的图像编辑、处理以及文件处理功能，且功能的增强并未降低其使用效率。它提供了更多的创作方式，能制作适用于打印、Web和其他任何用途的最佳品质的图像。通过流线型的Web设计、更快的专业品质照片润饰功能及其他功能，创造出无与伦比的影像世界。

而这一切，Photoshop CS3都为我们提供了相当简捷和自由的操作环境，从而使我们的工作游刃有余，从某种程度上来讲，Photoshop本身就是一件经过精心雕琢的艺术品。当然，简捷并不意味着傻瓜化，Photoshop仍然是一款大型图像处理软件，想要用好它不在朝夕之间，只有长时间的学习和实际操作才能充分贴近它。

1.2 Photoshop CS3新功能

相对于旧版本，Photoshop CS3新增加的功能有：

1．展示了Photoshop软件功能上的一系列革新，扩大编辑的空间，同时可以方便地使用各种调板，调板可以根据用户的需要进行开启或者关闭，并且可以将其显示方法进行扩大或者缩小。

2．【智能滤镜】的出现，在滤镜的使用方法上得到了空前的革新。它可以进行图像添加、调整和删除滤镜，它对图像不再具有破坏性，并可以可视化修改滤镜数据。

3．在选择类工具中加入了【快速选择工具】和"调整边缘"，【快速选择工具】是智能的，它比【魔棒工具】更加直观和准确。【快速选择工具】会自动调整所涂画的选区大小，并寻找到边缘使其与选区分离，它可以轻松地选择图像，并应用"调整边缘"微调选区边缘。

4．随着软件而升级的Adobe Bridge CS3软件，对于不同的比率、文件格式、长宽比例、ISO设置和文件的关键字，软件都可以提供预览，并可以应用关键字查找帮助找到想要的图像。它可以帮助用户对图片进行归类，还可以为图像设置星级。当有需要隐藏并且不想删除的文件时，可以通过拒绝命令来实现。

5．在【调整】菜单中新增的【黑白】命令，可以轻松地将彩色图像转换为灰度图像，并调整色调值和浓淡来决定灰度图像的效果。

6．【消失点】将基于透视的编辑提高到一个新的水平，这使用户可以在一个图像内创建多个平面，以任何角度连接它们，然后围绕它们绕排图形、文本和图像来创建打包模仿等。

7．Photoshop CS3大大增强了对数码相机Raw格式图片的支持，使用Camera Raw对话框可以直接编辑JPEG、TIFF或RAW格式的图片。新增加的Fill Light、Recovery、Vibrance等工具允许用户更轻松方便地调整照片。

8．自动对齐和自动融合功能，可以节省很多操作，自动融合或对齐图片。

当然Photoshop CS3改革的地方远远不止上述这些，Photoshop CS3的操作更加人性化，也加强了各方面的兼容性。很多细节的部分都为用户考虑得相当周到，在今后的学习和摸索中，可以发掘出更多Photoshop CS3的卓越之处。

1.3 Photoshop CS3的工作环境

启动Photoshop CS3后，会呈现出Photoshop CS3的操作界面，Photoshop CS3的操作界面与之前的版本相比发生了很大的变化，灵活自定的调板设置和美观舒服的视觉体验，使软件更具专业特色，这也是Photoshop有史以来的重大革新。熟悉软件的工作环境，是为更熟练地操作软件奠定坚实的基础。其界面如图1-3-1所示。

下面对界面构成的要素以及其功效进行简单的讲解。

- 菜单栏：菜单栏有10个分类，其中包含近百个命令，执行这些命令，可以完成一些简单的比如【打开】的基础操作，也可以完成一些比如【滤镜】或【调整】的高级操作。
- 属性栏：属性栏与工具箱中的每个工具相对应，当用户选中工具箱中的某个工具时，属性栏就会改变成相应工具的属性设置选项。可以利用属性栏很方便地设定相应工具的各种属性。
- 工具箱：工具箱包含了绘图和编辑图像时要使用的近百种工具。
- 伸缩栏：伸缩栏是Photoshop CS3中的新增功能，其作用是自由伸缩工具箱或者调板，以扩展工作区。
- 调板：调板是Photoshop重要的组成部分。启动Photoshop CS3后，可以任意移动位置，并且可以根据用户的习惯随时关闭各种控制调板。不同的调板有着不同的功能。

- 状态栏：状态栏用于显示当前图像文件的显示比例、文件大小、内存使用率、运行时间，并提供一些当前操作的帮助信息。
- 图像窗口：图像窗口是图像文件的显示区域，也是编辑或处理图像的区域。在图像窗口中可以对图像进行多种操作，如改变窗口大小和位置、对窗口进行缩放、最大化与最小化窗口等。

图1-3-1 Photoshop CS3的界面

1.3.1 主菜单和快捷菜单

Photoshop CS3中很多菜单的子菜单都被隐藏了起来，执行"显示所有菜单项目"项可完全显示当前菜单中的子菜单。菜单有主菜单和快捷菜单两种类型。

主菜单是Photoshop CS3的重要组成部分，位于窗口的上方。Photoshop CS3将功能命令分类放在10个菜单中，如图1-3-2所示。

图1-3-2 Photoshop CS3的主菜单

Photoshop CS3的10个菜单分类如下：

- 文件：在其中可以执行文件操作的命令，例如打开文件、存储文件等。
- 编辑：其中包含一些编辑图像时常用的编辑命令，例如剪切、复制、粘贴、撤销等操作。
- 图像：用于对图像的操作，例如图像模式的转换、校正图像的色彩、处理文件和画布的尺寸、分辨率等。
- 图层：在其中可执行图层的创建、删除等命令。
- 选择：用于创建或编辑图像的选区，例如修改选区、变换选区等。
- 滤镜：包含了很多的滤镜命令，可对图像或图像的某个部分进行特殊效果的处理。
- 视图：用于对Photoshop CS3的屏幕进行设置，例如改变文档视图的大小、缩小或放大图像的显示比例、显示或隐藏标尺和网格等。

• 窗口：用于隐藏和显示PhotoShop CS3的各种调板。

• 帮助：通过它可快速访问Photoshop CS3帮助手册，其中包括几乎所有Photoshop CS3的功能、工具及命令等信息，还可以访问Adobe公司的站点、注册软件、插件信息等。

选择任意一个菜单，会展开对应的子菜单命令。在这些子菜单命令中，有些命令呈浅灰色，表示命令未被激活，当前无法使用；有些命令后面有快捷键，按下快捷键，便可快速执行相应的命令；有的命令后面带有小三角形按钮▶，说明该菜单中包含有子菜单；而有的命令后面带有省略号…，说明执行该命令将会打开一个对话框。【图像】菜单如图1-3-3所示。

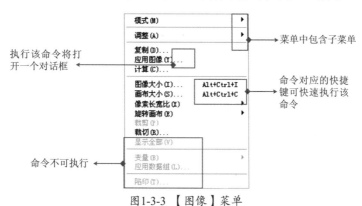

图1-3-3 【图像】菜单

除了主菜单外，Photoshop CS3还提供快捷菜单，以方便用户更加快速地使用软件。在窗口中单击鼠标右键即可打开与所选择的工具相应的快捷菜单。例如，当用户选择工具箱中的【移动工具】 时，在窗口中单击鼠标右键，将打开如图1-3-4所示的快捷菜单。

不同的图像编辑状态，系统所打开的快捷菜单不同。例如，当执行【自由变换】命令，打开调节框后，单击鼠标右键，弹出的快捷菜单如图1-3-5所示。

图1-3-4 【移动工具】相应的快捷菜单

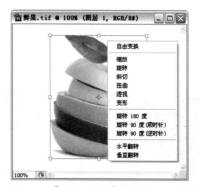

图1-3-5 【自由变换】相应的快捷菜单

1.3.2 工具箱

Photoshop CS3工具箱的内容如图1-3-6所示。

使用鼠标单击某个工具按钮即可选中该工具。有些工具按钮右下方有一个三角形符号，说明该工具是一个工具组，其中还有相同类型的工具，按住该工具按钮不放，则会显示该工具组中的所有工具。用鼠标单击不同的工具按钮即可切换不同的工具，或者按住Alt键，单击工具按钮以切换工具组中不同的工具。工具箱中的工具也有对应的快捷键。将鼠标指向工具箱中的工具按钮，将会出现一个热敏菜单提示信息，信息中包含了该工具的工具名称以及括号中对应的快捷键。

工具箱的下方还有下列按钮。

- 默认前景色和背景色按钮 ■：单击该按钮，系统将自动将前景色和背景色恢复到默认状态，即前景色为黑色，背景色为白色。

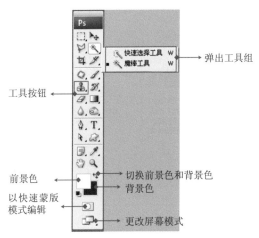

图1-3-6 Photoshop CS3工具箱

- 以快速蒙版模式编辑按钮 ◯：单击该按钮，将进入快速蒙版编辑模式，再次单击该按钮，将还原为普通编辑模式。
- 更改屏幕模式按钮 ⬛：该按钮可以更改当前的屏幕模式，其中包含标准屏幕模式、最大化屏幕模式、带有菜单的全屏模式和全屏模式。单击该按钮，可以在这四种模式中循环更改。

在Photoshop CS3中，工具箱可以单击其顶部的伸缩栏，在单栏与双栏状态之间进行切换，单栏状态如图1-3-7所示，双栏状态如图1-3-8所示。

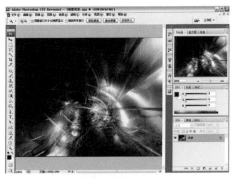

图1-3-7 工具箱的单栏状态

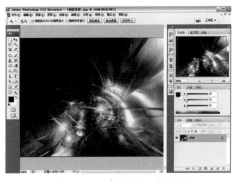

图1-3-8 工具箱的双栏状态

1.3.3 属性栏

Photoshop CS3属性栏用于设置工具的属性，属性栏位于菜单栏的下方。选中工具箱中的某个工具时，属性栏就会更改为相应工具的属性设置，如图1-3-9所示为【钢笔工具】的属性栏。

图1-3-9 【钢笔工具】的属性栏

执行【窗口】→【选项】命令，可显示或隐藏工具的属性栏。单击属性栏上的工具按钮，然后从弹出的选项中选择"复位工具"或者"复位所有工具"选项，可使一个工具或所有工具恢复到默认设置。

> **提示** 默认情况下，工具属性栏会贴附在菜单栏下方，如果想要改变它的位置，拖动工具栏左侧的灰色小方块，即可将工具栏拖到窗口中的任意位置。

1.3.4 图像窗口

图像窗口的组成如图1-3-10所示。

在图像窗口的上方是标题栏，标题栏中可以显示当前文件的名称、格式、显示比例、色彩模式、所属通道和图层状态。如果该文件未被存储过，则标题栏以"未命名"并加上连续的数字作为文件的名称。图像的各种编辑都是在此区域中进行。

图1-3-10 图像窗口的组成

* 标题栏：用于显示当前文件的名称、格式、显示比例、色彩模式、所属通道和图层状态。
* 控制窗口菜单：单击标题栏中的蓝色图标 ，即可打开控制窗口菜单。应用该菜单中的命令，可以进行改变窗口大小和位置、对窗口进行缩放、最大化和最小化窗口等操作。
* 图像显示区：在该区域中，可以实现编辑或处理图像的功能。
* 滚动条：当图像的显示大小大于窗口大小时，窗口的右边及下方将出现滚动条。拖动滚动条，可改变窗口显示图像的区域。

1.3.5 调板

调板的主要功能是帮助用户监控和修改图像，所有调板均可以通过执行【窗口】命令的子菜单打开。与工具箱一样，调板也可以进行伸缩，单击调板上方的伸缩栏，可将调板进行自由的收缩或展开，如图1-3-11所示为收缩所有调板后的状态，如图1-3-12所示为展开所有调板后的状态。

调板可进行调整位置、改变大小、复位调板位置、拆分等操作，具体方式如下。

- 分离调板：拖曳调板的标题栏到另一位置即可将调板从调板组中分离出来。
- 还原调板：拖曳调板到原来的调板组即可将拆分开的调板还原。
- 移动调板组：拖动调板组的灰色标题栏即可移动整个调板组的位置。
- 复位调板：执行"窗口→工作区→复位调板位置"命令，可复位所有调板的位置。
- 隐藏/显示调板：按Tab键，可将工具箱与所有的调板进行隐藏，再次按Tab键，即可全部显示；按"Shift+Tab"组合键，则仅隐藏所有的调板，再次按"Shift+Tab"组合键，则将全部显示。

图1-3-11 收缩所有调板 　　　　　　　　　　　图1-3-12 展开所有调板

1.3.6 状态栏

窗口底部的状态栏会显示图像文档的各种信息，它由显示比例栏和显示文件信息两部分组成，在显示比例栏中直接输入数值，可改变图像的显示大小比例。单击状态栏右侧的三角形按钮 ▶，即可弹出文档信息分类菜单。它提供7种不同的信息，状态栏如图1-3-13所示。

图1-3-13 状态栏

其中各种选项的解释如下。

- Version Cue：使用Version Cue来跟踪在处理文件时对文件所做的更改。Version Cue是随Adobe Creative Suite提供的基于服务器的文件管理系统。使用Version Cue可以集中管理共享项目文件；使用直观的版本控制系统与其他人同步工作；使用备注跟踪文件状态。
- 文档大小：用该方式显示时，在状态栏上有"文档"字样，它显示的是当前文件的大小，其中左边的数值表示该文件在不含任何图层和通道等数据情况下的大小，右边的数值则是包括所有图层和通道路径的文件大小。
- 文档配置文件：显示当前文件使用的色彩配置信息。

- 文档尺寸：显示当前文档的长宽尺寸。
- 测量比例：显示当前图形像素与实际像素之间的大小比例。
- 暂存盘大小：用该方式显示时，将在状态栏中显示当前文档的虚拟内存大小。其中左边的数值代表在Photoshop CS3中打开文件所需的内存数，右边数值则显示当前计算机供给Photoshop CS3使用的内存数。
- 效率：用该方式显示时，在状态栏上显示一个百分数代表Photoshop CS3的操作效率。效率是100%，表示软件处在最佳状态，当效率低于100%，说明软件正在使用虚拟内存。
- 计时：选取该方式后，状态栏数值显示的信息是指执行上一次操作所消耗的时间，按住键盘上的Alt键并重新选取计时就能将计时清零。
- 当前工具：选取该方式后，状态栏注释的信息是目前使用的工具名称。
- 32位曝光：选取该方式后，状态栏将显示曝光只在32位起作用。

1.4 自定义快捷键

在Photoshop CS3中，用户不但可以使用默认的快捷键，而且可以根据自己的习惯自定义快捷键，使工作的时候更加得心应手。

自定义快捷键的方法如下：

❶ 执行【编辑】→【键盘快捷键】命令，打开【键盘快捷键和菜单】对话框，如图1-4-1所示。

图1-4-1 【键盘快捷键和菜单】对话框

❷ 在"快捷键用于"的下拉菜单中选择需要定义快捷键的类型，如"应用程序菜单"、"调板菜单"、"工具"等。

❸ 单击需要修改的命令或工具，右侧的快捷键文本框被激活，直接按所需要设置的快捷键，新的快捷键将显示于文本框中。

❹ 当快捷键已分配，与其他的命令或工具相冲突时，将出现警告信息。此时单击"接受"按钮 [接受]，系统将把该快捷键分配给新的命令或工具，并删除之前分配的快捷键；单击"接受并转到冲突处"按钮 [接受并转到冲突处]，将转到冲突的命令或工具，此时，可以为它分配新的快捷键；单击"还原更改"按钮 [还原更改]，可将当前的更改进行还原。

"键盘快捷键和菜单"对话框中部分按钮的解释如下：

- 存储：单击存储按钮 💾，打开"存储"对话框，在此可以将设置好的快捷键保存起来。
- 新建快捷键组：更改默认快捷键之前创建一个新的设置，则可在开始更改快捷键之前单击该按钮 📇。
- 删除快捷键：选择要删除的快捷键设置，单击该按钮 🗑，即可删除此快捷键设置。
- 取消：单击"取消"按钮 [取消]，可以取消所有更改并退出对话框。
- 使用默认值：单击"使用默认值"按钮 [使用默认值(D)]，可以让快捷键设置恢复到默认设置。
- 摘要：单击"摘要"按钮 [摘要(M)...]，可以输出当前显示的快捷键设置。

1.5 图像相关概念

在计算机中，图像是以数字方式来记录、处理和保存的，这种以数字方式储存的图像文件可以分为位图和矢量图两大类。

1.5.1 位图

位图是由许多小方格状的不同色块组成的图像，其中每一个小色块称为像素，而每个像素都有一个明确的颜色。由于一般位图图像的像素都非常多而且小，因此看起来仍然是细腻的图像，但是如果将位图图像放大到足够的比例，无论图像的具体内容是什么，你都将看到像马赛克一样的像素。如图1-5-1所示为一副位图，将其放大到一定比例后，效果如图1-5-2所示。位图的格式非常多，常见的位图格式有jpg、bmp、tif以及网页应用最为广泛的gif等。

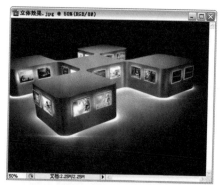
图1-5-1 位图

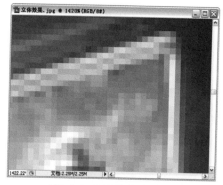
图1-5-2 位图放大后的效果

1.5.2 矢量图形

矢量图形的实质是一些由数学公式定义的线条和曲线。矢量图形最大的特点是不会因为显示比例等因素的改变而降低图形的品质。左图是以正常比例显示的一副矢量图，如图1-5-3所示，将图片放大后，大家可以看到图片依然很精细，并没有因为显示比例的改变而变得粗糙，如图1-5-4所示。常见的矢量图有ai、cdr、fh、swf等，由于Photoshop是一个基于位图的图像处理软件，所以它并不支持这些格式的导入和输出，常用的专业矢量图软件有Adobe Illustrator和CoralDraw，动画软件Flash也是矢量图。

图1-5-3 矢量图

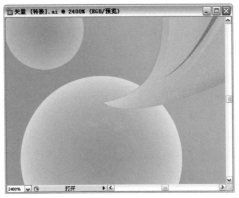
图1-5-4 矢量图放大后的效果

1.5.3 像素

像素是组成图像的最基本的单元，可以把像素看成是一个极小的方形色块，每个色块为一个像素。一个图像由许多像素组成，每个像素都有不同的颜色值。单位面积内的像素越多，分辨率越高，图像的质量就越好。

1.5.4 分辨率

分辨率是图像处理中的一个非常重要的概念，意思是每英寸所包含的像素数量。分辨率不仅与图像本身有关，还与显示器、打印机、扫描仪等设备有关。

1.5.5 关于Photoshop CS3的图像文件格式

在保存数字图像信息时必须选择一定的文件格式，若文件格式未选择正确，则以后读取文件时可能会产生变形。各种文件格式通常是为特定的应用程序创建的，不同的文件格式可以用扩展名来区分（如PSD、BMP、TIF、JPG、CDR、EPS等），这些扩展名在文件以相应格式存储时加到文件名中。

下面将介绍一些常见的图像文件格式。

• PSD（.PSD）格式：PSD图像文件格式是Photoshop软件生成的格式，是唯一能支持全部图像色彩模式的格式。以PSD格式保存的图像可以包含图层、通道及色彩模式。具有调节层、文本层的图像也可以用该格式保存。

• TIFF（.TIF）格式：TIFF（标签图像文件格式）图像文件格式是为色彩通道图像创建的最有用的格式，可以在许多不同的平台和应用软件间交换信息，其应用相当广泛。该格式支持RGB、CMYK、Lab、Indexed Color、BMP、灰度等色彩模式，而且在RGB、CMYK以及灰度等模式中支持Alpha通道的使用。它广泛用于传统图像印刷，可进行有损或无损压缩。

• GIF（.GIF）格式：GIF图像文件格式支持BMP、Grayscale、Indexed Color等色彩模式。可以进行LZW压缩，缩短图形加载的时间，使图像文件占用较少的磁盘空间。它被广泛使用于网络，支持动画图像，支持256色，对真彩图片进行有损压缩。

- JPEG（.JPG、.JPE）格式：JPEG图像文件格式主要用于图像预览及超文本文档，如HTML文档等。它支持RGB、CMYK及灰度等色彩模式。使用JPEG格式保存的图像经过高倍率的压缩，可使图像文件变得较小，但会丢失掉部分不易察觉的数据，因此，在印刷时不宜使用这种格式。

- BMP（.BMP、.RLE）格式：BMP图像文件格式是一种标准的点阵式图像文件格式，支持RGB、Indexed Color、灰度和位图色彩模式，但不支持Alpha通道。用户在Photoshop中将图像文件另存为BMP模式时，系统将弹出"BMP选项"对话框，用户可在此选择文件格式，一般选择"Windows"格式，再选择"24位"深度。它是最常被Microsoft Windows 程序以及其本身使用的格式。可以使用无损的数据压缩，但是一些程序只能使用不进行压缩的文件。

- PCX（.PCX）格式：PCX图像文件格式是由Zsoft公司的PC Paintbrush图像软件所支持的文件格式。该格式支持RGB、Indexed Color、灰度及BMP等色彩模式，并可用RLE压缩方式进行图像文件的保存。

- EPS（.EPS）格式：EPS图像文件格式是一种PostScript格式，是用于图形交换的最常用的格式，可用于绘图和排版。在排版软件中能以较低的分辨率预览，在打印时则以较高的分辨率输出，这是其最显著的优点。支持Photoshop中所有色彩模式，并能在BMP模式中支持透明，但不支持Alpha通道，且只能使用与页面描述语言（PostScript）兼容的打印机。

- PDF（.PDF）格式：PDF图像文件格式是Adobe公司用于Windows、Mac OS、UNIX（R）和DOS系统的一种电子出版软件。PDF文件可以包含矢量和位图图形，还可以包含导航和电子文档查找功能。在Photoshop中将图像文件保存为PDF格式时，系统将弹出"PDF选项"对话框，在其中用户可选择压缩格式。若选择JPEG格式，可在"品质"选项中设置压缩比例值或用鼠标拖动滑块来调整压缩比例。

- Photoshop PDF格式：支持RGB、索引颜色、CMYK、灰度、位图和Lab颜色模式，不支持Alpha通道。PDF格式支持JPEG和ZIP压缩，但位图模式文件除外，位图模式文件在存储为Photoshop PDF格式时采用CCITT Group4压缩。在Photoshop中打开其他应用程序创建的PDF文件时，Photoshop对文件进行栅格化。

- 大型文档格式（.PSB）：PSB格式支持宽度或高度最大为300000像素的文档，支持所有Photoshop CS3功能。可以将高动态范围32位/通道图像存储为PSB文件。必须先在"首选项"中启用"启用大型文档格式（.PSB）"选项，然后才能以PSB格式存储文档。目前，只有在Photoshop CS以上的版本中，才能打开以PSB格式存储的文档。其他应用程序和Photoshop 的早期版本无法打开以PSB格式存储的文档。

第2章
Photoshop CS3的
基本操作

本章着重讲解Photoshop CS3的基本操作、恢复操作、一些便于用户操作的辅助命令，以及Photoshop CS3中自带的图像文件浏览软件Adobe Bridge CS3的使用法则。这些看似简单的操作和命令，却是带领我们逐步认识Photoshop CS3软件的桥梁，很多高级操作就是建立在这些最基本的操作的基础上。因此，通过本章学习，熟练地掌握这些并不起眼的基础知识并将其牢记在心，会对今后的学习和应用起到举足轻重的作用。

2.1 文件的基本操作

文件是Photoshop在计算机中的存储形式，目前绝大部分的软件资源都是以文件的形式存储、管理和利用的。计算机中存储了许多文件，每个文件就应该有不同的存放位置，路径就是用来描述文件存放位置的。下面讲述文件的新建、打开、关闭等基本操作。

2.1.1 新建文件

在制作一幅图像文件之前，首先需要建立一个空白图像文件。执行【文件】→【新建】命令，即可打开如图2-1-1所示的【新建】对话框。

【新建】对话框中的各种参数的解释如下：

- 名称：在其文本框中可设置新建文件的名称，默认情况下为"未标题-1"。

图2-1-1 【新建】对话框

- 预设：系统预设的尺寸参数，即下面默认的宽度、高度、分辨率等。如果用户在下面自行设置文件的尺寸时，本选项将自动变为"自定"。

- 宽度：设置新建文件的宽度尺寸。在其下拉列表中可以选择所使用的单位。

- 高度：设置新建文件的高度尺寸。在其下拉列表中可以选择所使用的单位。

- 分辨率：设置新建文件的分辨率，在其下拉列表中可以选择所使用的单位。

- 模式：设置新建文件所使用的颜色模式，其下拉列表中包含位图、灰度、RGB模式、CMYK模式和Lab模式5个选项。

- 背景内容：设置新建文件的"背景"图层的颜色，选择白色选项，选择透明选项，则新建文件的"背景"图层是透明的。
- 高级：单击"高级"按钮 ，可设置颜色配置文件和像素的长宽比例。

> **技巧** 使用下列任意一种方法均可打开【新建】对话框。
> 1. 执行【文件】→【新建】命令。
> 2. 按键盘上的"Ctrl+N"组合键。
> 3. 按住键盘上的Ctrl键，在图片窗口之外的工作区中双击鼠标左键。

2.1.2 打开文件

需要打开一个图像文件，可以使用打开文件命令。执行【文件】→【打开】命令，打开如图2-1-2所示的【打开】对话框。

【打开】对话框中的各项参数的解释如下：

- 查找范围：指定文件所在的路径。
- 文件类型：指定文件的格式。
- 转到已访问的上一个文件夹：单击按钮 ，可以回到上一次访问的文件夹。
- 向上一级：单击按钮 ，按照查找路径，依次返回到上一次访问的文件夹中。
- 新建文件夹：单击按钮 ，在当前路径下创建一个新的文件夹。
- 查看菜单：单击按钮 ，设置预览的显示状态。

图2-1-2 【打开】对话框

在Photoshop CS3中，可以同时打开多个图像文件，只需在【打开】对话框中选中一个文件后按住Shift键或者按住Ctrl键，然后在选中多个图像文件后单击"打开"按钮 打开(O) 或按Enter键，即可将选中的图像文件在Photoshop CS3中打开。

> **技巧** 打开文件还有其他几种方法。
> 1. 按"Ctrl+O"组合键，可快速打开【打开】对话框；
> 2. 在图片窗口之外的灰色工作区双击鼠标左键，打开【打开】对话框；
> 3. 在文件夹中选择需要打开的图像文件，直接将其拖动到Photoshop CS3中，即可打开该文件。

2.1.3 打开为

【打开为】命令与【打开】命令的不同之处在于【打开为】可以打开一些【打开】命令无法识别的文件。【打开为】命令是以指定格式打开文件的命令，执行这个命令就能解决无法用正确的格式打开文件的问题。

执行【文件】→【打开为】命令或按"Alt+Shift+Ctrl+O"组合键，即可打开【打开为】对话

框，如图2-1-3所示。

在【打开为】对话框中，选中需要打开的图像文件，在"打开为"下拉菜单中选择所需的格式，并单击"打开"按钮 打开(0)，即可将图像文件按照所选文件格式在Photoshop CS3中打开。

2.1.4 打开为智能对象

【打开为智能对象】命令是Photoshop CS3新增的一个命令，使用该命令，可以直接将打开的文件转换为智能对象。执行【文件】→【打开为智能对象】命令，可打开【打开为智能对象】对

图2-1-3 【打开为】对话框

话框，打开图像后，图层调板如图2-1-4所示。在智能对象中所执行的命令，将不会影响原图片，并且可以随时更改命令的参数。例如在智能对象中执行了某个命令（高斯模糊），该命令将会存储在智能对象中，如图2-1-5所示，通过双击智能对象图标 🖼️，即可打开原图片，双击智能对象存放的命令，即可打开该命令的对话框，对命令的参数进行更改。

智能对象标识

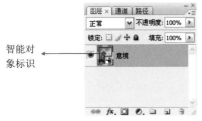

滤镜蒙版
存放的命令

图2-1-4 智能对象在【图层】调板中的显示状态　图2-1-5 执行命令后的智能对象显示状态

2.1.5 最近打开的文件

执行【文件】→【最近打开文件】命令，在【最近打开的文件】命令的下拉菜单中，罗列了最近打开过的图像文件名，只要单击需要打开的文件名，就可迅速打开文件。

Photoshop CS3默认【最近打开文件】下拉菜单中保留10个最近打开过的图像文件，若要更改列出的文件数量，则执行【编辑】→【首选项】→【文件处理】命令，在【首选项】对话框的"近期文件列表包含"文本框中重新键入需要的文件数目即可，如图2-1-6所示。

图2-1-6 【首选项】对话框

2.1.6　关闭和关闭全部

单击图像窗口右上角的"关闭"按钮 ⊠，或执行【文件】→【关闭】命令，或按"Ctrl+W"组合键，即可关闭文件。

当工作区中打开的文件很多，而又需要全部将其关闭的时候，只需执行【文件】→【关闭全部】命令，或按"Alt+Ctrl+W"组合键，就能轻松解决这个问题。

当需要关闭的文件进行了编辑但没有存储，则系统会打开一个如图2-1-7所示的提示对话框。

下面分别介绍提示对话框中3个按钮的用途：

- 是：单击该按钮，系统将存储文件。若是未经存储过的文件，系统会打开【存储为】对话框，存储后，文件将自动关闭。
- 否：单击该按钮，系统将丢弃该文件的编辑信息，直接关闭文件。
- 取消：单击该按钮，系统将取消本次操作。

2.1.7　存储文件

完成一幅图像操作后，执行【文件】→【存储】命令，或按"Ctrl+S"组合键，即可将当前文件保存起来。

当该文件是第一次执行"存储"命令时，系统会自动打开如图2-1-8所示的【存储为】对话框，此时，需要指定文件存储的路径，单击"保存"按钮 保存(S)，系统将以指定路径对图像进行存储。

图2-1-7　关闭文件时打开的提示对话框

图2-1-8　【存储为】对话框

在"存储选项"栏中有下列几种设置存储的选项。

- 作为副本：以复制的方式保存图像文件。
- Alpha通道：是否保存当前文件中Alpha通道的信息。
- 图层：是否保留当前文件中的图层信息。

- 注释：保存或忽略当前文件中的注释内容。
- 专色：保存或忽略当前文件中的专色通道信息。
- 使用校样设置：检测CMYK图像溢色功能。
- ICC配置文件：设置图像在不同显示器中所显示颜色一致。
- 缩览图：只适用于PSD、JPG、TIF等一些文件格式。选中该项可以保存图像的缩览图，即用此选项保存的文件，能够在"打开"对话框中进行预览。

注意 在编辑图像的过程中，为了防止因为停电或是死机等意外而前功尽弃，一般每5-10分钟应按"Ctrl+S"组合键，对图像进行保存。

2.1.8 置入

使用【置入】命令可以直接将素材图片导入到 Photoshop CS3文件中，并且将导入的图片自动转换为智能对象，使用智能对象可以灵活地在Photoshop CS3中以非破坏性方式编辑图像。

下面用一个简单的实例来讲解【置入】命令。

实例解析2-1香花丽影

1️⃣ 执行【文件】→【打开】命令，或按"Ctrl+O"组合键，打开配套光盘，"第2章\素材\2-1"中的素材图片"花卉.jpg"，如图2-1-9所示。

2️⃣ 单击【图层】调板上的"创建新图层"按钮，新建"图层1"。选择工具箱中的【渐变工具】，单击其属性栏上的"编辑渐变"按钮，打开【渐变编辑器】对话框，设置渐变色为：

位置：0% 颜色：橘色（R:255，G:75，B:19）；

位置：50% 颜色：黄色（R:251，G:255，B:119）；

位置：100% 颜色：蓝色（R:142，G:220，B:255）。

如图2-1-10所示，单击"确定"按钮。

图2-1-9 打开素材

图2-1-10 设置【渐变编辑器】参数

③ 在窗口中从左到右水平拖动鼠标，填充如图2-1-11所示的渐变色。

④ 在【图层】调板设置"图层混合模式"为颜色，效果如图2-1-12所示。

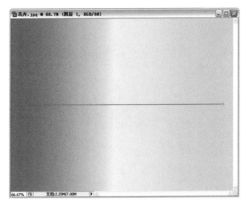
图2-1-11 填充渐变色

图2-1-12 设置"图层混合模式"

⑤ 执行【文件】→【置入】命令，在【置入】对话框中选择配套光盘"第2章\素材\2-1"中的素材图片"飘扬.tif"，将素材置入到文件中，此时，置入的文件被自动转换为智能对象。调整素材的位置，如图2-1-13所示，双击鼠标确定。

技巧 在文件中，置入的图像将被自动转换为"智能对象"，对之进行编辑，会记录图像中的原有相关信息，不会影响原图像，是一种常用的操作方法。

⑥ 在【图层】调板，双击"飘扬"智能对象的"智能对象缩览图"，弹出系统提示对话框，单击"确定"按钮，将自动打开"飘扬.tif"文件，如图2-1-14所示。

图2-1-13 置入文件

图2-1-14 打开智能对象

⑦ 按"Shift+Ctrl+U"组合键，将图像去色，效果如图2-1-15所示，并按"Ctrl+S"组合键，对此编辑进行存储。

⑧ 此时，"花卉"文件中智能对象得到了相应的改变，效果如图2-1-16所示。

⑨ 在【图层】调板设置"图层混合模式"为正片叠底，效果如图2-1-17所示。最终效果参见配套光盘中"第2章\源文件\香花丽影.psd"。

图2-1-15 编辑智能对象

图2-1-16 智能对象改变

图2-1-17 设置"图层混合模式"

2.2 恢复文件

恢复文件是指在编辑图像的过程中，将编辑过的文件复原到某种状态。为了便于用户在错误操作后，能更快捷地恢复文件，Photoshop CS3提供了非常强大的恢复功能，并可以使用多种方法来进行恢复操作，用户可以根据自己的实际情况，选择更合适的方式进行文件的恢复。

2.2.1 还原

还原是指将文件还原到上一步。当执行了某一错误操作后，执行【编辑】→【还原】命令，菜单列表如图2-2-1所示，或按"Ctrl+Z"组合键，即可还原上一次操作；执行还原操作后，【还原】命令将会变为【重做】命令，单击该命令可重新执行被还原的操作。

还原画笔工具 (O)	Ctrl+Z
前进一步 (W)	Shift+Ctrl+Z
后退一步 (K)	Alt+Ctrl+Z
渐隐画笔工具 (D)…	Shift+Ctrl+F

图2-2-1 【编辑】菜单下的【还原】命令

当然不是仅仅可以恢复一个操作步骤，当用户需要恢复几个步骤时，可以连续执行【编辑】→【后退一步】命令，或连续按"Alt+Ctrl+Z"组合键，即可连续后退几步，若再连续执行【编辑】→【前进一步】命令，即可依次重新执行被恢复的操作。

2.2.2 恢复

恢复是指图像文件恢复到上一次存储的状态。当用户对当前操作的效果不满意，希望放弃当前的操作到上一次存储的状态，可以执行【文件】→【恢复】命令，菜单列表如图2-2-2所示，或按F12键即可。

图2-2-2 【文件】菜单下的【恢复】命令

2.2.3 历史记录

在Photoshop中，应用【历史记录】调板，可以实现更为直观的恢复操作。【历史记录】调板会在执行操作的时候自动记录每一步操作。

例如，打开文件"林间精灵.jpg"后，依次应用【画笔工具】、【加深工具】、【文字工具】、【外发光】编辑图像，【历史记录】调板会如实地记录下每一步的操作，如图2-2-3所示。

如需将图像恢复到某个指定的状态，用户只需要单击其中的某个状态即可，比如单击"加深工具"步骤，【历史记录】调板则会很直观地将指针指向"加深工具"步骤，可以看到"加深工具"记录后的操作都变成了灰色，说明这些操作都已被撤销，如图2-2-4所示，如果用户没有做新的操作，还可以单击这些灰色的步骤来重做指定操作步骤。

图2-2-3 【历史记录】调板　　　　　图2-2-4 恢复到使用加深工具状态

默认情况下，【历史记录】调板会罗列出最近20个操作步骤，更早的就自动被删除以释放内存。执行【编辑】→【首选项】→【性能】命令，打开【首选项】对话框，如图2-2-5所示，在"历史记录状态"文本框中输入新的参数即可改变历史记录所列出的步骤数。

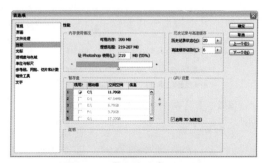

图2-2-5 【首选项】对话框

2

2.2.4 快照

快照是用户在编辑过程中临时保存的图像状态，将一些重要的状态创建为快照后，就可以在任意时刻恢复到这些状态。

在【历史记录】调板中选中需创建为快照的状态，单击调板上的"创建新快照"按钮 ，创建的快照将会出现在【历史记录】调板中，如图2-2-6所示。

双击"快照1"的名称，激活文本框，在文本框中任意输入文字，可更改快照的名称，如图2-2-7所示。

对于不需要快照，可以将它从【历史记录】调板中删除，操作方法是将需要删除的快照拖动到调板底部的"删除当前状态"按钮 上释放即可，如图2-2-8所示。

图2-2-6 创建新快照　　　图2-2-7 更改快照名称　　　图2-2-8 删除快照

注意 快照只是图像状态的一个临时副本，它不会与图像一起存储，当关闭当前图像时，所有快照将被删除。

2.3 图像的基本操作

图像的基本操作包括转换图像颜色模式、改变图像窗口的位置和大小、调整画布尺寸、旋转画布、切换屏幕显示模式、切换图像层叠方式和新建图像窗口等基本操作。

2.3.1 转换颜色模式

颜色模式决定一幅电子图像用什么样的方式在计算机中显示或打印输出，能够跨平台使用（比如从显示器到打印机，从MAC到PC）。不同的颜色模式对颜色的表现可能会有极大的差异。常见的颜色模式有RGB、CMYK、HSB、Lab和索引色等。

打开图像文件后，只需要执行【图像】→【模式】子菜单中颜色模式名称的命令即可将图像在各种颜色模式之间转换。在图像的各个颜色模式之间自由转换时，会因为模式特性不同而产生一些图像信息丢失。

在Photoshop中，并非所有颜色模式之间都能自由转换，比如只有灰度模式才可以转换为位图模式。

 关于颜色模式的详细内容，请见本书第5章。

2.3.2 改变窗口的位置和大小

在编辑图像时，有时候需要对窗口的位置和大小进行调整，以便于观察和操作，只要将光标移到文件窗口的标题栏上按住鼠标左键不放，并拖动窗口至目标位置后松开鼠标，即可移动窗口。

将鼠标指针移动到图像窗口的边框线上，当鼠标指针变成↕、↔、↖或↗形状时，按住鼠标拖曳即可以改变图像窗口的大小。

2.3.3 调整画布的尺寸

在编辑图像的过程中，可对画布的尺寸进行调整。执行【图像】→【画布大小】命令，打开如图2-3-1所示的【画布大小】对话框，直接在"宽度"和"高度"的文本框中输入数字，即可修改画布的大小。

- 当前大小：显示当前的文件大小和画布尺寸。
- 新建大小：用于调整图像的宽度和高度，默认为当前大小。
- 相对：若选中该复选框，则"新建大小"栏中的"宽度"和"高度"表示在原画布的基础上增加或是减少的尺寸，正值为增大，负值为减小。
- 画布扩展颜色：在此下拉列表中选择扩展画布的颜色。默认状态为背景色。单击后面的色块，可调整为任意色。
- 定位：表示增加或减少画布时图像中心的位置，增加或者减少的部分会由中心向外进行扩展。

图2-3-1 【画布大小】对话框

执行【图像】→【画布大小】命令，打开【画布大小】对话框，即可以调整当前画布大小，以图2-3-2所示图片为例，当前画布的"宽度"为36.12厘米，"高度"为27.09厘米，下面采用4种典型方法，调整其画布尺寸。

（1）在【画布大小】对话框中，分别将"高度"和"宽度"扩展2厘米，默认定位向四个方向进行扩展效果如图2-3-3所示。

图2-3-2 原始画布大小

图2-3-3 向四周扩展画布

（2）在【画布大小】对话框中，分别将"高度"和"宽度"扩展2厘米，在"定位"选项中单击按钮 ↙，则新增的区域位于左下，效果如图2-3-4所示。

（3）在【画布大小】对话框中，分别将"高度"和"宽度"扩展2厘米，设置"画布扩展颜色"为黑色，效果如图2-3-5所示。

图2-3-4 向左下扩展画布

图2-3-5 修改"画布扩展颜色"

（4）在【画布大小】对话框中，分别将"高度"和"宽度"收缩2厘米，将会弹出如图2-3-6所示的警告对话框，单击 继续(P) 按钮，画布被裁切，如图2-3-7所示。

图2-3-7 缩小的画布效果

图2-3-6 警告对话框

2.3.4 旋转画布

要对整个图像进行旋转和翻转操作，可以执行"图像→旋转画布"命令，在打开的子菜单中选择相应设置项来完成，如图2-3-8所示。

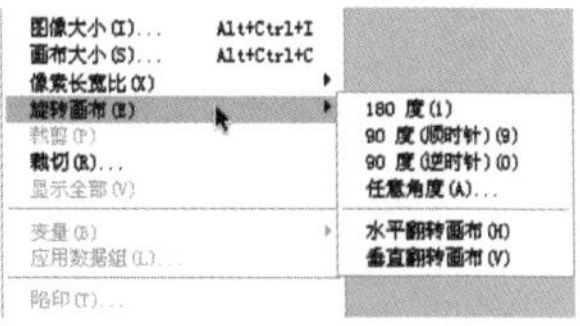

打开一幅素材图片如图2-3-9所示，下面将展示各种画布的旋转效果。

- 180度：选择该命令可将整个图像旋转180度，如图2-3-10所示。

图2-3-8 旋转画布命令菜单

- 90度（顺时针）：将整个图像顺时针旋转90度，如图2-3-11所示。
- 90度（逆时针）：将整个图像逆时针旋转90度，如图2-3-12所示。
- 任意角度：选择该命令，会打开【旋转画布】对话框，在"角度"文本框中输入将要旋转的角度，范围在-359.99~359.99之间，旋转的方向由"顺时针"和"逆时针"单选项决定。
- 水平翻转：水平翻转整个图像，如图2-3-13所示。
- 垂直翻转：垂直翻转整个图像，如图2-3-14所示。

图2-3-9 原图像

图2-3-10 旋转180度

图2-3-11 顺时针旋转90度

图2-3-12 逆时针旋转90度

图2-3-13 水平翻转

图2-3-14 垂直翻转

2.3.5 更改屏幕模式

在Photoshop CS3的工具箱中有4种可互相切换的屏幕显示模式，它们分别是标准屏幕模式、最大化屏幕模式、带有菜单栏的屏幕模式、全屏模式。要在这4种屏幕显示模式中进行切换，只需按工具箱中的【更改屏幕模式】按钮，或按F键即可实现。

- 标准屏幕模式：在标准模式下窗口内可显示Photoshop CS3所有项目，图像文件以窗口模式显示，如图2-3-15所示。
- 最大化屏幕模式：在标准模式下窗口内可显示Photoshop CS3所有项目，图像文件以最大化模式显示，如图2-3-16所示。

图2-3-15 标准屏幕模式

图2-3-16 最大化屏幕模式

- 带有菜单栏的全屏模式：在该屏幕模式下，不显示Photoshop CS3的软件窗口，如图2-3-17所示，应用【抓手工具】可以任意移动图像区域。

- 全屏模式：在该屏幕模式下，窗口背景变成黑色，并且不显示Photoshop CS3的软件窗口和菜单栏，此时可以非常清晰地观看图像效果，如图2-3-18所示，应用【抓手工具】可以任意移动图像区域。

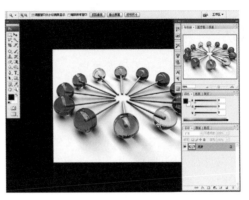

图2-3-17 带有菜单栏的全屏模式　　　　　　　图2-3-18 全屏模式

2.3.6 切换图像层叠方式

在同时编辑多个图像文件时，凌乱的窗口往往会影响进一步的操作，Photoshop贴心地为用户设置了将图像窗口整齐排列的命令，也大大提高了用户的工作效率。

执行【窗口】→【排列】→【层叠】命令，系统自动将窗口中打开的图像非常整齐地叠放排列，如图2-3-19所示。执行【窗口】→【排列】→【水平平铺】命令，窗口内打开的图像就会非常整齐地水平拼贴到窗口中，如图2-3-20所示。

图2-3-19 层叠窗口显示效果　　　　　　图2-3-20 水平平铺窗口显示效果

执行【窗口】→【排列】→【排列图标】命令，可以将排列不整齐的图标重新排列整齐，使缩小为图标的窗口有次序地排列在Photoshop CS3窗口的底部。

2.3.7 新建图像窗口

新建图像窗口只是在当前活动窗口外再建立一个或多个窗口图像，并不是再新建一个图像文件，新建图像窗口中的内容和原来窗口中的内容是属于同一个文件。

比如打开一个图像文件"***"，执行【窗口】→【排列】→【为"***"新建窗口】命令，菜单列表如图2-3-21所示，即可以出现一个当前图像的新窗口，其名称和原窗口名称完全相同，多次执行该命令，可打开多个新窗口。

 用户可以同时以不同比例观察同一幅图像和图像的不同部分，并可以同时对同一图像的两个不同区域中的内容进行修改和编辑。无论在哪个图像窗口中进行修改，都会反映到其他图像窗口中。

2.4 使用Adobe Bridge CS3浏览图像

Adobe Bridge CS3是Photoshop CS3中附带的一个文件浏览软件。Adobe Bridge CS3功能非常强大，可以查看、排列、寻找和处理图像资源，还可以轻松地对图像资源进行管理，例如创建新文件夹、重命名、移动和删除文件、旋转图像等，还可以查看从数码相机导入的个别文件信息和数据。

执行【文件】→【浏览】命令，可打开Adobe Bridge CS3窗口，如图2-4-1所示。

图2-3-21 【新建窗口】命令

图2-4-1 Adobe Bridge CS3窗口

2.4.1 浏览文件

用户可在Adobe Bridge CS3窗口左侧的"文件夹"中，选择文件路径，准确地查找文件。当打开图像所在的文件夹后，在"内容"列表中将显示该文件夹中所有的图像文件缩览图。单击某一个图像缩览图，便可在"预览"栏中预览图像效果。与此同时，在"元数据"栏中，将会显示该图像文件的各项属性，如图2-4-2所示。双击图像缩览图，将在Photoshop CS3中打开该图像文件。

图像
预览
栏

图2-4-2 查看图像文件

2.4.2 调整缩览图大小

　　滑动Adobe Bridge CS3窗口底部的滑块 ▭，可调整缩览图显示的大小，如图2-4-3所示。单击滑块左侧的按钮，或按"Ctrl"与"-"的组合键，可逐渐缩小缩览图；单击滑块右侧的按钮，或按"Ctrl"与"+"组合键，则可逐渐加大缩览图。

　　　　　缩小缩览图　　　　　　　　　　　　　　　放大缩览图

图2-4-3 缩览图显示的大小对比

2.4.3 放大观察图像

　　在Adobe Bridge CS3的"预览"栏中，可以利用其放大图像的功能，更清晰地观察图像的细节。

　　首先在"内容"栏中确定需要预览的图像，当"预览"栏中显示预览的图像时，将鼠标移动到预览图像上，待鼠标指针变成放大镜时，单击鼠标，则可在预览图像中显示一个小方框的放大窗口，如图2-4-4所示。拖动该窗口，即可切换放大显示的区域，如图2-4-5所示。

　　图2-4-4 放大观察图像　　　　　　　　　　图2-4-5 观察不同的区域

2.4.4 旋转图像

　　在Adobe Bridge CS3中，可以对倒置的图像进行旋转，以便观察。单击窗口右上方的"逆时针旋转90度"按钮 ↺ 或"顺时针旋转90度"按钮 ↻，可将图像进行相应的旋转。

　　"预览"栏中如图2-4-6所示为旋转图像前的显示状态；如图2-4-7所示为"顺时针旋转90度"后的状态。

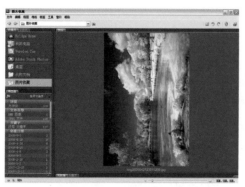

图2-4-6 旋转前的状态　　　　　图2-4-7 旋转后的状态

2.4.5　更改显示状态

Adobe Bridge CS3为用户提供了多种窗口显示方式，以方便用户更为方便地管理文件。

在Adobe Bridge CS3窗口底部，分别单击 **1**、**2**、**3** 这三个按钮，窗口将分别以"默认"（如图2-4-8所示）、"水平连环缩览胶片"（如图2-4-9所示）、"突出元数据"（如图2-4-10所示）三种状态进行显示。

图2-4-8 "默认"显示状态　　图2-4-9 "水平连环缩览胶片"状态　　图2-4-10 "突出元数据"状态

2.4.6　收藏文件夹

在Adobe Bridge CS3中，可以方便地将常用的文件夹进行收藏，收藏以后的文件夹可以进行快速访问，这大大提高了工作效率。

首先在"文件夹"中选择需要收藏的文件夹，在Adobe Bridge CS3窗口左侧单击"收藏夹"标签，此时，按住鼠标左键不放，将"内容"栏中需要收藏的文件夹拖移到"收藏夹"中，并释放鼠标即可。

2.4.7　为文件做标记

在Adobe Bridge CS3中，可以为文件做颜色标记，文件的类型便一目了然，这样可以更方便地管理文件。

选择需要做标记的文件，执行【标签】命令，在其【标签】菜单中选择标签类型，则会在该图像缩览图下面添加相应的颜色标记，如图2-4-11所示。执行【标签】→【无标签】命令，可取消标签。

2.4.8 为文件设置星级

在Adobe Bridge CS3中，还可以为文件设置星级，包含1星到5星的五个星级。

选择需要设置星级的文件，执行【标签】命令，在其【评级】菜单中选择星级，设置星级后的图像缩览图，如图2-4-12所示。执行【标签】→【无评级】命令，可取消评级。

图2-4-11 为文件做标签   图2-4-12 为文件设置星级

2.5 辅助工具

Photoshop CS3提供了很多辅助用户处理图像的工具，大多在"视图"菜单中。这些工具对图像不起任何编辑作用，仅用于测量或定位图像，使图像处理更精确，并可提高工作效率。在编辑图像的过程中，为了使图像绘制更精确，常常使用网格、参考线和标尺。

2.5.1 标尺

在编辑图像的过程中，有时需要了解图像的具体尺寸或者需要知道当前位置具体的数值，这时就会用到【标尺】命令。执行【视图】→【标尺】命令，或按"Ctrl+R"组合键，图像窗口将会出现标尺，如图2-5-1所示。再次执行【视图】→【标尺】命令，或按"Ctrl+R"组合键则会隐藏标尺。

图2-5-1 显示标尺

执行【编辑】→【首选项】→【单位与标尺】命令，打开【首选项】对话框，如图2-5-2所示，在"单位"分栏里"标尺"后的下拉列表中可设置标尺的单位。

2.5.2 参考线

在编辑图像的时候，往往需要一个参照物使图片能够规范地排列在某个区域内，只需执行【视图】→【显示】→【参考线】命令，即可打开已经存在的参考线，如图2-5-3所示。

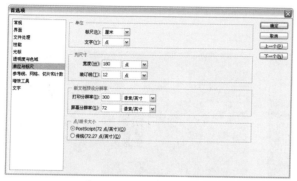

图2-5-2 【首选项】对话框——单位与标尺

图2-5-3 显示参考线

若不存在参考线，需要新建参考线的时候，执行【视图】→【新建参考线】命令，则打开如图2-5-4所示的【新建参考线】对话框。

【新建参考线】对话框中的各项参数的解释如下。

- 水平：单击该单选框，则新建水平方向的参考线。
- 垂直：单击该单选框，则新建垂直方向的参考线。
- 位置：是指新建参考线距离图像边缘的位置。

图2-5-4 【新建参考线】对话框

默认的参考线颜色为绿色，在某些图像中会看不清楚，这时可以对参考线的颜色进行修改。执行【编辑】→【首选项】→【参考线、网格、切片和计数】命令，打开【首选项】对话框，如图2-5-5所示。在"参考线"设置栏中可在"颜色"的下拉菜单中选择预设的颜色，也可单击右边的色块打开【选择参考线颜色】对话框，任意设置颜色，在"样式"的下拉菜单中可选择参考线样式。

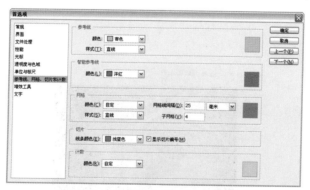

图2-5-5 【首选项】对话框——参考线

执行【视图】→【锁定参考线】命令，参考线不能被移动或删除。执行【视图】→【对齐到】→【参考线】命令，在操作时会自动贴附于参考线。执行【视图】→【删除参考线】命令，则可以删除所有的参考线。

2.5.3 网格

❶ 执行【视图】→【显示】→【网格】命令，在窗口中会显示灰色的网格，如图2-5-6所示。再次执行【视图】→【显示】→【网格】命令，可取消网格的显示。网格用于对齐参考线，以便用户在操作中将不同的图形进行对齐。

❷ 执行【编辑】→【首选项】→【参考线、网格、切片和计数】命令，打开如图2-5-7所示的【首选项】对话框，在该"网格"设置栏，可对网格的颜色、样式、网格线间隔、子网格数量进行更改。

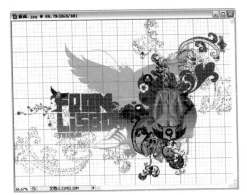
图2-5-6 显示网格

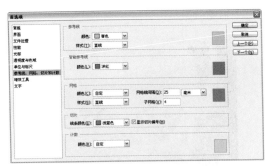
图2-5-7 【首选项】对话框——网格

2.6 调整图像显示比例

在编辑图像某个局部时，往往需要将其局部进行放大，以便观察或处理；当局部编辑完成，或编辑的过程中，需要监视图像的整体效果，则需将放大后的图像进行缩小，以便整体观察。

2.6.1 应用命令缩放图像

执行【视图】→【放大】命令，图2-6-1所示的是【视图】菜单中的缩放命令。

放大 (I)	Ctrl++
缩小 (O)	Ctrl+-
按屏幕大小缩放 (F)	Ctrl+0
实际像素 (A)	Alt+Ctrl+0
打印尺寸 (Z)	

图2-6-1 缩放命令

• 执行【视图】→【放大】命令，可将图像放大至下一个预设百分比。

• 执行【视图】→【缩小】命令，可将图像缩小到上一个预设百分比。

• 执行【视图】→【按屏幕大小缩放】命令，可将图像按屏幕的合适大小进行缩放。

• 执行【视图】→【实际像素】命令，可将图像以100%的比例进行显示。

• 执行【视图】→【打印】命令，可将图像按打印尺寸显示。

注意 执行【放大】或【缩小】命令与图像本身的分辨率及尺寸没有关系，它的作用只是在于便于用户观察图像，而不会对其实际的大小进行更改。

2.6.2 使用缩放工具

选择工具箱中的【缩放工具】🔍，在窗口中单击鼠标，可放大或缩小图像。【缩放工具】

属性栏如图2-6-2所示。

图2-6-2 【缩放工具】属性栏

- 调整窗口大小以满屏显示：选择该复选框，在对图像进行缩放的时候，窗口会随着图像进行缩放，并保持图像的窗口中以满屏显示。

- 缩放所有窗口：当选中该复选框时，在对窗口中任意一个图像文件进行缩放时，其他的窗口的文件也将进行相应的缩放。

在编辑图像时，总是需要对图像的某个局部进行放大，以便编辑，选择工具箱中的【缩放工具】，单击其属性栏上的"放大"按钮，在图像的局部拖动鼠标，如图2-6-3所示。图2-6-4是被放大后的效果。

图2-6-3 拖动鼠标

图2-6-4 放大图像局部

选择工具箱中的【缩放工具】，单击其属性栏上的"缩小"按钮，在窗口中单击鼠标，将缩小图像显示。若属性栏选择的是"放大"按钮，按Alt键不放，图像窗口中的"放大"按钮将转变为"缩小"按钮，此时单击鼠标，将缩小图像。

2.6.3 移动显示区域

在使用【缩放工具】放大图像后，图像在窗口中的显示往往会不完整，当用户需要观察其他部位时，可应用【抓手工具】查看图像未显示的区域。在工具箱中选择【抓手工具】。在窗口中按住鼠标左键不放拖动图像，可对显示的区域进行查看。

当正在对图像进行编辑时，只需按空格键，便可直接使用【抓手工具】。

 在工具箱中双击【抓手工具】按钮，可将图像满屏显示。

2.6.4 改变图像尺寸

执行【图像】→【图像大小】命令，打开【图像大小】对话框，如图2-6-5所示，可对图像的大小及分辨率进行调整。

- 缩放样式：选择改复选框，图像文件中存在的图层样式将随比例进行改变，反之则图层样式无变化。

- 约束比例：勾选"约束比例"复选框后，会在宽度和高度间出现链接图标 $\blacksquare$ ，任意调整其中一个，另一个会随之改变，无论如何改变宽度与高度的参数，图像的长宽比例不会改变。
- 重定图像像素：选择该复选框，图像将以不同的速度和采样进行运算。改变图像大小时，分辨率不会改变，但像素尺寸及文件大小会随之改变。

直接单击 自动(A)... 按钮，将打开【自动分辨率】对话框，如图2-6-6所示。对其参数进行设置后，单击 确定 按钮确认之后，返回【图像大小】对话框，系统将自动修改分辨率值，图像的像素尺寸改变。

图2-6-5 【图像大小】对话框

图2-6-6 【自动分辨率】对话框

- 挂网：可设置打印所需的挂网频率和打印质量。
- 品质：按照用户的需要，选择不同的质量等级。

2.7 变换图像

在编辑图像的过程中，常常将图像进行变形，在Photoshop CS3中，用户可以将图像进行缩放、旋转、扭曲、斜切和透视等多种变形操作。

2.7.1 变换

执行【编辑】→【变换】命令，可打开【变换】命令的子菜单，如图2-7-1所示。

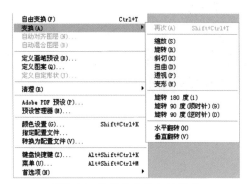

图2-7-1 【变换】命令子菜单

注意 　【变换】命令只能作用于当前图层或当前图层上的选区，不能应用于背景图层上。

下面是每种命令的效果：

① 执行【编辑】→【变换】→【缩放】命令，打开【变换】调节框，并调节图像后，图像的大小改变，效果如图2-7-2所示。

② 执行【编辑】→【变换】→【旋转】命令，打开【变换】调节框，并调节图像后，图像的角度改变，效果如图2-7-3所示。

　　　　图2-7-2 缩放图像　　　　　　　　　　　　　图2-7-3 旋转图像

③ 执行【编辑】→【变换】→【斜切】命令，打开【变换】调节框，并调节图像，效果如图2-7-4所示。

④ 执行【编辑】→【变换】→【扭曲】命令，打开【变换】调节框，并调节图像，效果如图2-7-5所示。

　　　　图2-7-4 斜切图像　　　　　　　　　　　　　图2-7-5 扭曲图像

⑤ 执行【编辑】→【变换】→【透视】命令，打开【变换】调节框，并调节图像，效果如图2-7-6所示。

⑥ 执行【编辑】→【变换】→【变形】命令，打开【变换】调节框，并调节图像，效果如图2-7-7所示。

图2-7-6 透视图像

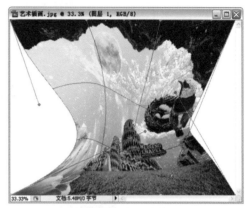

图2-7-7 变形图像

⑦ 执行【编辑】→【变换】→【旋转180度】命令,图像效果如图2-7-8所示。

⑧ 执行【编辑】→【变换】→【旋转90度（顺时针）】命令,图像效果如图2-7-9所示。

图2-7-8 旋转180度

图2-7-9 顺时针旋转90度

⑨ 执行【编辑】→【变换】→【旋转90度（逆时针）】命令,图像效果如图2-7-10所示。

⑩ 执行【编辑】→【变换】→【水平翻转】命令,图像效果如图2-7-11所示。

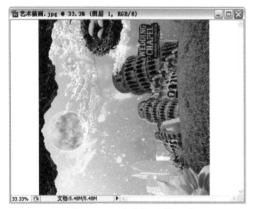

图2-7-10 逆时针旋转90度

图2-7-11 水平翻转图像

⓫ 执行【编辑】→【变换】→【垂直翻转】命令，图像效果如图2-7-12所示。

图2-7-12 垂直翻转图像

2.7.2 自由变换

执行【编辑】→【自由变换】命令，或按"Ctrl+T"组合键，打开"自由变换"调节框，此时可对图像进行缩放、旋转操作。按住Shift键拖动调节框，可等比缩放图像，按"Shift+Alt"组合键，拖动调节框，可同心等比缩放图像。完成操作后，按Enter键确定，或者是单击属性栏中的"进行变换"按钮 ☑ 确定，或者在变换选框内双击鼠标确定；按Esc键取消，或者单击属性栏中的"取消变换"按钮 ⊘ 取消。

执行【编辑】→【自由变换】命令，或按"Ctrl+T"组合键，打开"自由变换"调节框，此时按住Ctrl键调整控制框，可在图像上进行【扭曲】操作；按"Ctrl+Shift"组合键，并调整控制框，可在图像上进行【斜切】操作；按"Ctrl+Shift+Alt"组合键，并调整控制框，可在图像上进行【透视】操作。

第3章
选区的使用

选区在图像处理的过程中应用得相当广泛，它可以设定操作的范围。图像的处理一般都是针对图像的局部进行操作的，因此熟练掌握建立选区和编辑选区的方法，是图像处理的要领。

本章详细讲解了创建选区的方法，以及创建选区所要应用的工具，并且讲述了如何编辑选区以及选区内的图像。

3.1 什么是选区

顾名思义，选区就是选择区域。在Photoshop中选区就是用各种选择工具选取图像的范围。当用户需要在一个界定的范围内进行编辑时，通常都会根据需要建立一个选区，此操作可以便于用户更加精确地编辑图像。选区可以是连续的，也可以是不连续的，在选区内可以执行各种操作，选区外则无效。

3.2 建立选区

由于在Photoshop CS3中的命令几乎都是针对整个图像，在需要对局部区域进行操作时，就需要建立一个选区来指明操作的范围。在Photoshop CS3中建立选区的方法有很多种，比如简单地选择工具，【魔棒工具】、【选框工具】、【套索工具】等，此外还有通道、蒙版、色彩范围、路径等高级选择方法。

3.2.1 选框工具

【选框工具】位于软件左侧的工具箱中，按住【选框工具】按钮持续2秒钟，可打开【选框工具】的子菜单，其中包括【矩形选框工具】 ▯、【椭圆选框工具】 ◯、【单行选框工具】 ▭ 和【单列选框工具】 ▯，不难看出，选框工具用于建立规则的几何形状选区。

当用户在选中【选框工具】工具组中的任意一个工具时，所选的工具选项则会在属性栏中显示，如图3-2-2所示。

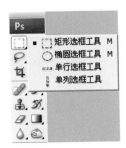

图3-2-1 选框工具

> **注意** 在工具箱的工具按钮上有一个小三角形，表示这是一个工具组，在该按钮上单击鼠标左键并按住不放，即可打开该工具组包含的所有工具，如图3-2-1所示。

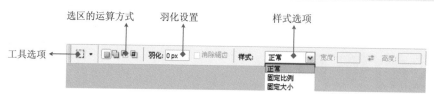

图3-2-2 选框工具的属性栏

【选框工具】属性栏中的各项参数的解释如下。

- 工具选项：单击该选项按钮，可打开工具的下拉菜单，在其中可选择其他工具。当用户选择了"仅限当前工具"单选框时，列表中只显示当前选择的工具。

- 选区的运算方式：选择范围包含4个按钮。"新选区"按钮 ▢，用于建立新的选区；"添加到选区"按钮 ▣，是将新建的选区添加到已有的选区中，通常称为"加选"；"从选区减去"按钮 ▣，是从已有的选区中减去新建的选区，通常称为"减选"；"与选区交叉"按钮 ▣，是选择已有选区与新建选区的相交部分。

- 羽化：用于设定新建选区的羽化程度。

- 消除锯齿：消除选区边缘的锯齿，这是选区工具中常见的选项。

- 样式：选择选区的创建方式。当用户选择"正常"时，选区的大小由鼠标控制；选择"固定比例"时，选区比例只能按照设置好的"宽度"和"高度"的比例创建，大小由鼠标控制；选择"固定大小"时，选区只能按设置的"宽度"和"高度"值来创建选区。

❶ 选择【矩形选框工具】▢，在图像窗口中随意拖动鼠标，创建矩形选区，如图3-2-3所示。

❷ 选择【椭圆选框工具】◯，在图像窗口中随意拖动鼠标，创建椭圆选区，如图3-2-4所示。

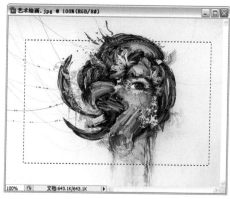

图3-2-3 矩形选区

图3-2-4 椭圆形选区

在使用【矩形选框工具】▢ 和【椭圆选框工具】◯ 创建选区的时候，按住Shift键，并拖动鼠标，可以绘制出正方形（如图3-2-5所示）和正圆形选区（如图3-2-6所示）；按住Alt键，并拖动鼠标，可以以单击处为中心点绘制选区。

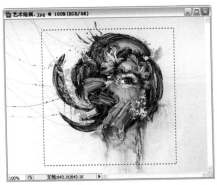

图3-2-5 正方形选区

图3-2-6 正圆形选区

> **注意** 上述Shift键和Alt键的使用技巧是在创建选区的前提下，如果是对当前选区范围进行修改的时候，按住Shift键，并拖动鼠标，相当于"添加到选区"按钮，对每次鼠标圈选的选区进行累加；而按住Alt键，并拖动鼠标，相当于"从选区减去"按钮，从当前选区中减去鼠标每次新圈选的部分。

③ 选择【单行选框工具】，在图像窗口中单击鼠标，创建高度为1像素的行选区，如图3-2-7所示。

④ 使用【矩形选框工具】，在图像窗口中单击鼠标，创建宽度为1像素的列选区，如图3-2-8所示。

图3-2-7 单行选区

图3-2-8 单列选区

3.2.2 套索工具

【套索工具】包含【自由套索工具】、【多边形套索工具】、【磁性套索工具】3个工具。应用【套索工具】，可以创建不规则的选区。

① 【自由套索工具】可以徒手绘制选区，选区的形状由鼠标控制。其属性栏如图3-2-9所示。

图3-2-9 【自由套索工具】属性栏

选择工具箱中的【自由套索工具】，在图像窗口中按住鼠标左键不放，并沿着需要选择的区域绘制选区，如图3-2-10所示，绘制完成后，松开鼠标左键，自动形成封闭选区，如图3-2-11所示。

图3-2-10 应用【自由套索工具】创建选区

图3-2-11 创建的选区

❷【多边形套索工具】可以通过绘制一小段一小段的直线，创建一个选区。其属性栏如图3-2-12所示。

图3-2-12 【多边形套索工具】属性栏

选择工具箱中的【多边形套索工具】，单击鼠标为起始点，移动鼠标，此时将拖出一条直线，单击鼠标为线段末端，依此类推，创建选区，如图3-2-13所示，当末端与起始点重合时，单击鼠标则完成选区的创建，或在起始点与末端未重合时，双击鼠标自动形成封闭选区，创建好的选区如图3-2-14所示。

图3-2-13 应用【多边形套索工具】创建选区

图3-2-14 创建的选区

【磁性套索工具】可以自动捕捉图像边缘，以沿着图形创建选区。该工具一般应用于图形边缘对比强烈的图像。其属性栏如图3-2-15所示。

图3-2-15 【磁性套索工具】属性栏

其属性栏上各个参数的解释如下。

3

- 宽度：设置【磁性套索工具】在进行选取时所能捕捉到的边缘宽度。数值越小，范围越小。
- 对比度：设定【磁性套索工具】在进行选取时，捕捉边缘的灵敏度，数值越小，越灵敏。
- 频率：【磁性套索工具】在进行选取时创建定位点的多少。
- ✎按钮：使用绘图板压力以更改钢笔宽度。

选择工具箱中的【磁性套索工具】📌，在图像窗口中单击鼠标，并沿着图形移动鼠标，【磁性套索工具】将自动捕捉到图像的边缘，如图3-2-16所示，当回到起点时，只需单击鼠标左键，套索就变成了封闭的选区，或在未到起点时，双击鼠标自动形成封闭选区，创建好的选区如图3-2-17所示。

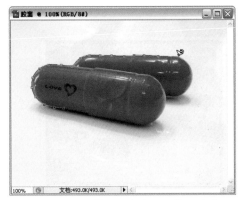
图3-2-16 应用【磁性套索工具】创建选区

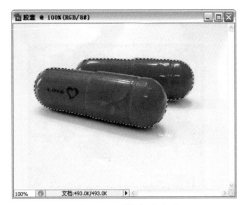
图3-2-17 创建的选区

3.2.3 魔棒工具

【魔棒工具】中包含了【魔棒工具】🪄和【快速选取工具】🖌两个工具，这两个工具都有自动检测图像边缘的功能。

①【魔棒工具】🪄用于选择图像中颜色相近的区域，其属性栏如图3-2-18所示。

图3-2-18 【魔棒工具】属性栏

其属性栏上各个参数的解释如下。

- 容差：控制检测颜色的范围，数值越大，能检测色域越广；数值越小，检测颜色越精确。
- 连续：选择该复选框，只单击部分相连的图像；反之则会选择整个图像中符合设置的图像。
- 对所有图层取样：选择该复选框，会以合并可见层的方式进行选择。

在属性栏中默认"容差"为32，创建选区如图3-2-19所示。

在属性栏设置"容差"为60，创建选区如图3-2-20所示。

图3-2-19 "容差"为默认的选区　　　　图3-2-20 "容差"为60的选区

在属性栏上勾选"连续"复选框，创建选区如图3-2-21所示。

在属性栏取消"连续"复选框的选择，创建选区如图3-2-22所示。

图3-2-21 连续的选区　　　　图3-2-22 不连续的选区

❷【快速选择工具】 是Photoshop CS3中新增的一项功能，它可以通过应用画笔涂抹的方式创建选区，其属性栏如图3-2-23所示。

图3-2-23 【快速选择工具】属性栏

其属性栏上各个参数的解释如下。

- 选区的运算方式：分别为"新选区"、"添加到选区"、"从选区中减去"。
- 画笔：单击画笔的按钮 ，可打开画笔属性栏，在此可以设置有关画笔的各项属性，设置不同，操作得到的效果就不同。
- 自动增强：选择该复选框，会自动增强对边缘的识别。

选择工具箱中的【快速选择工具】 ，在图像窗口中需要选择的区域拖曳鼠标，绘制选区如图3-2-24所示。

3.2.4 色彩范围

"色彩范围"命令位于"选择"菜单中，用于在图像窗口中指定颜色来定义选区，并可通过指定其他颜色来增加或减少活动选区。默认情况下，在"色彩范围"对话框中，选区部分呈白色显

图3-2-24 应用【快速选择工具】创建选区

示。"色彩范围"对话框如图3-2-25所示。

图3-2-25 【色彩范围】对话框

- 选择：下拉菜单中可选择所需的颜色范围。
- 颜色容差：拖动滑块，可调节色彩识别范围。
- 选择范围：在预览窗口内显示选区状态，白色为所选区域。
- 图像：在预览窗口内将显示当前图像的状态。
- 选区预览：选择在图像窗口中选区的预览方式。
- 反相：勾选该复选框，可以在选区与未选的图像之间转换。
- 吸管工具：该按钮用于颜色取样，分别为"吸管工具"、"添加到取样"、"从取样中减去"。

　　【色彩范围】对话框中，"选区预览"选项的下拉列表中包含"无"、"灰度"、"黑色杂边"、"白色杂边"、"快速蒙版"5个选项。它们分别表示在图像窗口中不同的预览选区的方式。

- 无：当选择该选项时，表示无预览效果，此时图像窗口中没有变化。
- 灰度：当选择该选项时，表示以灰度效果预览选区，此时窗口中成灰度显示，白色为选区图像，黑色为非选区图像，灰色为透明区域，效果如图3-2-26所示。
- 黑色杂边：当选择该选项时，表示用黑色显示非选区图像，此时窗口中选区图像色彩无变化，非选区为黑色，效果如图3-2-27所示。

图3-2-26 "灰度"预览模式

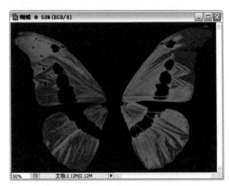

图3-2-27 "黑色杂边"预览模式

- 白色杂边：当选择该选项时，表示用白色显示非选区图像，此时窗口中选区图像色彩无变化，非选区为白色，效果如图3-2-28所示。
- 快速蒙版：当选择该选项时，表示用不透明度为50%的红色遮罩非选区图像，此时窗口中选区图像色彩无变化，非选区被50%的红色屏蔽，如图3-2-29所示。

图3-2-28 "白色杂边"预览模式　　　　　图3-2-29 "快速蒙版"预览模式

下面通过一个简单的实例来讲解【色彩范围】。

实例解析3-1紫色幻境

① 执行【文件】→【打开】命令，或按"Ctrl+O"组合键，打开配套光盘，"第3章\素材\3-1"中的素材图片"风景.tif"，如图3-2-30所示。

② 执行【文件】→【选择】→【色彩范围】命令，打开【色彩范围】对话框，在图像窗口中绿色的部分单击鼠标，取样颜色，并调整"颜色容差"为172，单击"确定"按钮　确定　，载入如图3-2-31所示的选区。

图3-2-30 打开素材　　　　　　　　　图3-2-31 载入选区

③ 单击【图层】调板上的"创建新图层"按钮 ，新建"图层1"，设置前景色为紫色（R:126，G:54，B:131），按"Alt+Delete"组合键，填充选区，如图3-2-32所示。

④ 在【图层】调板设置"图层混合模式"为颜色，效果如图3-2-33所示。

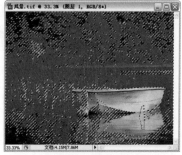

图3-2-32 填充颜色　　　　　　　　　图3-2-33 调整"图层混合模式"

⑤ 新建"图层2",选择工具箱中的【画笔工具】，在其属性栏选择"柔角"。设置前景色为白色,在窗口中绘制装饰,如图3-2-34所示。

⑥ 在【图层】调板单击鼠标右键,执行"拼合图像"命令,并按"Ctrl+L"组合键,打开【色阶】对话框,并设置其参数为26、1.00、206,如图3-2-35所示。

图3-2-34 绘制装饰

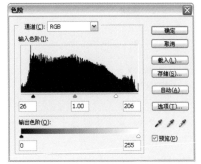

图3-2-35 设置【色阶】参数

⑦ 单击"确定"按钮，最终效果如图3-2-36所示。参见配套光盘中"第3章\源文件\3-1紫色幻境.psd"。

3.2.5 全选图像

全选图像顾名思义就是选择整个图像。执行【选择】→【全选】命令,或按"Ctrl+A"组合键,即可选中整个图像。

下面通过一个简单的实例来讲解【全选图像】。

图3-2-36 最终效果

实例解析3-2制作边框

① 执行【文件】→【打开】命令,或按"Ctrl+O"组合键,打开配套光盘,"第3章\素材\3-2"中的素材图片"手绘.tif",如图3-2-37所示。

② 执行【文件】→【全选】命令,或按"Ctrl+A"组合键,全选图像,如图3-2-38所示。

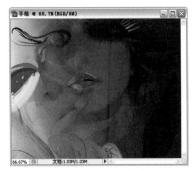

图3-2-37 打开素材

图3-2-38 全选图像

③ 执行【编辑】→【描边】命令,打开【描边】对话框,设置"宽度"为15像素,"位置"为内部,"颜色"为黑色,如图3-2-39所示。

④ 应用【描边】命令后，最终效果如图3-2-40所示。参见配套光盘中"第3章\源文件\3-2 制作边框.psd"。

图3-2-39 设置【描边】参数

图3-2-40 最终效果

3.2.6 反选选区

反选即是选择原有选区以外的部分。执行【选择】→【反向】命令，或按"Ctrl+Shift+I"组合键，即可将已有的选区进行反向操作，如图3-2-41和图3-2-42所示。

图3-2-41 载入的选区

图3-2-42 反选后的选区

3.3 精选选区

在图像的编辑过程中，常常会应用到"选区"，在创建选区的时候，往往需要对选区进行更为精细的选择，比如移动选区、增加或减少选区、选取相交的选区等。

3.3.1 移动选区

在创建了一个选区后，在工具箱中选择任意一个与选区有关的工具，并将鼠标移动到选区范围内，当鼠标指针变为 🕂 时，按住鼠标左键不放，拖动鼠标，即可将选区进行移动。如图3-3-1和图3-3-2所示。

在移动选区时有以下技巧可使操作更精确。

• 拖动时按住Shift键，可以将选区的移动方向限制为45度的倍数。

• 按键盘上的方向键"↑"、"↓"、"←"、"→"键可以分别将选区向上、下、左、右轻移1像素。

- 按住Shift键，按键盘上的方向键"↑"、"↓"、"←"、"→"键可以分别将选区向上、下、左、右轻移10像素。
- 按"Ctrl+Shift"组合键，并拖动选区，可将选区内的图像复制到另一个图像窗口的新图层中心位置。

图3-3-1 载入的选区　　　　　　　　　　图3-3-2 移动的选区

3.3.2 添加到选区

　　选择工具箱中的【椭圆选框工具】，在窗口中创建一个椭圆选区，在属性栏单击"添加到选区"按钮，在窗口中再创建一个选区，如图3-3-3所示，此时选区被添加到当前的选区中，如图3-3-4所示。

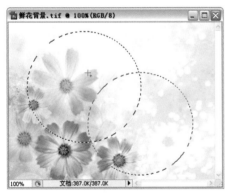 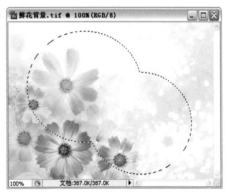

图3-3-3 添加到选区　　　　　　　　　　图3-3-4 添加到选区后的选区

 　在移动选区时，必须选择属性栏中的"创建新选区"按钮，否则无法移动。

3.3.3 从选区中减去

　　选择工具箱中的【椭圆选框工具】，在窗口中创建一个椭圆选区。选择工具箱中的【矩形选框工具】，并在属性栏单击"从选区中减去"按钮，再绘制一个矩形选区，此时当前选区被减去了矩形选区，如图3-3-5和图3-3-6所示。

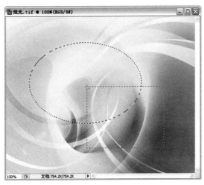
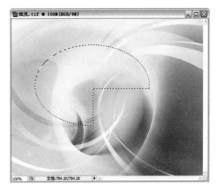

图3-3-5 从选区中减去 　　　　　　　　　图3-3-6 从选区中减去的选区

3.3.4　与选区交叉

选择工具箱中的【椭圆选框工具】 ⬭，在窗口中创建一个椭圆选区，选中其中的玻璃瓶图像。选择工具箱中的【多边形套索工具】 ⬭，在其属性栏单击"与选区交叉"按钮 ⬭，绘制一个选区，如图3-3-7所示，此时可以将前后两次选区的交叉部分构成新的选区，如图3-3-8所示。

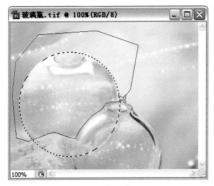
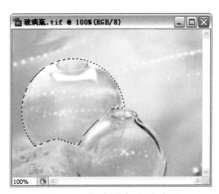

图3-3-7 与选区交叉 　　　　　　　　　图3-3-8 与选区交叉的选区

3.4　修改选区

在创建好选区后，有时候对已经做好的选区不是很满意，这时就需要对选区进行修改。通常会应用到【变换选区】、【消除选区锯齿】、【羽化选区】等命令来修改选区。

在选择图像的时候，按住Shift键绘制选区与"添加到选区"的效果相同；按住Alt键绘制选区与"从选区中减去"的效果相同；按"Alt+Shift"组合键，绘制选区与"与选区交叉"的效果相同。

3.4.1　变换选区

在一个有选区的图像文件中，执行【选择】→【变换选区】命令，可以对选区的位置、大小、比例等进行调整。值得注意的是这和【自由变换】的区别，如果在选区中执行【编辑】→

【自由变换】命令，或按"Ctrl+T"组合键，打开"自由变换"调节框，并拖动调节框对其进行调节，得到的结果是选区内的图像得到相应的改变，而【变换选区】命令只是对选区本身作调节，选区内的图像则不受任何影响。

下面通过一个简单的实例来讲解【变换选区】命令。

实例解析3-3变色彩球

① 执行【文件】→【打开】命令，或按"Ctrl+O"组合键，打开配套光盘，"第3章\素材\3-3"中的素材图片"玻璃球.jpg"，如图3-4-1所示。

② 选择工具箱中的【椭圆选框工具】 ◯ ，在窗口中随意绘制一个圆形选区，如图3-4-2所示。

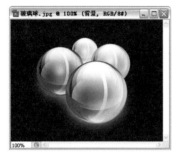 

图3-4-1 打开素材　　　　　　　　图3-4-2 绘制选区

③ 执行【选择】→【变换选区】命令，打开"变换选区"调节框，并拖动调节框，使选区的边缘与物体边缘重合，如图3-4-3所示。

④ 双击鼠标确定变换，得到变换后的选区如图3-4-4所示。

⑤ 按"Ctrl+U"组合键，打开【色相/饱和度】对话框，设置参数为103，32，0，单击【确定】按钮，选区中的颜色得到改变，按"Ctrl+D"组合键，取消选择，最终效果如图3-4-5所示。参见配套光盘中"第3章\源文件\3-3变色彩球.psd"。

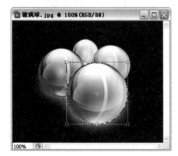 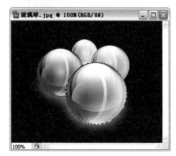 

图3-4-3 变换选区　　　　　图3-4-4 变换后的选区　　　　　图3-4-5 最终效果

 【变换选区】的调节框与【自由变换】的调节框的用法相同。

3.4.2 消除选区锯齿

在使用选择工具创建选区时，通常属性栏中都会出现"消除锯齿"选项，该选项可以消除应用选择工具建立选区时，选区边缘不平滑的锯齿。

> **注意** 需要平滑选区，在创建选区之前就应该选中"消除锯齿"选项，因为选区一旦建立，"消除锯齿"按钮就无效。

3.4.3 羽化选区

【羽化】是操作中很常用的命令，它可以使选区边缘的过渡很柔和，形成边缘模糊的效果。过渡边缘的宽度取决于"羽化半径"的值，值越大，过渡就越为柔和。

在Photoshop CS3中，可以通过设置选择工具属性栏上"羽化"的值，直接绘制选区，得到羽化选区。

下面通过一个实例来讲解【羽化】。

实例解析3-4霓虹灯效果

①执行【文件】→【打开】命令，或按"Ctrl+O"组合键，打开配套光盘，"第3章\素材\3-4"中的素材图片"丽人.tif"，如图3-4-6所示。

②选择工具箱中的【套索工具】 ，并在其属性栏设置"羽化"为30像素，在窗口中随意绘制选区，如图3-4-7所示。

③按"Shift+Ctrl+I"组合键，将选区反向，如图3-4-8所示。

图3-4-6 打开素材   图3-4-7 绘制选区   图3-4-8 反选选区

④执行【滤镜】→【风格化】→【照亮边缘】命令，打开【照亮边缘】对话框，并设置其参数为4、9、15，如图3-4-9所示。

⑤应用【照亮边缘】滤镜命令后的最终效果如图3-4-10所示。参见配套光盘中"第3章\源文件\3-4霓虹灯效果.psd"。

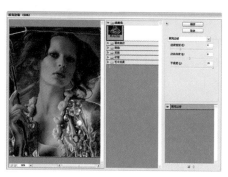

图3-4-9 设置【照亮边缘】参数

图3-4-10 最终效果

如果选区建立完成后，需要对其进行羽化，可以执行【选择】→【选择】→【羽化】命令，打开如图3-4-11所示的【羽化选区】对话框，在"羽化半径"的文本框中输入数值，即可达到羽化效果。

图3-4-11 【羽化选区】对话框

 执行【选择】→【重新选择】命令，或按"Shift+Ctrl+D"组合键，可以重新选择最近一次的选区。执行【选择】→【取消选择】命令，或按"Ctrl+D"组合键，取消当前选区。执行【视图】→【显示】→【选区边缘】命令，或按"Ctrl+H"组合键，可隐藏或显示当前选区。

3.5 编辑选区中的图像

一旦建立了选区，选区内的图像就可以进行移动、复制、描边、滤镜等一系列的操作，所有的操作都将只对选区内的图像起作用，而选区以外的图像则不受到任何影响。本节主要讲述选区内图像的编辑。

3.5.1 移动和复制选区中的图像

应用工具箱中的【移动工具】，可以对选区中的图像进行移动。

选择工具箱中的【磁性套索工具】，在图像中创建选区，如图3-5-1所示。选择工具箱中的【移动工具】，拖动选区内的图像到目标位置释放，因移动产生的空缺部分，颜色由背景色决定，如图3-5-2所示。

图3-5-1 创建选区

图3-5-2 移动图像

应用工具箱中的【移动工具】 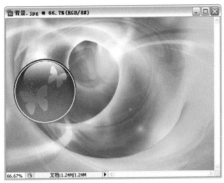，不仅可以在图像中移动选区内的图像，还可将选区中的图像移动到另一个图像窗口中，并在目标文件中自动形成一个新的图层。

按住Alt键不放，移动选区中的图像，可将选区中的图像复制到目标位置。

下面通过一个实例来讲解复制选区中的图像。

实例解析3-5三色按钮

① 执行【文件】→【打开】命令，或按"Ctrl+O"组合键，打开配套光盘，"第3章\素材\3-5"中的素材图片"背景.jpg"，如图3-5-3所示。

② 选择工具箱中的【椭圆选框工具】 ，配合使用【选择】→【变换选区】命令，创建如图3-5-4所示的选区。

图3-5-3 打开素材

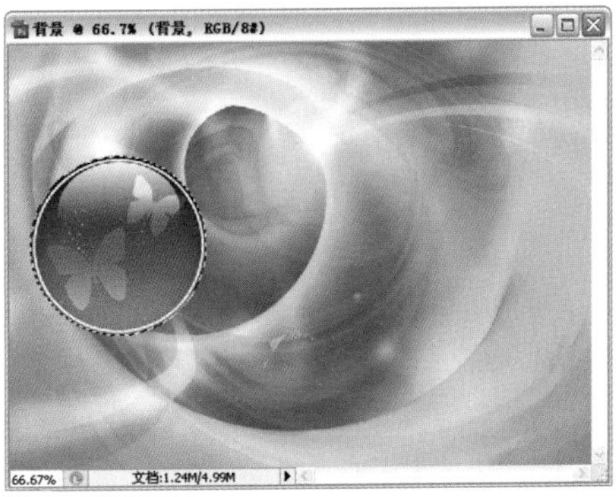

图3-5-4 选择图形

③ 选择工具箱中的【移动工具】 ，按住Alt键不放，移动选区中的图像，复制图形，如图3-5-5所示。

④ 按"Ctrl+U"组合键，打开【色相/饱和度】对话框，并设置参数为135、0、0，单击"确定"按钮，效果如图3-5-6所示。

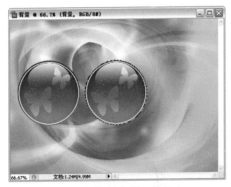

图3-5-5 复制出第二个按钮

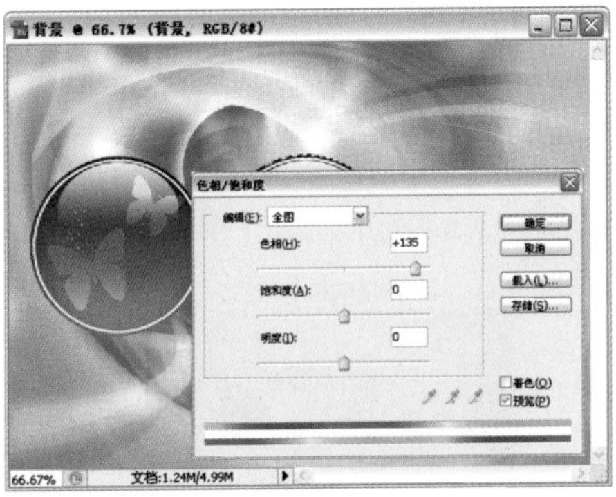

图3-5-6 调整【色相/饱和度】参数

⑤ 用同样的方法复制图形，如图3-5-7所示。

⑥ 按"Ctrl+U"组合键，打开【色相/饱和度】对话框，并设置参数为-71、0、0，单击"确定"按钮，最终效果如图3-5-8所示。参见配套光盘中"第3章\源文件\3-5三色按钮.psd"。

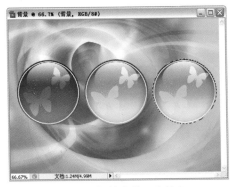

图3-5-7 复制出第三个按钮

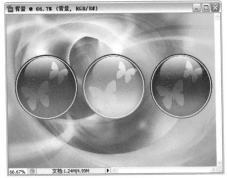

图3-5-8 最终效果

3.5.2 粘贴入

执行【编辑】→【粘贴入】命令，或按下"Shift+Ctrl+V"组合键，可将复制的图像粘贴到当前文件的选区中，并自动对其添加图层蒙版。

下面通过一个实例来讲解【粘贴入】命令。

实例解析3-6创意广告

① 执行【文件】→【打开】命令，或按"Ctrl+O"组合键，打开配套光盘，"第3章\素材\3-6"中的素材图片"蝶恋.tif"，如图3-5-9所示。

② 选择工具箱中的【横排文字工具】 T ，设置前景色为白色，在窗口中创建如图3-5-10所示的文字。

图3-5-9 打开素材"蝶恋"

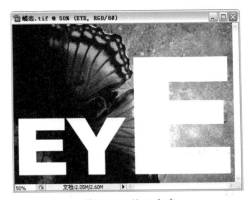

图3-5-10 输入文字

③ 执行【文件】→【打开】命令，或按"Ctrl+O"组合键，打开"第3章\素材\3-6"中的素材图片"香水.tif"，如图3-5-11所示。

④ 按"Ctrl+A"组合键，全选图像，如图3-5-12所示，并按"Ctrl+C"组合键，复制图像。

⑤ 单击"蝶恋"文件窗口，使其处于工作状态，并按住Ctrl键，单击"EYE"图层的"图层缩览图"，载入字样选区，如图3-5-13所示。

⑥ 执行【选择】→【修改】→【收缩】命令，打开【收缩选区】对话框，设置"收缩量"为3像素，效果如图3-5-14所示。

图3-5-11 打开素材"香水"

图3-5-12 复制图像

图3-5-13 载入选区

图3-5-14 收缩选区

⑦ 按"Shift+Ctrl+V"组合键，将复制的图像粘贴到当前的选区中，按"Ctrl+T"组合键调整图像的大小、位置等。此时【图层】调板该图层被自动添加了一个图层蒙版，效果如图3-5-15所示。

⑧ 添加文字和装饰后的最终效果如图3-5-16所示。参见配套光盘中"第3章\源文件\3-6创意广告.psd"。

图3-5-15 粘贴入选区

图3-5-16 最终效果

3.5.3 填充选区

在窗口中创建选区后，执行【编辑】→【填充】命令，可打开【填充】对话框，如图3-5-17所示。

图3-5-17 【填充】对话框

【填充】对话框中的参数解释如下。

- 内容：在"使用"下拉菜单中可选择填充内容，前景色、背景色、颜色图案、历史记录、黑色、50%灰色及白色。
- 混合：设置填充的混合模式和不透明度。

例如创建选区，如图3-5-18所示，执行【编辑】→【填充】命令，打开【填充】对话框，在"使用"下拉菜单中选择"图案"选项，并在"自定图案"下拉菜单中选择图案，单击"确定"按钮，效果如图3-5-19所示。

图3-5-18 选择图像　　　　　　　图3-5-19 填充选区

3.5.4 描边选区

执行【编辑】→【描边】命令，打开【描边】对话框，如图3-5-20所示。

【描边】对话框中的参数解释如下。

- 宽度：设置描边的宽度。
- 颜色：设置描边的颜色。
- 位置：以选区为参考设置描边的位置。
- 混合：设置填充的混合模式和不透明度。

图3-5-20 【描边】对话框

例如，在图像窗口中创建选区，如图3-5-21所示。执行【编辑】→【描边】命令，打开【描边】对话框，设置描边"颜色"为黑色，宽度为15像素，设置"位置"为居外，单击"确定"按钮，效果如图3-5-22所示。

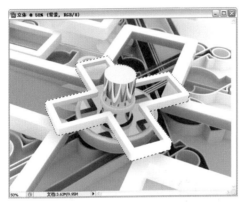

图3-5-21 选择图像

图3-5-22 描边选区

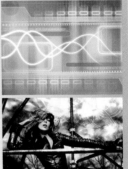

第4章
绘制与修复

在Photoshop CS3中图像的绘制与修复是一项非常强大的处理功能。它可以将破损的照片修复得完好如初，可以将模糊的照片变得清晰，可以修复人物面部的瑕疵，去除数码照片产生的红眼等。

本章讲解绘图工具、修图工具以及画笔调板的用法。在本章中读者可以逐步体会到Photoshop CS3独特的魅力及其强大的处理功能。

4.1 画笔调板

在Photoshop CS3中，【画笔】调板是为绘图和修图工具进行服务的一项功能。在【画笔】调板中，可以对笔触的属性进行设置，可以修改笔触的大小、形状，还可以通过设置，模拟各种真实画笔的效果。

单击【画笔工具】✐ 属性栏上的"切换画笔调板"按钮 ▤，或按F5键，即可打开【画笔】调板，单击【画笔】调板上的 ▼≡ 按钮，即可打开其快捷菜单，如图4-1-1所示。

4.1.1 常规参数设置

在【画笔】调板中单击"画笔笔尖形状"选项，可以进入其设置区，如图4-1-2所示。在设置区中，可调整画笔的"直径"、"角度"、"圆度"、"硬度"、"间距"等基本参数。

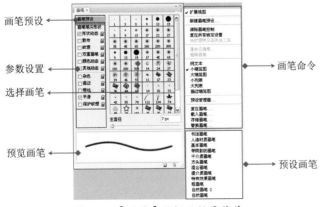

图4-1-1 【画笔】调板及扩展菜单

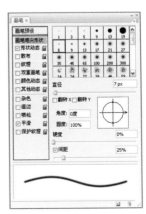

图4-1-2 【画笔】调板

- 直径：调整画笔主直径大小。
- 翻转X：垂直方向翻转画笔。
- 翻转Y：水平方向翻转画笔。
- 角度：设置画笔的旋转角度。
- 圆度：设置画笔垂直方向和水平方向的比例。
- 硬度：设置画笔边缘的清晰度。
- 间距：设置画笔两点之间的距离。

画笔"直径"越大，绘制出来的线条越粗，如图4-1-3所示。

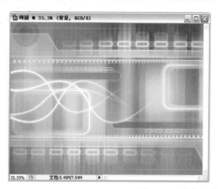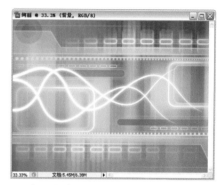

图4-1-3 "直径"参数不同的效果对比

画笔"硬度"决定画笔边缘的清晰度，"硬度"越大，边缘越清晰，如图4-1-4所示。

图4-1-4 "硬度"参数不同的效果对比

画笔"间距"决定画笔两点之间的距离，"间距"越大，两点间的距离越大，如图4-1-5所示。

图4-1-5 "间距"参数不同的效果对比

4.1.2 动态参数设置

在【画笔】调板中，可以通过选择其中的复选框"形状动态"、"散布"、"纹理"、"双重画笔"等，对画笔进行设置。通过设置以后在绘图过程中将会发生动态变化，例如选择"形状动态"复选框，即可进入形状的设置区，如图4-1-6所示。

"抖动"和"控制"是衡量动态变化的两个参数。

- 抖动：随机设定动态元素。
- 控制：其下拉列表中的选项用于指定如何控制动态元素的变化。

控制下拉菜单中的参数解释如下。

- 关：关闭动态元素的变化。
- 渐隐：控制渐隐动态的长度。
- 钢笔压力、钢笔斜度或光笔轮：基于钢笔压力、钢笔斜度或光笔轮位置，来改变动态元素。只有当使用绘图板时，钢笔控制才可用。

在【画笔】调板中还有其他可以设置的动态效果。

- 形状动态：设置画笔笔触的变化。
- 散布：设置笔触扩散的数目和位置。
- 纹理：设置笔触带有设定的图案肌理。
- 双重画笔：设定两个画笔合并创建画笔笔触。在【画笔】调板的"画笔笔尖形状"部分可以设置主要笔尖的选项。在【画笔】调板"双重画笔"部分可以设置次要笔尖的选项。
- 颜色动态：设置笔触颜色的变化方式。
- 其他动态：设置笔触不透明度和流量的变化。

4.1.3 导入预设画笔

Photoshop CS3在"画笔"调板的下拉菜单中存储了大量的画笔，如"书法画笔"、"干介质画笔"、"自然画笔"等，单击【画笔】调板上的 ，打开快捷菜单列表如图4-1-7所示，在其快捷菜单中选择需要的画笔即可。

图4-1-6 设置动态变化

图4-1-7 预设的画笔资源

4.1.4 创建画笔

在Photoshop中，可以将现有图形创建为新的画笔。在打开目标图形后，只要执行【编辑】→【定义画笔预设】命令，打开【画笔名称】对话框，输入画笔的名称即可，如图4-1-8所示。

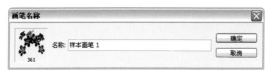

图4-1-8 "画笔名称"对话框

4.1.5 删除画笔

对于不需要的画笔，可以将它删除。在【画笔】调板中选中要删除的画笔，单击【画笔】调板上的 按钮，在其快捷菜单中选择"删除画笔"项即可，如图4-1-9所示。

 按住Alt键，在调板上单击要删除的画笔，或者直接将需要删除的画笔拖到调板底部的"删除画笔"按钮 上都可以删除画笔。

4.1.6 保存画笔资源

在Photoshop CS3中可以根据自己的需要将调板中的画笔进行保存，以便以后载入使用。

单击【画笔】调板上的 按钮，在其快捷菜单中选择"存储画笔"命令，打开如图4-1-10所示的【存储】对话框，在【存储】对话框中指定画笔库文件的保存路径和文件名，并单击 保存(S) 按钮。新建的画笔库包括当前调板中的所有画笔。

图4-1-9 删除画笔

图4-1-10 【存储】对话框

4.2 绘制图像

在Photoshop CS3中可以应用【画笔工具】 、【铅笔工具】 、【油漆桶工具】 和【渐变工具】等随意绘制图像。下面将分别对这些工具进行讲解。绘制工具在工具箱中的图解如图4-2-1所示。

图4-2-1 绘制工具图解

1.画笔工具
2.铅笔工具
3.颜色替换工具

1.渐变工具
2.油漆桶工具

4.2.1 画笔工具

【画笔工具】是绘制图形的基本工具，应用【画笔工具】可以绘制出任意的图形，它可以根据属性的设置，创建出不同的笔触效果。如果有绘图板的情况下，应用【画笔工具】可以模仿多种笔触效果，绘制不同风格的作品。

在工具箱中选择【画笔工具】，其属性栏如图4-2-2所示。

图4-2-2 【画笔工具】属性栏

【画笔工具】属性栏上的各项参数解释如下。

- 模式：调整【画笔工具】的"混合模式"，可以让绘制的图形与下一层的图像产生不同的混合效果。
- 不透明度：调整绘画工具的不透明度。"不透明度"为100%时完全不透明。
- 流量：用于设置画笔的绘制浓度，与不透明度是有区别的。不透明度是指整体的不透明程度，而流量是指每次增加的颜色浓度。
- 喷枪：单击属性栏中的喷枪工具按钮，将渐变色调（彩色喷雾）应用到图像，模拟现实生活中的油漆喷枪，创建出雾状图案。

 【画笔工具】与前景色有关，当应用【画笔工具】绘制图像时，拖动鼠标，在鼠标经过的地方将以前景色着色。

4.2.2 铅笔工具

使用铅笔工具可绘制硬边笔触。单击工具箱中的【铅笔工具】，其属性栏如图4-2-3所示。

图4-2-3 【铅笔工具】属性栏

【铅笔工具】属性栏与【画笔工具】属性栏略有不同。

- 自动抹除："自动抹除"具有擦除功能，选中此项后可将铅笔工具当橡皮使用。当用户在与前景色颜色相同的图像区域内描绘时，会自动擦除前景色颜色而填入背景色的颜色。

4.2.3 油漆桶工具

应用【油漆桶工具】，可以在画面中颜色相似的区域或者选区中填充前景色或图案，其属性栏如图4-2-4所示。

图4-2-4 油漆桶工具的属性栏

- 前景 ：单击此按钮，可以选择填充的方式，其中有"前景"和"图案"两个选项。选择"图案"选项，旁边的"图案"下拉菜单将被激活。选择"前景"时，将以此时设置的前景色进行填充；选择"图案"时，可在旁边的"图案"下拉菜单中，设置需要的图案样式，则将以设定的图案进行填充。
- 模式：选择填充所用的混合方式。
- 不透明度：设置填充颜色的不透明度。
- 容差：设置填充的颜色范围。
- 消除锯齿：选择该复选框，可使填充边缘平滑。
- 连续的：选择该复选框，将把目标点所有容差范围内的像素应用前景或图案填充。
- 所有图层：选择此复选框，可基于所有可见图层的合并颜色数据填充颜色或图案。

例如，打开素材，如图4-2-5所示，选择工具箱中的【油漆桶工具】 ，在其属性栏设置填充方式为图案，并在图案下拉列表中选择一种图案，去掉属性栏上的"连续"复选框，在黑色像素处单击鼠标，黑色像素被图案代替，如图4-2-6所示。

图4-2-5 原图像

图4-2-6 填充后的效果

4.2.4 渐变工具

【渐变工具】 用于为指定区域填充渐变色，可以按指定的色彩渐变的方式进行填充。其属性栏如图4-2-7所示。

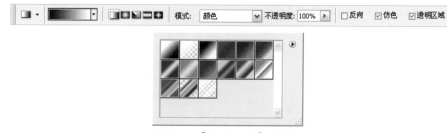

图4-2-7 【渐变工具】属性栏

【渐变工具】▱属性栏中各项参数的解释如下。

- ▱▾ 渐变色块：其下拉菜单中列出了预设的渐变填充样本；单击该按钮，则打开【渐变编辑器】对话框。

- ▱ 线性渐变：原图如图4-2-8所示，并在属性栏上设置"模式"为叠加（以下同），以直线方式进行渐变，其填充后的效果如图4-2-9所示。

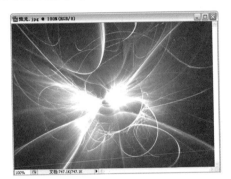
图4-2-8 渐变填充样本

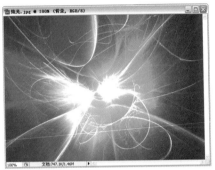
图4-2-9 "直线渐变"方式

- ▱ 径向渐变：以圆形方式进行渐变，其填充后的效果如图4-2-10所示。

- ▱ 角度渐变：围绕起点以逆时针环绕的方式渐变，其填充后的效果如图4-2-11所示。

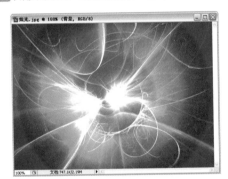
图4-2-10 "径向渐变"方式

图4-2-11 "角度渐变"方式

- ▱ 对称渐变：从渐变线两侧用对称的方式渐变，其填充后的效果如图4-2-12所示。

- ▱ 菱形渐变：从起点向外以菱形图案的形式逐渐改变，其填充后的效果如图4-2-13所示。

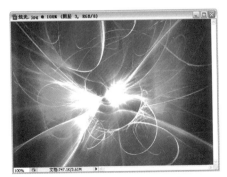
图4-2-12 "对称渐变"方式

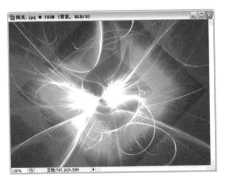
图4-2-13 "菱形渐变"方式

- 模式：在此下拉列表中设置混合模式，即可让制作的渐变色与下一层图像产生不同的混合效果。
- 反向：选中该复选框后，可以将设置的渐变色顺序反向。
- 仿色：选中该复选框后，可以用较小的带宽创建较平滑渐变。
- 透明区域：选中该复选框后，可以对渐变填充使用透明区域蒙版。

设定新的渐变可在属性栏中单击属性栏中的渐变色块，可打开【渐变编辑器】对话框，如图4-2-14所示。

【渐变工具】属性栏中各项参数的解释如下。

- 预设：在"预设"列表中列出了各种预设好的渐变方案，单击选择。
- 色带：色带中显示了当前渐变方案的具体效果。
- 色标：在此设置栏中设置当前色标的位置、不透明度和颜色。在目标位置单击鼠标，即可添加一个色标。
- 不透明度：设置对应颜色的不透明度。
- 位置：设置色标在色带中占的具体位置。
- 颜色：编辑颜色参数。

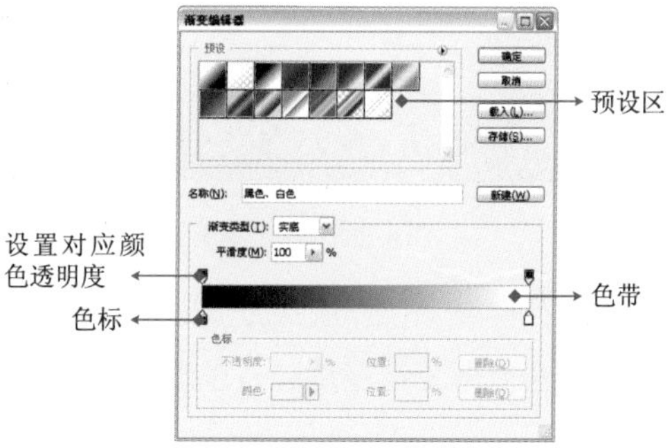
预设区
设置对应颜色透明度
色带
色标

图4-2-14 【渐变编辑器】对话框

4.3 修复图像

应用修图工具可以对质量不好的图片进行修复和修饰。修图工具包括【修补工具】、【仿制图章工具】、【模糊工具】、【加深工具】、【橡皮擦工具】等，它们各自都有着卓越的功能。本节将对这些工具进行详细的讲解。修复工具在工具箱中的图解如图4-3-1所示。

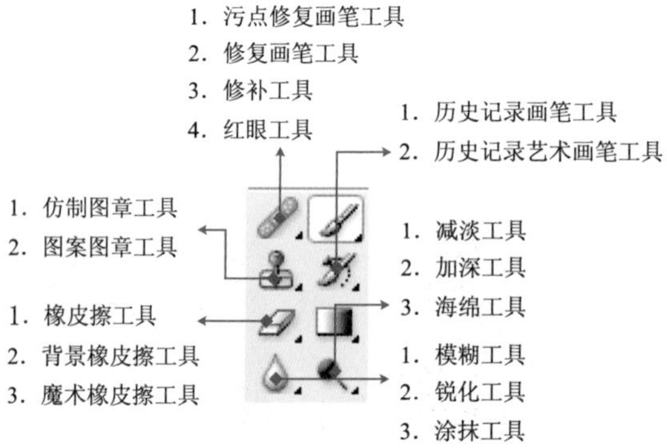
1. 污点修复画笔工具
2. 修复画笔工具
3. 修补工具
4. 红眼工具
1. 历史记录画笔工具
2. 历史记录艺术画笔工具
1. 仿制图章工具
2. 图案图章工具
1. 减淡工具
2. 加深工具
3. 海绵工具
1. 橡皮擦工具
2. 背景橡皮擦工具
3. 魔术橡皮擦工具
1. 模糊工具
2. 锐化工具
3. 涂抹工具

图4-3-1 修复工具图解

4.3.1 橡皮擦工具

【橡皮擦工具】与橡皮擦的作用是相同的，它可以擦除当前图像中的像素。选择工具箱中的【橡皮擦工具】，按住鼠标，在窗口中拖动鼠标所经过区域的像素将被擦除。若操作的图层为背景图层，擦除的区域将被背景色填充。其属性栏如图4-3-2所示。

图4-3-2 【橡皮擦工具】属性栏

橡皮擦工具有3种模式，分别是"画笔"、"铅笔"和"块"。使用这些模式可以对橡皮擦的擦除效果进行更加细微的调整，对应不同的模式，属性栏会发生相应的变化。

在属性栏中选择"抹到历史记录"，可将受影响的区域恢复到【历史记录】调板中所选的状态，这个功能称为"历史记录橡皮擦"，与【历史记录橡皮擦工具】相同。还可以在图像中按住鼠标左键，然后按住Alt键的同时拖动鼠标，这样可在不选中"抹到历史记录"选项的情况下，达到同样的效果。

4.3.2 背景橡皮擦工具

应用【背景橡皮擦工具】，可以将图像擦除至透明，其属性栏如图4-3-3所示。

图4-3-3 【背景橡皮擦工具】属性栏

【背景橡皮擦工具】属性栏中各项参数的解释如下。

- 限制：在其下拉菜单中可以设置擦除边界的连续性，其中包括"不连续"、"连续"和"查找边缘"3个选项。
- 容差：设置擦除图像的容差范围。
- 保护前景色：将不需要被擦除的颜色设置为前景色，并选择该复选框，则设置的颜色将不被擦除。
- 连续：单击"取样：连续"按钮，当鼠标指针在图像中不同颜色区域移动，则工具箱中的背景色也将相应地发生变化，并不断地选取样色。
- 一次：单击"取样：一次"按钮，首先在图像中单击鼠标，取样颜色，再擦除图像，此时将在操作范围中擦除掉与取样颜色相同的颜色像素。
- 背景色板：单击"取样：背景色板"按钮，将背景色作为取样颜色，只擦除操作范围中与背景色相似或相同的颜色。

例如，使用【背景橡皮擦工具】，擦除图像的效果如图4-3-4所示。

4.3.3 魔术橡皮擦工具

【魔术橡皮擦工具】是将【魔棒工具】与【背景橡皮擦工具】的综合使用。它可以选择图像中相似的颜色并将其擦除，其属性栏如图4-3-5所示。

图4-3-4 应用【背景橡皮擦工具】擦除图像的前后对比

图4-3-5 【魔术橡皮擦工具】属性栏

【魔术橡皮擦工具】 属性栏中各项参数的解释如下。

- 消除锯齿：选择该复选框，可以使擦除区域的边缘平滑。
- 连续：选择该复选框，则只擦除与临近区域中颜色类似的部分，否则，会擦除图像中所有颜色类似的区域。

例如，选择工具箱中的【魔术橡皮擦工具】 ，在属性栏选择"连续"复选框，擦除图像的效果如图4-3-6所示；在属性栏去掉"连续"选项，擦除图像的效果如图4-3-7所示。

图4-3-6 选择"连续"的擦除效果　　　　图4-3-7 去掉"连续"的擦除效果

- 对所有图层取样：利用所有可见图层中的组合数据来采集色样，否则只采集当前图层的颜色信息。

4.3.4 仿制图章工具

【仿制图章工具】 是常用的修图工具，它通过复制图像局部并复制到其他区域以弥补图像局部的不足。其属性栏如图4-3-8所示。

图4-3-8 【仿制图章工具】属性栏

【仿制图章工具】🏛️ 属性栏中各项参数的解释如下。

- 对齐：选中该复选框，则当定位复制点之后，系统将一直以首次单击点为对齐点，这样即使在复制的过程因为某些原因而终止操作，仍可以从上次操作结束的位置开始，图像还是可以得到完整的复制。

- 样本：其下拉菜单中可以选择图像的复制样本，其中包含"当前图层"、"所有图层"、"当前和下方图层"。

在使用【仿制图章工具】🏛️ 前，应对其需要复制的点进行取样。在工具箱中选择【仿制图章工具】🏛️，按住Alt键，当光标变成在十字准心圆的时候单击图像，则可以设置取样点，释放鼠标，在需要复制的位置涂抹。

应用【仿制图章工具】🏛️，去掉照片中面部的瑕疵，前后对比如图4-3-9所示。

图4-3-9 应用【仿制图章工具】去除脸上的瑕疵

4.3.5 图案图章工具

【图案图章工具】🏛️ 用于绘制图案，其属性栏如图4-3-10所示。

图4-3-10 【图案图章工具】属性栏

【图案图章工具】🏛️ 属性栏中各项参数的解释如下：

- 图案拾色器 🔳：单击该按钮，可在预设的图案中进行选择。
- 印象派效果：选中该复选框，则会制作出一种印象派风格的图案效果。

4.3.6 污点修复画笔工具

【污点修复画笔工具】🖊️ 可以自动去除照片中的杂点和污迹，它不需要进行取样，只需在有瑕疵的地方单击鼠标即可将其去除。【污点修复画笔工具】🖊️ 的属性栏如图4-3-11所示。

图4-3-11 【污点修复画笔工具】属性栏

- 近似匹配：使用选区边缘周围的像素来查找要用做选定区域修补的图像区域。
- 创建纹理：使用选区中的所有像素创建一个用于修复该区域的纹理。在选区中拖动鼠标即可创建纹理。

4.3.7 修复画笔工具

【修复画笔工具】 可用于修复图像中的瑕疵，使它们消失在周围的图像中。【修复画笔工具】 可以将样本像素的纹理、光照和阴影与源像素进行匹配，从而使修复后的像素不留痕迹地融入图像的其余部分。其属性栏如图4-3-12所示。

图4-3-12 【修复画笔工具】属性栏

- 画笔：设置修复画笔的直径、硬度、间距、角度、圆度等。
- 模式：设置修复画笔绘制的像素和原来像素的混合模式。
- 源：设置用于修复像素的来源。选择"取样"，则使用当前图像中定义的像素进行修复；选择"图案"，则可从后面的下拉菜单中选择预定义的图案对图像进行修复。
- 对齐：设置对齐像素的方式，与其他工具类似。

在工具箱中选择【修复画笔工具】 ，在属性栏中设置"源"为"取样"，按住Alt键，单击图像中的选定位置，设置参考点。此时将鼠标移动到图像中需要修复的部分进行涂抹，释放鼠标后，用修复画笔描绘过的区域将自动进行调整，使图像融入周围的像素之中。

4.3.8 修补工具

【修补工具】 可以用其他区域或图案中的像素来修复选中的区域。与修复画笔工具一样，修补画笔会将样本像素的纹理、光照和阴影与源像素进行匹配。其属性栏如图4-3-13所示。

图4-3-13 【修补工具】属性栏

- 修补：设置修补的对象。选择"源"，则将选区定义为想要修复的区域。选择"目标"，则将选区定义为进行取样的区域。
- 使用图案：单击此按钮，则会使用当前选中的图案对选区进行修复。

下面通过一个实例来讲解【修补工具】 。

实例解析4-1去除眼袋

❶ 执行【文件】→【打开】命令，或按"Ctrl+O"组合键，打开配套光盘"第4章\素材\4-1"中的素材图片"眼袋.jpg"，如图4-3-14所示。

❷ 选择工具箱中的【修补工具】 ，在图像中眼袋的部分绘制选区，如图4-3-15所示。

图4-3-14 打开素材

图4-3-15 选择图像

3 释放鼠标，选区形成。在【修补工具】 属性栏单击"源"单选按钮，并拖动选区到平滑的皮肤处，如图4-3-16所示。

4 释放鼠标，按"Ctrl+D"取消选择，眼袋变得平滑，并保留其皮肤质感，如图4-3-17所示。

图4-3-16 应用【修补工具】修补图像

图4-3-17 修补后的效果

5 用同样的方法去除右边的眼袋，得到最终效果如图4-3-18所示。参见配套光盘"第4章\源文件\4-1去除眼袋.psd"。

图4-3-18 最终效果

4.3.9 红眼工具

【红眼工具】 可以校正用闪光灯拍摄的人物照片中的红眼，其属性栏如图4-3-19所示。

图4-3-19 【红眼工具】属性栏

- 瞳孔大小：设置瞳孔的大小。
- 变暗量：设置瞳孔的暗度。

　　选择工具箱中的【红眼工具】，在红眼中单击鼠标，即可消除红眼，如图4-3-20所示。

图4-3-20 使用【红眼工具】消除红眼

4.3.10 颜色替换工具

　　【颜色替换工具】可以将图像中特定的颜色替换为前景色，其属性栏如图4-3-21所示。

图4-3-21 【颜色替换工具】属性栏

　　【颜色替换工具】属性栏中各项参数的解释如下。

- 限制：在其下拉菜单中可以设置颜色替换的连续性，其中包括"不连续"、"连续"和"查找边缘"3个选项。
- 容差：设置替换颜色的容差范围。
- 取样：其中包含"连续"、"选择一次"、"选择背景色"3个按钮，其中"连续"是指连续取样；"选择一次"是指只替换一次所选中的颜色；"选择背景色"是指将包含背景色的区域替换为前景色。

　　例如，选择工具箱中的【颜色替换工具】，在其属性栏单击"选择背景色"按钮，并设置背景色为蓝色，前景色为红色，在图像中涂抹，蓝色像素被替换为红色，效果如图4-3-22所示。

图4-3-22 应用【颜色替换工具】替换颜色

4.3.11 模糊工具

【模糊工具】可以使图像变得柔和，颜色过渡变平缓，起到模糊图像局部的效果，其属性栏如图4-3-23所示。

图4-3-23 【模糊工具】属性栏

【模糊工具】属性栏中各项参数的解释如下。

- 画笔：设置模糊时所用笔触的大小、硬度等参数。
- 模式：设置模糊的混合模式。
- 强度：设置画笔的力度。数值越大，模糊效果越明显。

例如，选择工具箱中的【模糊工具】，在图像中要进行模糊处理的区域按住鼠标左键来回拖动，效果如图4-3-24所示。

图4-3-24 应用【模糊工具】制作景深效果

4.3.12 锐化工具

【锐化工具】与【模糊工具】刚好相反，它可以使柔和的图像变得清晰，可以增加图像的对比度，使图像变得更清晰。但是进行模糊操作的图像再经过锐化处理也不能恢复到原始状态。【锐化工具】的属性栏如图4-3-25所示，其参数与模糊工具完全相同。

图4-3-25 【锐化工具】属性栏

例如，选择工具箱中的【锐化工具】，在图像中要进行锐化处理的区域按住鼠标左键来回拖动，效果如图4-3-26所示。

4.3.13 涂抹工具

【涂抹工具】可以模拟在未干的绘画纸上用手指涂抹颜料的效果。【涂抹工具】的属性栏如图4-3-27所示。

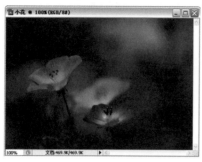

图4-3-26 应用【锐化工具】锐化花朵

图4-3-27 【涂抹工具】属性栏

手指绘画：若选中此复选框，则可以使用前景色在每一笔的起点开始，向鼠标拖曳的方向进行涂抹；如果不选，则涂抹工具 用起点处的颜色进行涂抹。

例如，选择工具箱中的【涂抹工具】，在图像中要进行拖动涂抹，效果如图4-3-28所示。

图4-3-28 应用【涂抹工具】涂抹图像的前后对比

4.3.14 减淡工具

使用【减淡工具】 可以提亮图像局部的亮度，同时也减淡图像的颜色。其属性栏如图4-3-29所示。

图4-3-29 【减淡工具】属性栏

【减淡工具】 属性栏中各项参数的解释如下。

- 范围：在其下拉菜单中有"暗调"、"中间调"和"高光"3个选项。选择"暗调"，只作用于图像的暗色部分。选择"中间调"，只作用于图像中暗色和亮色之间的部分。选择"高光"，只作用于图像的亮色部分。

- 曝光度：设置图像的曝光强度。强度越大，则图像越亮。

例如，应用【减淡工具】🔍为图像增强金属质感，效果如图4-3-30所示。

图4-3-30 应用【减淡工具】处理图像的效果

4.3.15 加深工具

【加深工具】🖐️与【减淡工具】🔍相反，它通过使图像变暗来加深图像的颜色。加深工具通常用来强化图像的暗部。其属性栏如图4-3-31所示。

图4-3-31 【加深工具】属性栏

例如，应用【加深工具】🖐️为美女的面部增强立体感，效果如图4-3-32所示。

图4-3-32 应用【加深工具】处理图像的效果

4.3.16 海绵工具

【海绵工具】🟤可以改变图像局部的饱和度。其属性栏如图4-3-33所示。

图4-3-33 【海绵工具】属性栏

模式：设置海绵工具 ⬭ 可进行"去色"或"加色"。选择"去色"可以降低图像颜色的饱和度；选择"加色"可以增加图像颜色的饱和度。

例如，应用【海绵工具】⬭ 为图像加色后的效果如图4-3-34所示。

图4-3-34 应用【海绵工具】加色的效果

第5章
色彩与色调的调整

　　色调的调整在Photoshop CS3占有非常重要的地位，它是Photoshop有史以来的一大特色。通过对它的应用，不仅可以在多种颜色模式之间进行随意的切换，还可以通过其中不同的调色命令，调整图像的色相、饱和度、亮度、对比度，从而校正图像中色彩不尽如人意的部分。

　　本章通过举例讲述Photoshop CS3中常用的色彩模式，以及多种多样的调色命令，引领读者去理解软件功能强大之处，并感受到色彩调整千变万化的趣味性。

5.1 色彩模式

　　色彩模式是用于表现色彩的一种数学算法，是指图像用哪种方式在计算机中显示或者输出。色彩模式包含位图模式、灰度模式、双色调模式、RGB模式、CMYK模式、Lab模式、索引模式、多通道模式以及8位/16位模式。模式不同，图像所能显示的颜色数量就不同。色彩模式除确定图像中能显示的颜色数外，还直接影响通道和文件的大小。默认情况下，位图模式、灰度模式和索引颜色图像中只有一个通道，而RGB和Lab模式图像有三个通道，CMYK图像则有四个通道。

5.1.1 位图模式

　　位图模式下的图像由黑白两色组成，没有中间层次，又叫黑白图像。只有灰度模式和通道图才能直接转换为位图模式。

　　打开配套光盘"素材/第5章"文件夹中的"黑白.jpg"，执行【图像】→【模式】→【位图】命令，打开【位图】对话框，单击【确定】按钮 ![确定]，将灰度模式转换为位图模式，效果如图5-1-1所示。

　　对该对话框中各项参数的解释如下。

- 分辨率：设定图像的分辨率。输入选项显示的是原图的分辨率，在输出文本框中设定的是转换后图像的分辨率，取值范围在1~10000。如果设定值大于原图的分辨率，图像就会缩小，反之则会变大。

- 方法：用来设定转换为位图模式时，处理中间色的方式。常见的位图模式的转换方法有以下几种。

图5-1-1 将灰度模式转换为位图模式前后对比

（1）50%阈值：以50%为界限，将图像中大于50%的所有像素全部变成黑色，小于50%的所有像素全部变成白色。

（2）图案仿色：使用一些随机的黑、白像素点来抖动图像。

（3）扩散仿色：转换图像时，产生颗粒状的效果。

（4）半调网屏：产生一种半色调网版印刷的效果。网线数可设为85~200lpi，报纸通常用85lpi，彩色杂志通常用133~175lpi，网角可设为-180~180度，连续色调或半色调网版通常使用45度。

（5）自定图案：可选择图案列表中的图案作为转换后的纹理效果。

图5-1-2是用上述5种方法转换颜色模式后的效果。

（a）原图像

（b）50%阈值位图效果

（c）图案仿色位图效果

（d）扩散仿色位图效果

（e）半调网屏位图效果

（f）自定图案位图效果

图5-1-2 不同方式转换后的位图效果

注意 当图像转换到位图模式后，无法进行其他编辑，甚至不能恢复灰度模式时的图像。

5.1.2 灰度模式

灰度模式中只存在灰度，最多可以达到256级灰度。灰度模式的情况下，图像的色彩饱和度为零，亮度是唯一构成灰度图像的要素。亮度是光强弱的度量，0%代表黑，100%代表白。位图模式和彩色图像都可转换为灰度模式。

执行【图像】→【模式】→【灰度】命令，将原图转换为灰度模式图像，效果如图5-1-3所示。

图5-1-3 将图像转换为灰度模式效果

5.1.3 双色调模式

双色调模式可用于增加灰度图像的色调范围或用来打印高光颜色，运用该模式可以渲染出一种灰色油墨与彩色油墨进行混合调配的灰度图像，在此模式中，最多可以向灰度图像中添加四种颜色。只有灰度模式的图像才可转换为双色调模式。

如灰度模式图像如图5-1-4所示，执行【图像】→【模式】→【双色调】命令，会打开【双色调选项】对话框，如图5-1-5所示，在【类型】选项中，可选择色调类型，供选择的类型有单色调、双色调、三色调、四色调。单击油墨色块，可打开【颜色库】对话框，如图5-1-6所示，进行"色库"和"颜色"的修改，效果如图5-1-7所示。

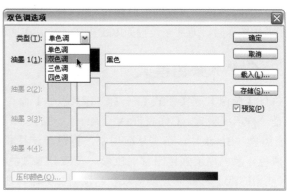

图5-1-4 灰度模式图像　　　　　　图5-1-5 【双色调选项】对话框

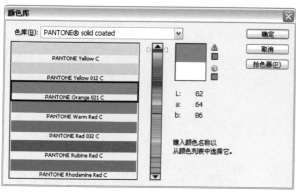

图5-1-6 【颜色库】对话框　　　　　　　　图5-1-7 双色调模式图像效果

5.1.4 索引颜色模式

　　执行【图像】→【模式】→【索引颜色】命令，即可将图像转换为索引颜色模式，该模式最多使用256种颜色。当转换为索引颜色时，Photoshop CS3将构建一个颜色查找表（CLUT），用于存放并索引图像中的颜色。如果原图像中的某种颜色没有出现在该表中，则程序将选取现有颜色中最接近的一种，或使用现有颜色模拟该颜色。

　　通过限制【颜色】调板，索引颜色可以在保持图像视觉品质的同时减少文件大小，该模式一般运用于多媒体动画应用程序或Web页。

　　在这种模式下只能进行有限的编辑。若要进一步编辑，应临时转换为RGB模式。

5.1.5 RGB颜色模式

　　执行【图像】→【模式】→【RGB颜色】命令，即可将图像转换为RGB颜色模式。RGB是色光的彩色模式，R代表红色（Red），G代表绿色（Green），B代表蓝色（Blue）。三种色彩相叠加形成了其他的色彩。因为三种颜色每一种都有256个亮度水平级，所以三种色彩叠加就能形成16 700 000种颜色了。

　　RGB颜色模式因为是由红、绿、蓝相叠加形成其他颜色，因此该模式也叫加色模式。使用RGB模式产生颜色的方法叫色光加色法。图像色彩均由RGB数值决定。当RGB色彩数值均为0时，为黑色；当RGB色彩数值均为255时，为白色；当RGB色彩数值相等时，产生灰色。在Photoshop CS3中处理图像时，通常先设置为RGB模式，只有在这种模式下，所有的命令才能使用。

5.1.6 CMYK颜色模式

　　执行【图像】→【模式】→【CMYK颜色】命令，即可将图像转换为CMYK颜色模式，该模式是一种印刷模式。C代表青色（Cyan），M代表洋红（Magenta），Y代表黄色（Yellow），K代表黑色（Black）。在实际应用中，青色、洋红和黄色三色很难形成真正的黑色，因此又引入了黑色，黑色用于强化暗部的色彩。在CMYK颜色模式中，由于光线照到不同比例的C、M、Y、K油墨的纸上，部分光谱被吸收，反射到人眼产生颜色，所以该模式是一种减色模式。使用CMYK颜色模式产生颜色的方法叫色光减色法。要打印的图像通常在输出时才转换成CMYK颜色模式。

5.1.7 Lab颜色模式

执行【图像】→【模式】→【Lab颜色】命令，即可将图像转换为Lab颜色模式，该模式包含的颜色最广，这种模式与设备无关。Lab颜色模式由三个通道组成，如图5-1-8所示。一个通道是亮度，即L；另外两个是色彩通道，用a和b来表示。a通道包括的颜色是从深绿色（低亮度值）到灰色（中亮度值）再到红色（高亮度值）；b通道则是从亮蓝色（低亮度值）到灰色（中亮度值）再到黄色（高亮度值）。因此，这种色彩混合后将产生明亮的色彩。当RGB颜色模式要转换成CMYK颜色模式时，通常先转换为Lab模式，再将Lab模式转换为CMYK颜色模式。

5.1.8 多通道模式

执行【图像】→【模式】→【多通道】命令，即可将图像转换为多通道颜色模式，这种模式包含了多种灰阶通道，每一通道均由256级灰阶组成，如图5-1-9所示。这种模式通常被用来处理特殊打印需求，例如将某一灰阶图像以特别色（SpotColor）打印或将双色调模式的图像文件转换之后以ScitexCT格式打印。

图5-1-8 Lab颜色模式图像的通道

图5-1-9 多通道模式图像的通道

5.2 直方图调板

在Photoshop CS3提供的直方图中，可直观地显示出图像基本的色调分布情况，执行【窗口】→【直方图】命令，打开【直方图】调板，如图5-2-1所示，在该调板中默认的情况下，将直观地显示出整幅图像的色调范围，如果使用选区工具在图像中选中某一部位，即可显示图像中该部分的色调情况。

默认情况下，【直方图】调板为不带控件和统计数据的简洁型视图；单击右上角的菜单按钮 ，即可打开快捷菜单，如图5-2-2所示。在打开的菜单中选择【扩展视图】命令，可查看带有"通道"控件的直方图，例如在"通道"下拉列表中选择红、绿、蓝等其中一个通道，将会单独显示某一通道的色调范围，如图5-2-3所示。

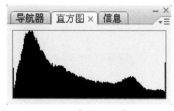
图5-2-1 【直方图】调板

图5-2-2 快捷菜单
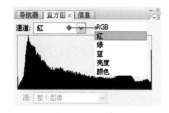
图5-2-3 扩展视图

单击右上角的菜单按钮 ▾≡ ，在快捷菜单中选择【查看全部通道】命令，可将所有通道的直方图显示出来，同时在快捷菜单中选择【用原色显示通道】命令，将会以通道原色分别显示直方图，如图5-2-4所示。

单击右上角的菜单按钮 ▾≡ ，在打开的菜单中选择【显示统计数据】命令，可查看带有统计数据的直方图，如图5-2-5所示。用鼠标在直方图图表处移动或停留，鼠标所在位置的参数将在图表下显示出来。

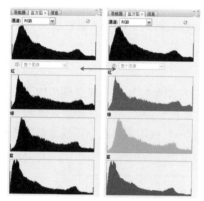

图5-2-4 查看全部通道

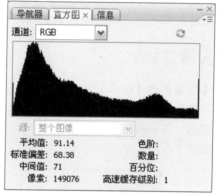

图5-2-5 显示统计数据

对该调板中各项参数的解释如下。

- 通道：可选择要观察的通道，随图像模式的不同而不同。
- 平均值：平均亮度值。
- 标准偏差：亮度值的变化范围。
- 中间值：显示亮度值范围内的中间值。
- 像素：表示用于计算直方图的像素总数。
- 色阶：显示指针下面的区域的亮度级别。
- 数量：表示相当于指针下面亮度级别的像素总数。
- 百分位：显示指针所指的级别或该级别以下的像素累计数。该值表示为图像中所有像素的百分数，从最左侧的0%到最右侧的100%。
- 高速缓存级别：显示图像高速缓存的设置。

5.3 整体色彩的快速调整

在Photoshop CS3的【调整】命令中，可对图像的整体效果进行快速调整的命令有【亮度/对比度】、【自动色阶】、【自动对比度】、【自动颜色】和【变化】命令。

5.3.1 亮度/对比度

使用【亮度/对比度】命令可以同时调整图像的亮度和对比度。

执行【图像】→【调整】→【亮度/对比度】命令，打开【亮度/对比度】对话框，如图5-3-1所示。

图5-3-1 【亮度/对比度】对话框

对该对话框中各项参数的解释如下。

- 亮度：当输入数值为负时，将降低图像的亮度；当输入的数值为正时，将增加图像的亮度；当输入的数值为0时，图像无变化。

- 对比度：当输入数值为负时，将降低图像的对比度；当输入的数值为正时，将增加图像的对比度；当输入的数值为0时，图像无变化。

- 使用旧版：在Photoshop CS3版本中，【亮度/对比度】对话框中新增了一个"使用旧版"复选框。可以通过选中此复选框，使用旧版本的【亮度/对比度】命令来调整图像。

例如，在【亮度/对比度】对话框中，分别调整其参数为47，100，单击 确定 按钮，得到调整后的效果，如图5-3-2所示。

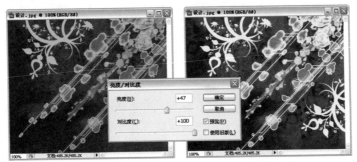

图5-3-2 应用【亮度/对比度】调整图像前后对比

 在对话框中，直接在数字框中输入数值或者用鼠标拖动滑块就可对图像的亮度和对比度进行调整。

5.3.2 自动色阶

执行【图像】→【调整】→【自动色阶】命令，软件自动调整图像的明暗度，去除图像中不正常的高亮区和黑暗区，效果对比如图5-3-3所示。

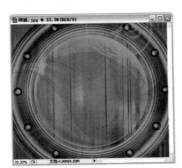

图5-3-3 使用【自动色阶】命令调整图像前后对比

5.3.3 自动对比度

执行【图像】→【调整】→【自动对比度】命令，系统可自动调整图像的对比度，效果对比如图5-3-4所示。

图5-3-4 使用【自动对比度】命令调整图像前后对比

 使用【自动色阶】或【自动对比度】命令可以很方便快速地调整照片的明暗关系。

5.3.4 自动颜色

执行【图像】→【调整】→【自动颜色】命令，可自动调整图像整体的色彩。【自动颜色】命令通过搜索实际图像，将对一部分高光和暗调区域进行综合互补修正，会引起图像偏色，效果对比如图5-3-5所示。

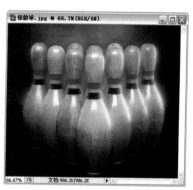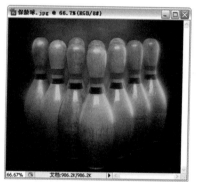

图5-3-5 使用【自动颜色】命令调整图像前后对比

5.3.5 变化

使用【变化】命令可让用户直观地调整图像或选区中图像的色彩平衡、对比度和饱和度。

执行【图像】→【调整】→【变化】命令，打开【变化】对话框，如图5-3-6所示。

对该对话框中各项参数的解释如下。

- 暗调、中间色调、高光：这三个单选项用于选择要调整像素的亮度范围。
- 饱和度：设置图像颜色的鲜艳程度。
- 精细/粗糙：控制图像调整时的幅度，向粗糙项靠近一格，幅度就增大一倍。向精细项靠近一格，幅度就减小一半。
- 显示修剪：决定是否显示图像中颜色溢出的部分。

图5-3-6 【变化】对话框

【变化】命令的使用方法是：单击或连续点击相应的颜色缩略图，可在图像中增加某种颜色；单击其互补色，可从图像中减去颜色。

对话框顶部的两个缩略图分别显示原图和调整效果的预览图；右侧的缩略图用于调整图像亮度值，单击其中一个缩略图，所有的缩略图都会随之改变亮度；名为"当前挑选"的缩略图反映当前的调整状况。其余各图分别代表增加某种颜色后的情况，调整完毕后单击"确定"按钮即可。

执行【图像】→【调整】→【变化】命令，打开【变化】对话框，为原图4次加深洋红的效果如图5-3-7所示。

图5-3-7 使用【变化】命令调整图像的前后对比

> **注意** 当图像转换为索引颜色模式时，【变化】命令呈反白状态，将无法执行此命令。

5.4 图像色调的精细调整

在Photoshop CS3中使用【色阶】、【色彩平衡】、【色相/饱和度】、【匹配颜色】、【替换颜色】、【可选颜色】、【通道混合器】等命令可对图像的颜色和色调进行较精细的调整。

5.4.1 色阶

【色阶】命令用于调整图像的明暗程度。色阶调整是使用高光、中间调和暗调3个变量进行图像色调调整的。这个命令不仅可以对整个图像进行操作，也可以对图像的某一选取范围、某一图层图像或者某一个颜色通道进行操作。下面讲解应用该命令调整图像色彩的方法。

在图像文件中执行【图像】→【调整】→【色阶】命令，或按"Ctrl+L"组合键，可打开【色阶】对话框，如图5-4-1所示。

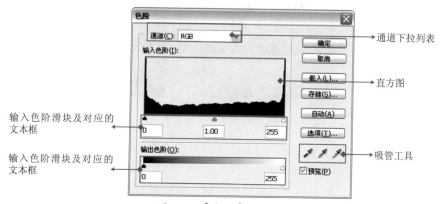

图5-4-1 【色阶】对话框

对该对话框中各项参数的解释如下。

- 通道：选择需要调整的颜色通道。

- 输入色阶：其中第一个编辑框用来设置图像的暗部色调，低于该值的像素将变为黑色，取值范围为0~253；第二个编辑框用来设置图像的中间色调，取值范围为0.10~9.99；第三个编辑框用来设置图像的亮部色调，高于该值的像素将变为白色，取值范围为1~255。

- 输出色阶：左边的编辑框用来提高图像的暗部色调，取值范围为0~255；右边的编辑框用来降低亮部的亮度，取值范围为0~255。

- 自动：单击该按钮，Photoshop CS3将以0.5的比例来调整图像，把最亮的0.5%像素调整为白色，而把最暗的0.5%像素调整为黑色。

- 载入：单击该按钮可载入格式为*.ALV的文件。

- 存储：单击该按钮可保存该设置。

- 预览：选择该复选框，可以在图像窗口中预览图像效果。

- 吸管工具：这三个吸管工具位于对话框的右下方，用鼠标双击其中某一吸管即可打开【拾色器】对话框，并在【拾色器】对话框中输入分配亮光、中间调和暗调的值。使用黑色吸管 单击图像，图像上所有像素的亮度值都会减去该选取色的亮度值，使图像变暗；使用灰色吸管 单击图像，Photoshop CS3将用吸管单击处的像素亮度来调整图像所有像素的亮度；使用白色吸管 单击图像，图像上所有像素的亮度值都会加上该选取色的亮度值，使图像变亮。

在图像文件中执行【图像】→【调整】→【色阶】命令，打开【色阶】对话框，拖动滑块，调整其参数为16、1、188，单击"确定"按钮 确定 ，如图5-4-2所示。

在对话框的"通道"下拉列表中选择某一个通道，对其进行色阶的调整，可以改变图像的某一个单独通道的明暗程度，同时图像的颜色将得到改变，因此可以校正偏色图像。

图5-4-2 应用【色阶】命令调整图像的前后对比

下面用一个简单的实例来讲解如何改变图像颜色。

实例解析5-1变色精灵

1️⃣ 执行【文件】→【打开】命令，或按"Ctrl+O"组合键，打开配套光盘，"第5章\素材\5-1"中的素材图片"舞蹈.jpg"，如图5-4-3所示。

2️⃣ 执行【图像】→【调整】→【色阶】命令，打开【色阶】对话框，首选在"通道"下拉列表中选择"绿"，然后并对应图像滑动滑块，调整其色阶参数，如图5-4-4所示。

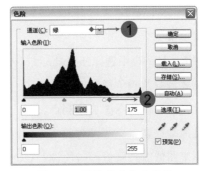

图5-4-3 打开素材   图5-4-4 调整【色阶】参数

3️⃣ 继续在"通道"下拉列表中选择"蓝"，并调整其输入色阶的参数，如图5-4-5所示。

4️⃣ 单击"确定"按钮 ⬜确定，调整后图像由蓝色变为绿色，效果如图5-4-6所示。参见配套光盘"第5章\源文件\5-1变色精灵.psd"。

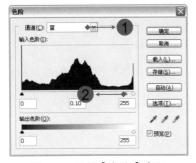

图5-4-5 调整【色阶】参数   图5-4-6 调整【色阶】后的效果

5.4.2 曲线

　　【曲线】命令是选项最丰富、功能最强大的颜色调整工具，执行【图像】→【调整】→【曲线】命令，或按"Ctrl+M"组合键，可打开【曲线】对话框，如图5-4-7所示。在对话框的调节线（又称为曲线）上直接单击鼠标，可以根据需要添加控制点，在Photoshop CS3中最多允许在调节线上添加14个控制点，并且拖动添加的控制点，可对图像的色调进行高光、暗调、对比度等曲线调整，其中拖动的控制点越往左上，则图像的高光越强烈；拖动的控制点越往右下，则调整的图像越暗。

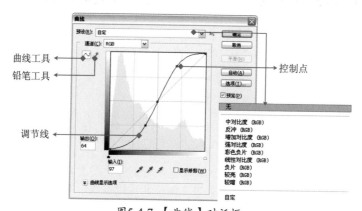

图5-4-7 【曲线】对话框

　　对该对话框中各项参数的解释如下。

- 预设：可以在该下拉列表中选择Photoshop CS3中自带的曲线调整方案，快速对图像进行调整。
- 通道：选择需要调整的颜色通道。
- 调节线：在此线上可以任意添加控制点。
- 控制点：通过拖动控制点，即可对曲线进行调整。
- 输入：显示原来图像的亮度值，与色调曲线的水平轴相同。
- 输出：显示图像处理后的亮度值，与色调曲线的垂直轴相同。
- 光谱条：单击图标下边的光谱条，可在黑色和白色之间切换。
- 曲线工具：曲线工具用来在图表中各处制造节点而产生色调曲线。拖动鼠标可改变节点位置，向上拖动时色调变亮，向下拖动则变暗。若想将曲线调整成比较复杂的形状，可多次产生节点并进行调整。
- 铅笔工具：铅笔工具用来随意在图表上画出需要的色调曲线，选中它，然后将光标移至图表中，鼠标变成画笔，可用画笔徒手绘制色调曲线。

　　在曲线上可以添加控制点，同时也可以删除控制点，删除控制点的方法有以下三种。

　　（1）选中控制点拖到曲线图外。

　　（2）按住Ctrl键，单击需要删除的控制点。

　　（3）选择需要删除的控制点，按下Delete键删除。

　　调整曲线的形状可使图像的颜色、亮度、对比度等发生改变。使用下列任意方法均可调整曲线。

（1）用鼠标拖动曲线。

（2）在曲线上添加控制点或选择一个控制点，然后在"输入"和"输出"框中分别输入新的纵横坐标值。

（3）单击对话框下面的铅笔按钮 ，在曲线图中绘制新曲线，然后单击右边的"平滑"按钮使曲线平滑。

通过对曲线的"高光"和"暗调"同时进行调整，可以增强图像的对比度。例如，在打开的【曲线】对话框中，分别添加两个控制点，其中将控制点定为"序号1"和"序号2"，如图5-4-8所示，将"序号1"的控制点往右上调整，此时图像的"高光"将会增强，同时将"序号2"的控制点往左下调整，此时图像的"高光"和"暗调"将形成强烈的对比。调整前与调整后的图像对比效果，如图5-4-9所示。

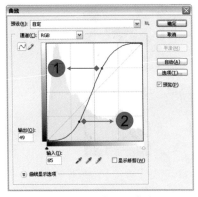

图5-4-8 调整【曲线】参数　　　　　图5-4-9 调整前与调整后的图像对比

打开【曲线】对话框，在对话框中"通道"的默认选项是"RGB"，此时调整曲线，对图像的整体色调进行修饰。在"通道"下拉列表中选择某一通道，如红、绿、蓝通道，可对其中一个通道进行单独调整，并且调整任意一个通道都会影响图像的颜色，因此，此方法同样可以对偏色的图像进行校正。

下面通过一个简单的小实例对【曲线】命令进行讲解。

实例解析5-2多彩柠檬

① 执行【文件】→【打开】命令，或按"Ctrl+O"组合键，打开配套光盘，"第5章\素材\5-2"中的素材图片"柠檬.jpg"，如图5-4-10所示。

② 执行【图像】→【调整】→【曲线】命令，或按"Ctrl+M"组合键，打开【曲线】对话框，在"通道"下拉列表中选择"红"，并在调节线上添加控制点，调整曲线如图5-4-11所示。

③ 继续在"通道"下拉列表中选择"RGB"，并在调节线上添加3个控制点，分别拖动控制点，调整图像曲线如图5-4-12所示。

④ 单击"确定"按钮 ，调整后图像由绿色变为黄色，效果如图5-4-13所示。参见配套光盘中"第5章\源文件\5-2多彩柠檬.psd"。

图5-4-10 打开素材

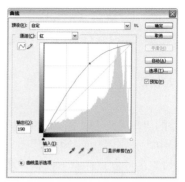

图5-4-11 红通道中调整【曲线】参数

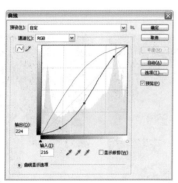

图5-4-12 RGB通道中调整【曲线】参数

图5-4-13 调整【曲线】后的效果

5.4.3 色彩平衡

【色彩平衡】命令是纠正图像偏色的重要工具。

执行【图像】→【调整】→【色彩平衡】命令，或按"Ctrl+B"组合键，打开【色彩平衡】对话框，如图5-4-14所示。

图5-4-14 【色彩平衡】对话框

对该对话框中各项参数的解释如下。

- 色彩平衡：分别用来显示三个滑块的滑块值，也可直接在色阶框中输入相应的值来调整颜色均衡。
- 阴影：选择该单选按钮，可对图像阴影部分的颜色进行调节。
- 中间调：选择该单选按钮，可对图像中间调的颜色进行调节。
- 高光：选择该单选按钮，可对图像高光部分的颜色进行调节。

· 保持亮度：选择该复选框，在操作中仅改变图像的颜色值，而亮度值将保持不变。

例如，执行【图像】→【调整】→【色彩平衡】命令，打开【色彩平衡】对话框，拖动滑块对其参数进行调整为-32、17、9，单击"确定"按钮 确定 ，效果如图5-4-15所示。

图5-4-15 应用【色彩平衡】调整图像前后对比

5.4.4 黑白

【黑白】命令是Photoshop CS3中新增的一个图像调整命令，它是制作灰度图像效果的一把利器，它不仅能将图像处理成灰度图像效果，还可以根据自己的需要选择一种颜色，将图像处理成单一色彩的图像。执行【图像】→【调整】→【黑白】命令，即可打开【黑白】对话框，如图5-4-16所示。

对该对话框中各项参数的解释如下。

· 预设：在该下拉列表中，可以选择Photoshop
CS3自带的多种处理方案，快速将图像处理
为不同程度的灰度效果。

· 颜色设置：在对话框中，存在6个颜色滑
块，拖动该滑块，即可对图像中对应的色彩
进行灰度处理。

· 色调：选中该复选框，其下的两个色条及一个
色块被激活，拖动滑块或者直接单击色块，对
其参数进行调整，可轻松地将图像着色。

图5-4-16 【黑白】对话框

下面通过一个简单的实例对【黑白】命令进行讲解。

实例解析5-3怀旧的红苹果

① 执行【文件】→【打开】命令，或按"Ctrl+O"组合键，打开配套光盘，"第5章\素材\5-3"中的素材图片"红苹果.jpg"，如图5-4-17所示。

② 按"Ctrl+J"组合键，复制背景图层，选择工具箱中的【钢笔工具】 ，单击属性栏上的【路径】按钮，沿着苹果的外轮廓绘制路径，如图5-4-18所示。

③ 按"Ctrl+Enter"组合键，将路径转换为选区，并按"Shift+Ctrl+ I"组合键，反选选区，如图5-4-19所示。

图5-4-17 打开素材

图5-4-18 绘制路径

图5-4-19 转换为选区

④ 执行【图像】→【调整】→【黑白】命令，打开【黑白】对话框，在对话框中勾选"色调"复选框，将图像处理成单一色彩的图像。首先，调整对话框下方的"色相"和"饱和度"颜色，然后拖动各个颜色滑块调整其参数，如图5-4-20所示。

⑤ 单击"确定"按钮，并按"Ctrl+D"组合键，取消选择，最终效果如图5-4-21所示。参见配套光盘"第5章\源文件\5-3怀旧的红苹果.psd"。

图5-4-20 设置【黑白】参数

图5-4-21 最终效果

5.4.5 色相/饱和度

【色相/饱和度】命令可以调整图像中单个颜色成分的色相、饱和度和明度。还可以通过给像素指定新的色相和饱和度，从而使灰度图像添加颜色。

执行【图像】→【调整】→【色相/饱和度】命令，打开【色相/饱和度】对话框，如图5-4-22所示。

对该对话框中各项参数的解释如下。

- 编辑：在其下拉列表框中可选择作用范围。如选择"全图"选项，则将对图像中所有颜色的像素起作用，其余选项则表示对某一颜色成分的像素起作用。
- 着色：使一幅灰色或黑白图像变成一幅单彩色的图像。
- 色相：就是颜色。在数字框中输入数字或拖动下方的滑块可改变图像的颜色。

图5-4-22 【色相/饱和度】对话框

- 饱和度：颜色的鲜艳程度，即颜色的统一纯度。在数字框中输入数字或拖动下方的滑块可改变图像的饱和度。当饱和度为-100时，为灰度图像。

- 明度：是指图像的明暗度。

- 着色：直接为图像添加一个新的颜色来制作单色图像效果。

例如，在【色相/饱和度】对话框中，勾选"着色"复选框，然后拖动"色相"、"饱和度"和"明度"滑块，分别调整其参数为187、57、0，为图像着色，单击"确定"按钮 ，效果如图5-4-23所示。

图5-4-23 应用【色相/饱和度】调整图像的前后对比

通过【色相/饱和度】命令的调整，可对图像的整体色相、饱和度和明度进行修饰，同时能够改变图像的整体颜色。使用选区选择图像的某一部分，也可对图像的选择区域进行单独调整，此方法常常用于修饰图像局部的色相和饱和度，例如为人物换衣服颜色等。

下面通过一个简单的实例来讲解【色相/饱和度】命令。

实例解析5-4换衣天使

① 执行【文件】→【打开】命令，或按"Ctrl+O"组合键，打开配套光盘，"第5章\素材\5-4"中的素材图片"换色.jpg"，如图5-4-24所示。

② 按"Ctrl+J"组合键，复制背景图层，选择工具箱中的【钢笔工具】，单击属性栏上的【路径】按钮 ，沿着人物的衣服外轮廓绘制路径，并按"Ctrl+Enter"组合键将路径转换为选区，如图5-4-25所示。

图5-4-24 打开素材　　　　　　　　　　　图5-4-25 载入选区

③ 执行【图像】→【调整】→【色相/饱和度】命令，打开【色相/饱和度】对话框，拖动"色相"滑块调整其参数，如图5-4-26所示。

④ 单击"确定"按钮 [确定]，并按"Ctrl+D"组合键，取消选择，最终效果如图5-4-27所示。参见配套光盘中"第5章\源文件\5-4换衣天使.psd"。

图5-4-26 设置【色相/饱和度】参数　　　　图5-4-27 最终效果

注意　若在"编辑"下拉列表中选择一种颜色调整色相时，只有与这种颜色相关的颜色才会产生变化。

5.4.6 匹配颜色

【匹配颜色】命令可以在多个图像文件、多个图层、多个色彩选区之间进行颜色的匹配，将两个颜色毫无关联的图像色调进行统一。执行【图像】→【调整】→【匹配颜色】命令，打开【匹配颜色】对话框，如图5-4-28所示。

对该对话框中各项参数的解释如下。

- 调整时忽略选区：选择该复选框后，软件会将调整应用到整个目标图层上，而忽略图层中的选区。
- 亮度：调整当前图层中图像的亮度。
- 颜色强度：调整图像中颜色的饱和度。
- 渐隐：拖动滑块，可控制应用到图像中的调整量。
- 中和：选择该复选框，可自动消除目标图像中色彩的偏差。

图5-4-28 【匹配颜色】对话框

- 使用源选区计算彩色：选择该复选框，可使用源图像中的选区的颜色计算调整度。取消选择该选项，则会忽略图像中的选区，使用原图层中的颜色计算调整度。
- 使用目标选区计算调整：选择该复选框，使用目标图层中选区的颜色计算调整度。
- 源：在其下拉列表中选择要将其颜色匹配到目标图像中的原图像。
- 图层：在该下拉列表中选择源图像中带有需要匹配的颜色的图层。

下面通过一个简单的实例来讲解【匹配颜色】命令。

实例解析5-5 匹配两个图像颜色

① 执行【文件】→【打开】命令，或按"Ctrl+O"组合键，打开配套光盘，"第5章\素材\5-5"中的素材图片"水钻.jpg"和"玻璃.jpg"，如图5-4-29和图5-4-30所示。

② 选择工具箱中的【移动工具】，将"玻璃.jpg"拖移到"水钻.jpg"文件中，【图层】面板自动将导入的素材图片存放于新建"图层1"中，如图5-4-31所示。

图5-4-29 打开素材——水钻

图5-4-30 打开素材——玻璃

③ 执行【图像】→【调整】→【匹配颜色】命令，打开【匹配颜色】对话框，首先，设置"源"为"水钻"，"图层"为"背景"，然后拖动"亮度"和"色彩强度"滑块，调整其参数，如图5-4-32所示。

④ 单击"确定"按钮，最终效果如图5-4-33所示。参见配套光盘中"第5章\源文件\5-5匹配两个图像颜色.psd"。

图5-4-31 移动文件

图5-4-32 设置【匹配颜色】参数

图5-4-33 最终效果

5.4.7 替换颜色

【替换颜色】命令用于替换图像中某个特定范围的颜色，在图像中选取特定的颜色区域来调整其色相、饱和度和亮度值，执行【图像】→【调整】→【替换颜色】命令，即可打开【替换颜色】对话框，如图5-4-34所示。

对该对话框中各项参数的解释如下。

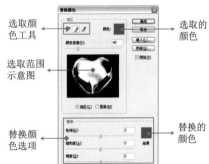

图5-4-34 【替换颜色】对话框

- 吸管工具 ✐：可通过此工具在"图像"或"选取范围示意图"中，选择需要替换的颜色。

- 添加到取样 ✐：运用此工具，可以在"图像"或"选取范围示意图"中，添加需要选取的颜色。

- 从取样中减去 ✐：运用此工具，可以在"图像"或"选取范围示意图"中，减选图像颜色。

- 选取的颜色：在此"颜色"中，显示当前选取的图像颜色，同时可以单击此"颜色"按钮，打开【选取目标颜色】对话框，在该对话框中可以直接选择图像的某种颜色。

- 颜色容差：设置此项参数，可以控制选取的当前颜色范围，设置的参数越大，被替换颜色的图像区域越大。

- 选取范围示意图：当选中示意图下方的"选区"单选项时，示意图中将显示当前选取的图像，图像中的"白色"部分，将是当前选取的图像颜色，"黑色"部分，将是当前未选取部分，可以通过对话框中的"选取颜色工具"，在示意图中直接选取替换范围；当选择示意图下方的"图像"单选项时，将会显示源图像。

- 替换颜色选项：通过"替换"区中的"色相"、"饱和度"和"明度"参数设置，可以对图像中当前选取的范围进行颜色替换。

- 替换的颜色：在此"结果"颜色中，显示当前替换后的图像颜色，同时可以单击此"颜色"按钮，打开【选取目标颜色】对话框，在该对话框中可以直接选择某个颜色，对当前选取的颜色进行替换。

例如，打开【替换颜色】对话框，用"吸管工具"在图像中单击需要替换的颜色，得到所要进行修改的选区。然后拖动颜色容差滑块调整颜色范围，拖动"色相"和"饱和度"滑块，对当前选取的颜色进行替换，效果如图5-4-35所示。

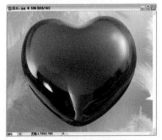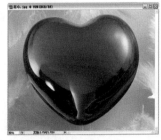

图5-4-35 应用【替换颜色】调整图像的前后对比

5.4.8 可选颜色

【可选颜色】命令可以选择某种颜色范围进行有针对性地修改，执行【图像】→【调整】→【可选颜色】命令，即可打开【可选颜色】对话框，如图5-4-36所示。在该对话框的"颜色"下拉列表中，可以根据图像的颜色来选择某一个对应或相似的颜色，通过"调色区"的颜色加减，即可对图像中当前选取的颜色进行修改，并且不影响图像中的其他颜色。

图5-4-36 【可选颜色】对话框

对该对话框中各项参数的解释如下。

- 颜色：设置要调整的颜色，包括"红色"、"黄色"、"绿色"、"青色"、"蓝色"、"洋红"、"白色"、"中性色"、"黑色"等颜色选项。

- 调色区：可通过此区域中的"青色"、"洋红"、"黄色"、"黑色"等参数设置，对选择的颜色进行添加或减少颜色；当参数设置为负数时，则为减少颜色，参数设置为正数时，则为添加颜色。

- 方法：选择增减颜色模式。选择"相对"选项，按CMYK总量的百分比来调整颜色；选择"绝对"选项，按CMYK总量的绝对值来调整颜色。

例如，打开【可选颜色】对话框，在对话框的"颜色"下拉列表中，选择图像中某一种颜色，如选择"红色"，并且在"调色区"中，对当前颜色进行加减，如图5-4-37所示，单击"确定"按钮 ，即可对图像中的"红色"部分进行颜色修改，并且图像中的其他颜色将无变化，执行命令前后的对比如图5-4-38所示。

图5-4-37 设置【可选颜色】参数

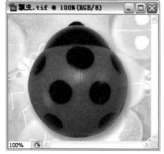 

图5-4-38 执行【可选颜色】命令前后的对比

5.4.9 通道混合器

【通道混合器】命令可以通过颜色通道的混合来修改颜色通道，产生图像颜色调和的效果。执行【图像】→【调整】→【通道混合器】命令，即可打开【通道混合器】对话框，如图5-4-39所示。

对该对话框中各项参数的解释如下。

- 输出通道：在其下拉列表中可以选择要调整的颜色通道。若打开的是RGB色彩模式的图像，则列表中的选项为"红"、"绿"、"蓝"三原色通道；若打开的是CMYK色彩模式的图像，则列表框中的选项为"青色"、"洋红"、"黄色"、"黑色"四种颜色通道。

- 源通道：用鼠标拖动滑块或直接在右侧的文本框中输入数值来调整源通道在输出通道中所占的百分比，其取值为-200%~200%。

图5-4-39 【通道混合器】对话框

- 常数：用鼠标拖动滑块或在右侧的文本框中输入数值可改变输出通道的不透明度。其取值-200%~200%。输入负值时，通道的颜色偏向黑色，输入正值时，通道的颜色偏向白色。

- 单色：选择该复选框，将彩色图像变成只含灰度值的灰度图像。

例如，打开【通道混合器】对话框，在对话框中首先根据图像的需求，选择"输出通道"中的某一通道，如选择"蓝"通道，然后通过各项"颜色"的添加和减少，调整当前通道的颜色，设置各项参数，如图5-4-40所示。单击 确定 按钮即可，调整图像的前后对比效果如图5-4-41所示。

图5-4-40 设置【通道混合器】　　　图5-4-41 应用【通道混合器】调整图像的前后对比

5.4.10 照片滤镜

使用【照片滤镜】命令，可以模拟出在传统相机镜头前加颜色补偿滤镜的效果，在使用传统相机进行摄影时，当发现景物色彩偏暖，此时将会在相机镜头前加一片冷色调升色温补偿滤镜，使相机接收到的偏暖色得到降低和调和，让拍摄出来的照片颜色更和谐。

执行【图像】→【调整】→【照片滤镜】命令，打开【照片滤镜】对话框，如图5-4-42所示。该命令运用了相同的原理，如果发现图像色彩偏暖，此时即可在"滤镜"下拉列表中选择相应的"冷却滤镜"，对图片的偏暖色调进行调和；如果图像的颜色偏冷，即可选择相应的"加温滤镜"，对偏冷的色调进行补偿；当图像既不偏暖又不偏冷，但受到环境色的强烈影响，使图像偏某种颜色时，即可在"滤镜"下拉列表中选择互补的对应颜色，如列表中的"红色"、"橙色"、"黄色"等，对图像的偏色进行补偿处理，同时也可以在"颜色"单选项中自定义选择一个互补色，对图像的偏色进行校正。

图5-4-42 【照片滤镜】对话框

对该对话框中各项参数的解释如下。

- 滤镜：在下拉列表中选择预置滤镜，这些预置包括可以调整图像中白色平衡的色彩转换滤镜或以较小幅度调整图像色彩质量的光线平衡滤镜。

- 颜色：单击该单选项中的色块来设置滤镜的颜色。

- 浓度：调整应用到图像中的颜色量。值越高，色彩就越接近设置的滤镜颜色。

- 保留亮度：选择该复选框，图像的明度不会因为其他选项的设置而改变。

例如，执行【图像】→【调整】→【照片滤镜】命令，打开【照片滤镜】对话框，在"滤镜"下拉列表中选择"冷却滤镜（82）"，即可将一幅暖色调的图像转换为一幅冷色调图像，单击"确定"按钮 确定 ，处理前后的效果如图5-4-43所示。

图5-4-43 应用【照片滤镜】调整图像的前后对比

5.4.11 阴影/高光

【阴影/高光】命令不是单纯地使图像变亮或变暗，而是通过计算对图像局部进行明暗处理。

执行【图像】→【调整】→【阴影/高光】命令，打开【阴影/高光】对话框，如图5-4-44所示，选择"显示其他选项"复选框，可将该命令下的所有选项显示出来，如图5-4-45所示。

图5-4-44 【阴影/高光】对话框　　图5-4-45 【阴影/高光】所有选项对话框

对该对话框中各项参数的解释如下。

- 数量：分别调整阴影和高光的数量，可以调整光线的校正量。数值越大，则阴影越亮而高光越暗；反之则阴影越暗高光越亮。

- 色调宽度：控制所要修改的阴影或高光中的色调范围。

- 半径：调整应用阴影和高光效果的范围，设置该尺寸，可决定某一像素是属于阴影还是属于高光。

- 颜色校正：该命令可以微调彩色图像中已被改变区域的颜色。

- 中间调对比度：调整中间色调的对比度。

- 存储为默认值：单击该按钮，可将当前设置存储为"阴影/高光"命令的默认设置。若要恢复默认值，按住Shift键，将鼠标移动到 存储为默认值(V) 按钮上，该按钮会变成"恢复默认值"，单击该按钮即可。

运用【阴影/高光】命令，可以对曝光不足或曝光过度的图片进行修饰。例如，打开【阴影/高光】对话框，软件将自动查找图像中曝光不足的区域，将数量调整到50%，然后根据图像的预览效果手动调整其参数，如图5-4-46所示。调整完参数后单击"确定"按钮 确定 ，调整图像的前后对比效果，如图5-4-47所示。

图5-4-46 调整【阴影/高光】参数　　　　　图5-4-47 调整图像的前后对比效果

5.4.12 曝光度

【曝光度】命令通过对图像的高光、中间调及整体色调进行调整来校正图像色调。

执行【图像】→【调整】→【曝光度】命令，即可打开【曝光度】对话框，如图5-4-48所示。对该对话框中各项参数的解释如下。

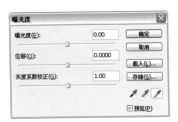

- 曝光度：控制所要修改的高光中的色调范围，拖动该滑块可调整图像中高光部分的明暗。
- 位移：控制所要修改的阴影和中间调的色调范围，拖动该滑块可调整图像中阴影和中间调部分的明暗。
- 灰度系数校正：控制所要修改的整体色调范围。拖动该滑块可调整图像整体的明暗。

图5-4-48 【曝光度】对话框

执行【图像】→【调整】→【曝光度】命令，打开【曝光度】对话框，分别拖动三个滑块，调整其各项参数，效果如图5-4-49所示。

图5-4-49 使用【曝光度】命令调整图像

5.5 特殊颜色效果的调整

使用"去色"、"反相"、"色调均化"等命令可使图像产生特殊的效果。

5.5.1 去色

【去色】命令将图像中所有颜色的饱和度都变为0，可以在不转换色彩模式的前提下，将色彩图像转换成灰度图像，并保留原来像素的亮度不变。

下面通过一个实例对【去色】命令进行讲解。

实例解析5-6去色图像

① 执行【文件】→【打开】命令，或按"Ctrl+O"组合键，打开配套光盘"第5章\素

材\5-6"中的素材图片"眼睛.jpg",如图5-5-1所示。

② 选择工具箱中的【多边形套索工具】，在图像中绘制选区，选择"眼球"部分，如图5-5-2所示。

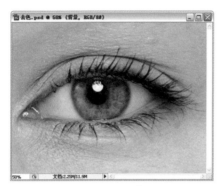

图5-5-1 打开素材　　　　　　　图5-5-2 绘制选区

【去色】命令只对普通的像素图层去色有效，对于文字图层和图层样式产生的颜色，无法去除。

③ 执行【选择】→【反向】命令，或按"Ctrl+Shift+I"组合键反选选区，如图5-5-3所示。

④ 执行【图像】→【调整】→【去色】命令，即可去掉图片选择区域的颜色，将图像转换为灰度效果，如图5-5-4所示，按"Ctrl+D"组合键取消选区。最终效果参见配套光盘"第5章\源文件\5-6去色图像.psd"。

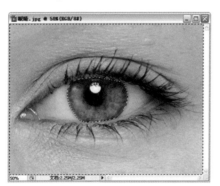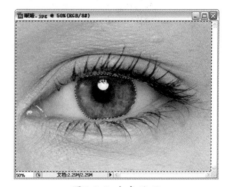

图5-5-3 反选选区　　　　　　　图5-5-4 去色处理

5.5.2 渐变映射

【渐变映射】命令通过使用各种渐变模式对图像的颜色进行调整，使图像的色彩得到改变。

执行【图像】→【调整】→【渐变映射】命令，打开【渐变映射】对话框，如图5-5-5所示。

- 灰度映射所用的渐变：在其下拉列表中可选择要使用的渐变色，也可单击该按钮，打开【渐变编辑器】对话框，对渐变色进行自定。
- 仿色：选中该复选框，将实行抖动渐变。
- 反向：选中该复选框，将实行反转渐变。

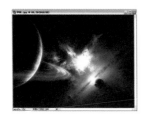

图5-5-5 【渐变映射】对话框

执行【图像】→【调整】→【渐变映射】命令，打开【渐变映射】对话框，单击"编辑渐变"按钮，打开【渐变编辑器】对话框进行渐变色的设置，效果如图5-5-6所示。

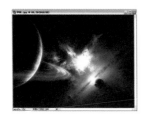
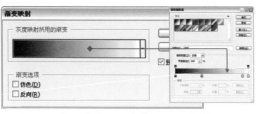
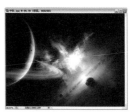

图5-5-6 应用【渐变映射】调整图像前后对比

5.5.3 反相

【反相】命令能把图像的色彩反相，从而转化为传统相机的负片（底片）效果，或将负片还原为图像。

执行【图像】→【调整】→【反相】命令，可以将图像的明暗反转（如黑色变成白色），将图像的色彩转化为相对应的补色，而且不会丢失图像的颜色信息。当再次使用该命令时，图像会还原。如果将一幅照片反相，可得到底片效果，如图5-5-7所示。

图5-5-7 使用【反相】命令调整图像的前后对比

下面应用【反向】命令来制作一个实例。

✒️ **实例解析5-7反相艺术**

- -

❶ 执行【文件】→【打开】命令，或按"Ctrl+O"组合键，打开配套光盘"第5章\素材\5-7"中的素材图片"手势.jpg"，如图5-5-8所示。

② 执行【图像】→【调整】→【去色】命令，将图像呈灰度显示，如图5-5-9所示。

图5-5-8 打开素材图片"手势"

图5-5-9 去掉图片颜色

③ 执行【图像】→【调整】→【反相】命令，得到负片效果如图5-5-10所示。

④ 执行【图像】→【调整】→【曝光度】命令，打开【曝光度】对话框，并分别调整其参数，效果如图5-5-11所示。

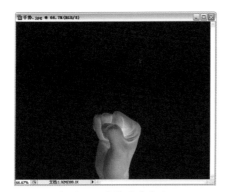
图5-5-10 反转图片颜色

图5-5-11 执行【曝光度】命令

⑤ 执行【文件】→【打开】命令，或按"Ctrl+O"组合键，打开配套光盘"第5章\素材\5-7"中的素材图片"烟雾.jpg"，如图5-5-12所示。

⑥ 选择工具箱中的【移动工具】，将素材拖移到文件中，并在【图层】面板中设置【图层混合模式】为"滤色"，效果如图5-5-13所示。

图5-5-12 打开素材图片"烟雾"

图5-5-13 导入图片调整【图层混合模式】

（7）按"Ctrl+T"组合键，打开【自由变换】调节框，调整素材的大小、位置和旋转角度，如图5-5-14所示，并按Enter键确定。

（8）选择工具箱中的【橡皮擦工具】[图]，将烟雾进行擦除，如图5-5-15所示。

图5-5-14 旋转图像角度　　　　　　　　图5-5-15 擦除图像

（9）选择工具箱中的【横排文字工具】[T]，在窗口中输入文字即可，最终效果如图5-5-16所示。参见配套光盘"第5章\源文件\5-7反相艺术.psd"。

图5-5-16 最终效果

5.5.4 色调均化

应用【色调均化】命令调整颜色，能重新将图像中各像素的亮度值进行分配，其中最暗值为黑色，最亮值为白色，中间像素均匀分布。

执行【图像】→【调整】→【色调均化】命令，图像效果如图5-5-17所示。

图5-5-17 应用【色调均化】命令调整图像的前后对比

5.5.5 阈值

　　【阈值】命令可将一个彩色或灰度图像变成只有黑白两种色调的图像。

　　执行【图像】→【调整】→【阈值】命令，打开【阈值】对话框，并拖动滑块对其参数进行调整，效果如图5-5-18所示。

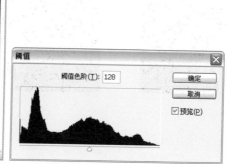

图5-5-18 使用【阈值】命令调整图像的前后对比

5.5.6 色调分离

　　【色调分离】命令可以指定图像中每个通道色调级（或亮度值）的数目，并将这些像素映射为最接近的匹配色调，减少并分离图像的色调。此命令在减少灰度图像中的灰色色阶数时，效果最为明显，但是也可以在彩色图像中产生一些特殊的效果。

　　执行【图像】→【调整】→【色调分离】命令，打开【色调分离】对话框。【色阶】选项用于设置图像色调变化的程度，该值越大，图像色调变化越大，效果越明显，如图5-5-19所示。

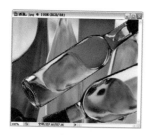

图5-5-19 使用【色调分离】命令调整图像

第6章
图　层

6

　　图层的概念在Photoshop CS3中非常重要，图层是组合成图像的单位，很多特殊效果都可以通过直接对图层进行操作来实现，这是一种既简便又有效的方法，并且不会影响其他图层的像素。

　　本章详细地讲解了图层的概念以及基于图层的各种基本操作，并且向读者展示了"图层混合模式"和"图层样式"的强大之处。通过本章的学习，读者应该逐渐熟练灵活地应用图层，能够得心应手地使用"图层样式"来创造一些特殊的图像效果。

6.1　初识图层

　　图层是Photoshop CS3中重要的功能之一。自从Photoshop引入了图层的概念后，图像的编辑就变得极为方便。图层是创作各种合成效果的重要途径。可以将不同的图像放在不同的图层上进行独立操作而对其他图层没有影响。默认情况下，图层中灰白相间的方格表示该区域没有像素，能保存透明区域是图层的特点。

　　图层可以形象地理解为叠放在一起的胶片，如图6-1-1所示。

图6-1-1 图层之间的关系

6.2　图层的基本操作

　　图层的基本操作包括新建、复制、删除、合并图层，以及图层顺序调整等与图层相关的基础操作，这些操作都可以通过执行【图层】菜单中的相应命令或在【图层】调板中完成。

6.2.1 图层调板

使用【图层】调板，可以更方便地控制图层，在其中可以添加或删除图层、添加图层蒙版、添加图层组、更改图层名称、调整图层不透明度、增加图层样式、调整图层混合模式等操作。【图层】调板如图6-2-1所示。

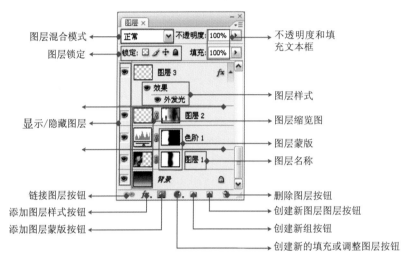

图6-2-1 【图层】调板

6.2.2 新建图层

新建图层是图层操作中非常基础的操作之一，虽然简单，却非常重要，是图像处理过程中必不可少的操作环节。往往制作一个复杂的图像，都需要创建多个新的图层。

使用下列任意一种方法均可创建新的图层。

（1）单击【图层】调板中的"创建新图层"按钮 ，在当前图层的上方创建新图层，如图6-2-2所示。

（2）单击【图层】调板上的 按钮，在其快捷菜单栏中选择【新建图层】命令，创建新图层，此时将打开【新建图层】对话框，如图6-2-3所示。

图6-2-2 新建图层

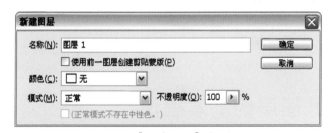

图6-2-3 【新建图层】对话框

（3）执行【图层】→【新建】→【图层】命令，打开【新建图层】对话框，创建新图层。

（4）通过【复制】和【粘贴】命令创建新图层。

（5）使用文字工具自动生成新图层。

（6）选择【移动工具】，拖动文件到另一个文件上可创建新图层。

（7）执行【图层】→【新建】→【背景图层】命令，可将背景图层转换为新图层。

（8）在图像中建立一个选区，如图6-2-4所示，执行【图层】→【新建】→【通过拷贝的图层】命令，可将选区内的图像复制并粘贴到新图层中，如图6-2-5所示。

（9）执行【图层】→【新建】→【通过剪切的图层】命令，可将选区内的图像剪切并粘贴到新图层中，如图6-2-6所示。

图6-2-4 建立选区　　　　图6-2-5 通过拷贝的图层　　　　图6-2-6 通过剪切的图层

6.2.3 复制图层

复制图层是在图像处理的过程中通常会应用到的一项操作，它可以有效地避免对源图像或者制作效果满意的图层产生破坏性的改变。在Photoshop CS3中，复制图层的方法很多，读者可以根据自己的喜好或习惯任选其一。

（1）拖动【图层】调板中需要复制的图层到"创建新图层"按钮 上释放，如图6-2-7所示。会在该图层的上方创建一个相应的副本图层，如图6-2-8所示。其形状、大小、位置与源图层完全相同。

图6-2-7 拖移图层　　　　　　　图6-2-8 复制图层

（2）选择需要复制的图层，单击【图层】调板右上角的 按钮，在其快捷菜单中选择【复制图层】命令，或在【图层】调板上右键单击需要复制的图层，执行【复制图层】命令，均可打开【复制图层】对话框，如图6-2-9所示。

图6-2-9 【复制图层】对话框

【复制图层】对话框中的各参数解释如下。

- 复制为：在其文本框中可设置复制出来的副本图层的名称，默认为"<源图层名称>副本"。
- 文档：用于设置复制图层的目标文件。在其下拉列表中陈列了当前所有打开的文件名称以及一个"新建"选项。
- 名称：当在"文档"下拉列表中选择"新建"时，"名称"的文本框将被激活，如图6-2-10所示。在其输入新文档的名称后，单击"确定"按钮，该图层将生成为一个新的文档，其名称与设置的相同，如图6-2-11所示。

图6-2-10 【复制图层】对话框

图6-2-11 新建的文件

（3）在【图层】调板，选择需要复制的图层，执行【图层】→【新建】→【通过拷贝的图层】命令，或按"Ctrl+J"组合键，即可在该图层的上方创建一个相应的副本图层。

（4）在【图层】调板选择需要复制的图层，选择工具箱中的【移动工具】，将当前选择的图层拖移到另一图像中释放，可在另一文件中建立该图层的副本。

 在拖移的过程中，按住Shift键，则可保证副本图层与源图层同位。

（5）选择工具箱中的【移动工具】，按住Alt键，将所选图层拖移到目标位置后释放，如图6-2-12所示。此时，【图层】调板会自动为该图层创建一个副本，且是移动后的位置，如图6-2-13所示。此时图层调板如图6-2-14所示。

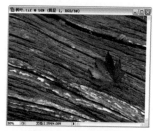

图6-2-12 拖移图层

图6-2-13 复制图层

图6-2-14 【图层】调板

6.2.4 删除图层

删除图层有以下几种方法。

（1）在【图层】调板，选择需要删除的图层，将其拖移到"删除图层"按钮 🗑 上释放，如图6-2-15所示，即可删除相应的图层，如图6-2-16所示。

（2）在【图层】调板，选择需要删除的图层，单击【图层】调板上的 ▼≡ 按钮，在其快捷菜单栏中，选择【删除图层】命令，在打开的【删除图层】对话框中单击"是"按钮，即可删除图层。

图6-2-15 拖移图层

图6-2-16 删除图层

（3）在【图层】调板右键单击需要删除的图层，在快捷菜单栏中，选择【删除图层】命令，在打开的【删除图层】对话框中单击"是"按钮，即可删除图层。

（4）在【图层】调板，选择需要删除的图层，执行【图层】→【删除】→【图层】命令，在打开的【删除图层】对话框中单击"是"按钮，即可删除图层。

（5）在【图层】调板，选择需要删除的图层，单击【图层】调板上的"删除图层"按钮 🗑，在打开的【删除图层】对话框中单击"是"按钮，即可删除图层。

（6）若需要删除的图层是被隐藏的图层，则选中该图层，执行【图层】→【删除】→【隐藏图层】命令，即可删除所有隐藏图层。

　按住Shift或Ctrl键，同时选中多个图层，使用上述方法可以同时对多个图层进行删除。

6.2.5 调整图层顺序

在Photoshop CS3中，图层排列是按创建的先后顺序从下到上堆栈的。当然，在处理图像的过程中，也可以随时对图层的顺序进行调整。

在【图层】调板中，选择需要调整的图层，选取要移动的图层，执行【图层】→【排列】命令，显示其子菜单，如图6-2-17所示。

- 置为顶层：将所选的图层移至顶部。
- 前移一层：将所选的图层向上移动一层。
- 后移一层：将所选的图层向下移动一层。
- 置为底层：将所选的图层移至底部。

图6-2-17 【排列】子菜单

- 反向：当选中两个或更多图层的时候，如图6-2-18所示，执行排列命令后，选择的图层将按倒序排列，如图6-2-19所示。

图6-2-18 选择图层

图6-2-19 图层反向

6.2.6 链接图层

链接图层的作用将所选择的两个或两个以上的图层进行绑定。链接后的图层，在对其中一层进行移动、对齐、分布或执行【自由变换】命令的时候，将作用到与其相链接的每个图层上。

选择两个或两个以上的图层，单击【图层】调板上的"链接图层"按钮 ⊖, 如图6-2-20所示。链接后，【图层】调板如图6-2-21所示。

链接图层按钮
图6-2-20 选择图层

链接按钮
图6-2-21 链接图层

6.2.7 锁定图层

【图层】调板中共有4个锁定按钮，分别为"锁定透明像素"、"锁定图像像素"、"锁定位置"和"锁定全部"，如图6-2-22所示。

这4个锁定的含义解释如下。

- 锁定透明像素 ☐：保护图层的透明像素不被编辑。
- 锁定图像像素 ✎：保护图层不被进行颜色编辑或填充。
- 锁定位置 ✛：保护图层的位置不被移动。此时所有的变形操作都不能使用。
- 锁定全部 🔒：此时图层不允许进行任何操作，只能调整图层的顺序。

图6-2-22 【图层】调板中的锁定按钮

6.2.8 对齐和分布图层

在Photoshop CS3里，可以调整两个或两个以上图层的位置，使它们按照一定的方式沿直线自动对齐或按一定比例分布。

❶ 在【图层】调板中，选择两个或两个以上图层，选择工具箱中的【选择工具】，其属性栏中的"对齐"按钮被激活，如图6-2-23所示。

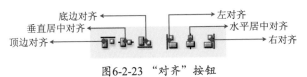

图6-2-23 "对齐"按钮

- 顶边对齐：将所有选择的图层以最顶端的像素为标准对齐。

- 垂直居中对齐：将所有选择图层以垂直方向的中心像素对齐为标准对齐。

- 底边对齐：将所有选择图层以最底端的像素为标准对齐。

- 左对齐：将所有选择图层以最左端的像素为标准对齐。

- 水平居中对齐：将所有选择图层以水平方向的中心像素为标准对齐。

- 右对齐：将所有选择图层以最右端的像素为标准对齐。

❷ "分布"用于调整三个或三个以上图层之间的间距。在【图层】调板，同时选中三个或三个以上的图层，选择工具箱中的【选择工具】，其属性栏中的"分布"按钮被激活，如图6-2-24所示。

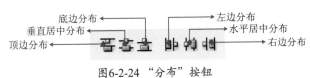

图6-2-24 "分布"按钮

- 顶边分布：以顶端像素为标准，均匀地分布选择的图层。

- 垂直居中分布：以垂直居中像素为标准，均匀地分布选择的图层。

- 底边分布：以底部像素为标准，均匀地分布选择的图层。

- 左边分布：以左边像素为标准，均匀地分布选择的图层。

- 水平居中分布：以水平中心像素为标准，均匀地分布选择的图层。

- 右边分布：以右边像素为标准，均匀地分布选择的图层。

6.2.9 合并图层

在Photoshop CS3中，可以对处理满意的多个图层进行合并，以节约电脑资源，使操作更流畅。在【图层】菜单中，陈列了如图6-2-25所示的三个合并图层的命令。

- 向下合并：执行该命令，或按"Ctrl+E"组合键，将选择的图层与它下面显示的图层相合并。若该图层与其他图层之间有图层链接，则该命令变为【合并链接图层】命令，单击该命令将合并所有链接图层。选择多个图层后，执行该命令，将合并所有选中的图层。

- 合并可见图层：执行该命令，或按"Shift+Ctrl+E"组合键，合并所有显示的图层。
- 拼合图像：执行该命令，将合并所有图层。

图6-2-25 合并图层的命令

6.2.10 图层属性

当文件图层太多的时候，往往需要对其名称进行修改，以便区分。在Photoshop CS3中，除了可以对图层的名称进行命名外，还可以对图层显示的颜色进行修改，这样在编辑图层很多的文件时，便一目了然了。

单击【图层】调板右上角的 按钮，在其快捷菜单中选择【图层属性】命令，或执行【图层】→【图层属性】命令，都可打开【图层属性】对话框，如图6-2-26所示。修改后的效果如图6-2-27所示。

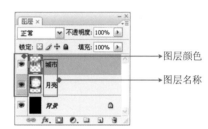

图6-2-26 【图层属性】对话框   图6-2-27 修改【图层属性】后调板

6.2.11 普通图层与背景图层的转换

"背景"图层默认为锁定图层，此类图层不能对窗口中图像的大小和位置进行更改，同时也不能在【图层】调板中设置"图层混合模式"、"不透明度"以及更改图层顺序、图层颜色、名称等操作，而"普通"图层则可以满足所有的操作。

（1）将背景图层转换为普通图层：执行【图层】→【新建】→【背景图层】命令，或在【图层】调板上双击"背景"图层，即可打开【新建图层】对话框，如图6-2-28所示。在对话框中可以设置图层名称、颜色、混合模式和不透明度，单击"确定"按钮，即可将背景图层转换为普通图层。

图6-2-28 将背景图层转换为普通图层

转换后，"背景"图层解除锁定，可以在其上执行任何操作。转换前和转换后的【图层】调板分别如图6-2-29和图6-2-30所示。

图6-2-29 转换前的【图层】调板   图6-2-30 转换后的【图层】调板

（2）将普通图层转换为背景图层：在【图层】调板中选择需要转换为"背景"的图层，执行【图层】→【新建】→【背景图层】命令，该图层将被自动移至最底层转换为"背景"层，转换前与转换后的图层变化如图6-2-31和图6-2-32所示。

图6-2-31 转换前的【图层】调板

图6-2-32 转换后的【图层】调板

如果此图层中含有透明像素，如图6-2-33所示，则图层中透明的部分将被填入当前设置的背景色，如图6-2-34所示。

图6-2-33 转换前图像

图6-2-34 转换后图像

6.3 图层组

在处理图像的过程中，有时候会产生非常多的图层。这些凌乱的图层，往往会使工作变得混乱不堪，这时，就需要图层组协助管理那些繁多的图层。它可以为图层编组，以使【图层】调板变得有条不紊、易于操作，这样我们的工作也就事半功倍了。在本节中读者将接触到图层组的使用，其中包括新建图层组、加入和退出图层组等。

 "背景"图层在一个文件里只能存在一个，若文件中已经包含背景图层，则无法再将其他任何图层转换为"背景"图层。

6.3.1 创建图层组

❶ 执行【图层】→【新建】→【组】命令，或在【图层】调板上单击"创建新组"按钮，打开【新建组】对话框，如图6-3-1所示，设置组的名称、颜色、模式和不透明度，单击"确定"按钮，即可新建一个图层组，如图6-3-2所示。

图6-3-1 新建图层组　　　　　　图6-3-2 新建组后的【图层】调板

❷ 若选择一个或多个图层后，如图6-3-3所示，执行【图层】→【新建】→【从图层建立组】命令，或按"Ctrl+G"组合键，将新建一个组并将选定的内容自动分配到新组之下，如图6-3-4所示。单击组前的 ▶ 按钮，即可展开该组，显示组下包含的所有图层，如图6-3-5所示。

图6-3-3 选择图层　　　　　图6-3-4 新建组后的【图层】调板　　　　　图6-3-5 展开组

6.3.2 添加到图层组

在Photoshop CS3中，可以将图层手动分配到图层组中。

（1）将图层分配到折叠的图层组中，可以在【图层】调板中选择需要分配的图层，将其拖移到图层组上，出现黑色边框即可释放，如图6-3-6所示。所选图层将被添加到该组中，并自动排列在该组的最下面一层。

（2）将图层分配到展开的图层组中，只需在【图层】调板中选择需要分配的图层，将其拖移到组内图层的位置释放即可，如图6-3-7所示。此时该图层将被添加到组内，并以释放点的位置在组中排列。

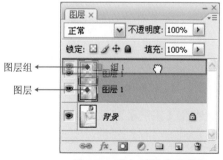
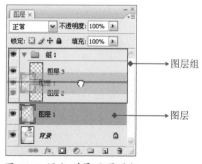

图6-3-6 添加到折叠图层组　　　　　图6-3-7 添加到展开图层组

提示　在展开的组中拖移图层到组外的位置释放，可使图层脱离当前图层组。

6.3.3 删除图层组

选择要删除的图层组，单击【图层】调板中的  按钮，将会打开一个系统提示的对话框，如图6-3-8所示。

图6-3-8 删除组的提示对话框

- 组和内容：单击该按钮，则删该组以及包含在内的所有图层。
- 仅组：表示只删除图层组，里面的图层被脱离出来。
- 取消：表示取消本次操作。

6.3.4 锁定图层组

可以对图层组进行两种类型的锁定。

（1）在【图层】调板上选择需要锁定的图层组，单击【图层】调板中的"锁定全部"按钮 ，这种方式将图层组作为整个对象整体锁定，此时图层组将不可进行编辑，锁定后的图层组如图6-3-9所示。

（2）在【图层】调板上选择需要锁定的图层组，执行【图层】→【锁定组内的所有图层】命令，打开【锁定组内的所有图层】对话框，其中陈列了"透明区域"、"图像"、"位置"和"全部"4个复选框，如图6-3-10所示。其含义与【图层】调板上的几个锁定按钮相同。这种方式则是针对图层组中的图层，而不是整个图层组，所以此方式可以对图层组的"图层混合模式"和"不透明度"等进行编辑，锁定组中的图层如图6-3-11所示。

图6-3-9 锁定的图层组　图6-3-10 【锁定组内的所有图层】对话框　图6-3-11 锁定组中的图层

6.4 智能对象

智能对象是包含栅格或矢量图像数据的图层。智能对象能保留图像的源内容及其所有的原始特性，所以智能对象是一种无损操作。可以利用智能对象进行非破坏性变换，如缩放、旋转或变形。

> **注意**
> 1. 某些变换命令如【透视】和【扭曲】，在智能对象上不可用。
> 2. 无法对智能对象直接进行像素编辑，如绘制、减淡、加深或仿制图章等。

6.4.1 创建智能对象

通过以下任意一种方式，都可以创建一个智能对象。

（1）执行【文件】→【打开为智能对象】命令，在对话框中选择文件，单击"打开"按钮。

（2）执行【文件】→【置入】命令，将文件作为智能对象导入到打开的文档中。

（3）在【图层】调板选择一个普通图层，执行【图层】→【智能对象】→【转换为智能对象】命令，即可将其转换为智能对象。

（4）在Bridge Home中，选择【文件】→【置入】→【在 Photoshop 中】命令，可将选择的文件作为智能对象导入到打开的文档中。

（5）选择一个或多个图层，如图6-4-1所示，执行【图层】→【智能对象】→【转换为智能对象】命令，所选的图层转换为一个智能对象图层，如图6-4-2所示。但这个智能对象图层中，包含了所选的每个图层，如图6-4-3所示。

图6-4-1 选择图层

图6-4-2 转换为智能对象

图6-4-3 智能对象包含的图层

6.4.2 编辑智能对象

在【图层】调板中选择一个智能对象，执行【图层】→【智能对象】→【编辑内容】命令，或双击【图层】调板中的智能对象缩览图，则可打开系统提示对话框，如图6-4-4所示，单击"确定"按钮，智能对象将以文件的形式在Photoshop CS3中打开，此时可对其进行任意编辑，执行【文件】→【存储】命令，或按"Ctrl+S"组合键，对其进行保存即可。此时软件会自动更新智能对象，并在画面中反映出用户所作的更改。

图6-4-4 系统提示对话框

6.4.3 替换智能对象

在【图层】调板中，选择智能对象，执行【图层】→【智能对象】→【替换内容】命令，打开【置入】对话框，选择文件，单击"置入"按钮，原来的智能对象将被所选的文件代替。 如果在当前的智能对象中执行了某种操作或制作了某种效果，将文件进行替换后，智能对象将保留执行的操作或制作的效果，只对图像文件进行替换。

6.4.4 导出智能对象

在【图层】调板中，选择智能对象，执行【图层】→【智能对象】→【导出内容】命令，打开【存储】对话框，设置存储路径后，单击"存储"按钮即可。

> **提示** Photoshop CS3将以智能对象的原始置入格式导出智能对象。若智能对象中包含图层，则会以PSB格式导出。

6.4.5 将智能对象转换为图层

在【图层】调板中，选择智能对象，执行【图层】→【智能对象】→【栅格化】命令，或执行【图层】→【栅格化】→【智能对象】命令，即可将智能对象转换为普通图层。

> **注意** 将智能对象转换为普通图层后，应用于该智能对象的变换、变形和滤镜等操作将不再可编辑。

6.5 填充或调整图层

应用填充或调整图层，可以在破坏其他图层色调的基础上，对其下的整个图层的色调进行调整。填充或调整图层与蒙版相关，可以通过编辑蒙版，从而达到屏蔽局部效果的目的。填充或调整图层是对图像的一种无损操作，在确定操作后，不满意的情况下，还可以对其参数进行修改，非常便捷。

6.5.1 新建填充或调整图层

单击【图层】调板上的"创建新的填充或调整图层"按钮，其快捷菜单中罗列了多个相关命令，如图6-5-1所示，与其对应的是图层调板上该命令的缩览图。选择其中的一个命令，即可在【图层】调板上创建一个相应的填充或调整图层。

6.5.2 修改填充或调整图层

① 在【图层】调板中选中一个填充或调整图层，执行【图层】→【更改图层内容】命令，在其子菜单中选择需要更改的命令即可。

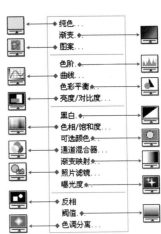

图6-5-1 填充或调整图层菜单下的命令

2 在【图层】调板中选中一个填充或调整图层，执行【图层】→【图层内容选项】命令，或在【图层】调板中双击填充或调整图层的缩览图，可打开与其相应的对话框，对其参数进行调整即可。

3 创建好的填充或调整图层后面，会自动在其上添加一个图层蒙版，对其蒙版进行编辑，蒙版中黑色的部分，填充或调整图层在图像中对应的位置无效。

下面通过一个实例来讲解“图层混合模式”。

实例解析6-1太极月

1 执行【文件】→【打开】命令，或按“Ctrl+O”组合键，打开配套光盘，“第6章\素材\6-1”中的素材图片“星体.tif”，如图6-5-2所示。

2 按住Ctrl键，单击“图层1”的缩览图，载入其选区，如图6-5-3所示。

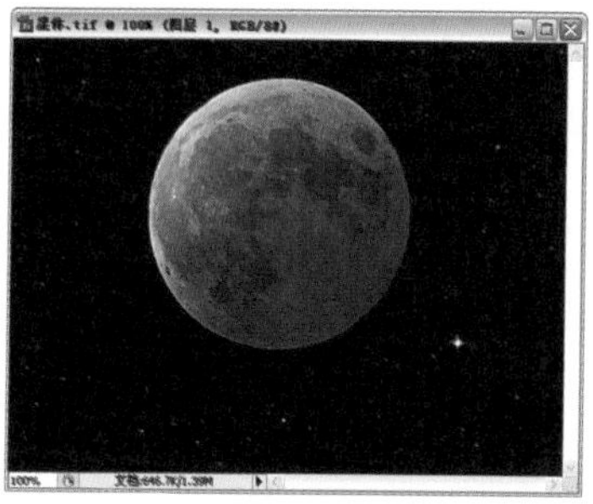

图6-5-2 打开素材

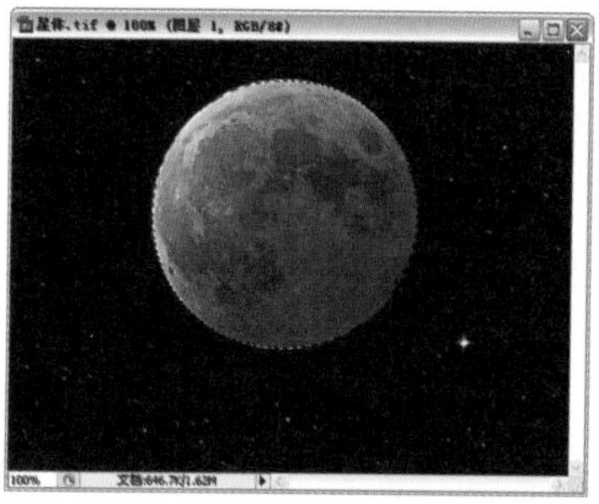

图6-5-3 载入选区

3 在【图层】调板，选择“背景”图层，单击【图层】调板上的“创建新的填充或调整图层”按钮，在其快捷菜单中选择【渐变填充】命令，打开【渐变填充】对话框，单击其上的“编辑渐变”按钮，打开【渐变编辑器】，在对话框中设置：

位置0　白色（R:255，G:255，B:255）；

位置100 橘黄色（R:255，G:132，B:0）。

单击“确定”按钮，并设置对话框中的其他参数，如图6-5-4所示。

4 单击【渐变填充】对话框中的“确定”按钮，效果如图6-5-5所示。

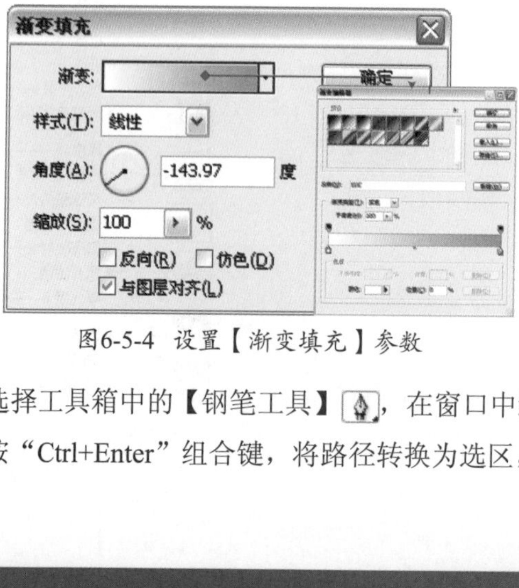

图6-5-4 设置【渐变填充】参数

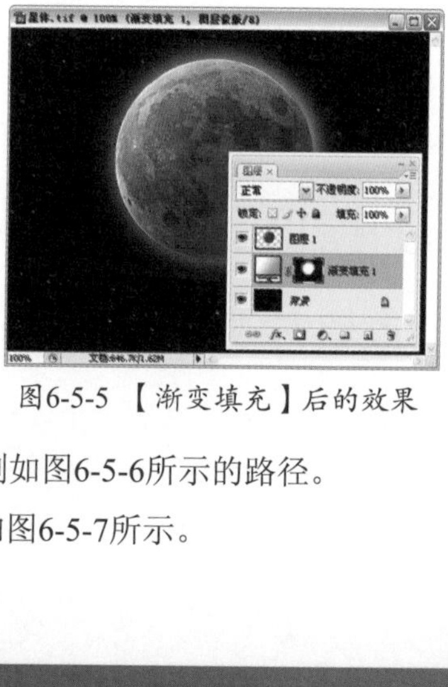

图6-5-5 【渐变填充】后的效果

5 选择工具箱中的【钢笔工具】，在窗口中绘制如图6-5-6所示的路径。

6 按“Ctrl+Enter”组合键，将路径转换为选区，如图6-5-7所示。

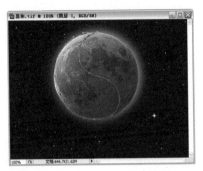

图6-5-6 绘制路径

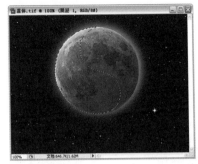

图6-5-7 载入选区

⑦ 在【图层】调板选择"图层1"，单击【图层】调板上的"创建新的填充或调整图层"按钮 ，在其快捷菜单中选择【色相/饱和度】命令，打开【色相/饱和度】对话框，设置参数为20、100、0，单击"确定"按钮，效果如图6-5-8所示。

⑧ 按住Ctrl键，单击"色相/饱和度1"的蒙版缩览图，载入其选区。单击【图层】调板上的"创建新的填充或调整图层"按钮 ，在其快捷菜单中选择【曲线】命令，打开【曲线】对话框，并调整其参数，效果如图6-5-9所示。

⑨ 按住Ctrl键，单击"图层1"的图层缩览图，载入星体选区，按"Ctrl+Alt"组合键，单击"曲线1"的蒙版缩览图，得到如图6-5-10所示的选区。

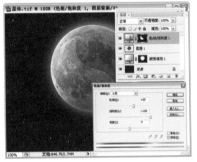

图6-5-8 添加【色相/饱和度】调整图层

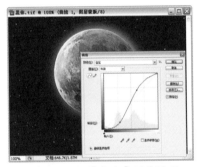

图6-5-9 添加【曲线】调整图层

⑩ 单击【图层】调板上的"创建新的填充或调整图层"按钮 ，在其快捷菜单中选择【色相/饱和度】命令，打开【色相/饱和度】对话框，设置参数为-9、-90、0，效果如图6-5-11所示。

图6-5-10 载入选区

图6-5-11 添加【色相/饱和度】调整图层

⑪ 按住Ctrl键，单击"色相/饱和度2"的蒙版缩览图，载入其选区。单击【图层】调板上的"创建新的填充或调整图层"按钮 ⬤，在其快捷菜单中选择【曝光度】命令，打开【曝光度】对话框，设置参数为1.61、-0.0753、0.79，效果如图6-5-12所示。

⑫ 选择工具箱中的【横排文字工具】，在窗口中输入文字，最终效果如图6-5-13所示。参见配套光盘"第6章\源文件\6-1太极月.psd"。

图6-5-12 添加【曝光度】调整图层

图6-5-13 最终效果

6.6 图层混合模式

"图层混合模式"是图层上、下层之间进行色彩混合的方式。Photoshop CS3提供了二十多种不同的图层混合模式，不同的混合模式可以产生不同的色彩效果。

【图层】调板中"图层混合模式"的下拉菜单中陈列了多种混合模式，如图6-6-1所示。

下面分别介绍每种混合模式的特点。

- 正常：图6-6-2为源图像的图层调板。这是Photoshop图层的默认模式，不与下方的图层发生任何的混合。此时，上方的图层若是完全不透明的情况下，将掩盖下方的图层，下方图层的像素将不可见，如图6-6-3所示。

- 溶解：根据像素不透明度，结果色由基色或混合色的像素随机替换。这个模式在上方图层完全不透明的情况下，与正常模式没有区别，降低图层透明度，效果如图6-6-4所示。

图6-6-1 "图层混合"
模式下拉菜单

图6-6-2 源图像的【图层】调板

图6-6-3 正常

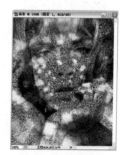

图6-6-4 溶解

当所选图层是"背景"图层或者锁定图层时,"图层混合模式"不可用。

- 变暗:图6-6-5为源图像的图层调板。使用该混合模式,上方图层中较暗的像素将代替下方图层中较亮的像素,下方图层中较暗的像素代替上方图层较亮的像素,混合后效果如图6-6-6所示。

图6-6-5 源图像的【图层】调板

图6-6-6 变暗

- 正片叠底:上方图层中较暗像素与下方图层相混合,产生的效果如图6-6-7所示。
- 颜色加深:上方图层与下方图层中的暗色像素相混合,下方图层中白色的区域不发生变化,上方图层中白色的区域不与下方图层混合,混合后效果如图6-6-8所示。

图6-6-7 正片叠底

图6-6-8 颜色加深

- 线性加深:上方图层中的暗色与下方图层相混合,上方图层中的白色部分与下方图层混合后,对下方图层的像素无影响,效果如图6-6-9所示。
- 深色:上方图层中的像素直接代替下方图层中的浅色部分,效果如图6-6-10所示。

图6-6-9 线性加深

图6-6-10 深色

- 变亮:图6-6-11为源图像的图层调板。使用该混合模式,上方图层中较亮的像素将代替下方图层中较暗的像素,下方图层中较亮的像素将代替上方图层较暗的像素,混合后效果如图6-6-12所示。

图6-6-11 源图像的【图层】调板

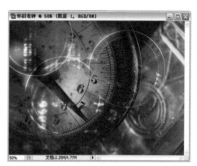

图6-6-12 变亮

- 滤色：该模式与正片叠底相反，上方图层中较亮像素，与下方图层相混合产生的效果，如图6-6-13所示。
- 颜色减淡：上方图层与下方图层的混合运算，使其产生非常绚丽的光效，效果如图6-6-14所示。

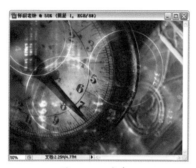

图6-6-13 滤色

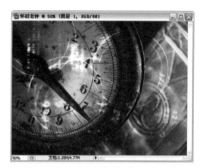

图6-6-14 颜色减淡

- 线性减淡：与线性加深相反，上方图层的亮色与下方图层相混合，上方图层的黑色部分与下方图层相混合后，对下方图层的像素无影响，效果如图6-6-15所示。
- 浅色：上方图层的颜色像素直接代替下方图层的亮色部分，如图6-6-16所示。

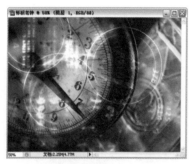

图6-6-15 线性减淡

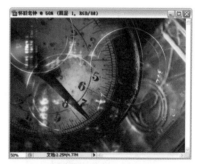

图6-6-16 浅色

- 叠加：图6-6-17为源图像的图层调板。该混合模式最终效果取决于下方图层。上方图层的像素在下方图层上叠加，保留下方图层的明暗对比，如图6-6-18所示。
- 柔光：上方图层比50%灰色亮的像素，混合后的图像变亮；上方比50%灰色暗的像素，则变暗，效果如图6-6-19所示。
- 强光：与柔光类似，只是该模式比柔光模式的程度大很多，效果如图6-6-20所示。

图6-6-17 源图像的【图层】调板

图6-6-18 叠加

图6-6-19 柔光

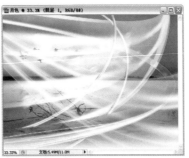

图6-6-20 强光

- 亮光：通过增加或减小对比度来加深或减淡颜色。如果上方图层比50%灰色亮，则通过减小对比度使图像变亮；如果上方图层比50%灰色暗，则通过增加对比度使图像变暗，效果如图6-6-21所示。
- 线性光：通过减小或增加亮度来加深或减淡颜色。上方图层比50%灰色亮的像素，通过增加亮度使图像变亮；上方图层比50%灰色暗的像素，则通过减小亮度使图像变暗，效果如图6-6-22所示。

图6-6-21 亮光

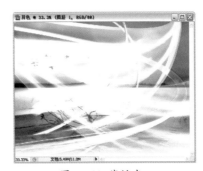

图6-6-22 线性光

- 点光：通过替换颜色像素来混合图像。上方图层比50%灰色亮的像素，替换比其暗的像素，不改变比其亮的像素；上方图层比50%灰色暗的像素，则替换比其亮的像素，而不改变比其暗的像素，效果如图6-6-23所示。
- 实色混合：该模式可以产生剪贴画式的艺术效果，形成一个由红、绿、蓝、青、洋红、黄、黑和白八种色块组成的混合结果，效果如图6-6-24所示。

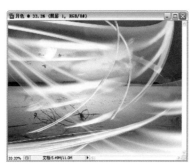

图6-6-23 点光　　　　　　　　　　　　　图6-6-24 实色混合

- 差值：图6-6-25为源图像的图层调板。该混合模式是上方图层和下方图层中较亮减去较暗的像素相混合。与白色混合将产生反向效果；与黑色混合则不产生影响，效果如图6-6-26所示。

- 排除：此模式与差值模式类似，但是产生的结果对比度较低，效果如图6-6-27所示。

图6-6-25 源图像的【图层】调板　　　图6-6-26 差值　　　　　　　图6-6-27 排除

- 色相：图6-6-28为源图像的图层调板。该混合模式是用下方图层的亮度和饱和度与上方图层的色相混合产生的结果，效果如图6-6-29所示。

图6-6-28 源图像的【图层】调板　　　　　图6-6-29 色相

- 饱和度：用上方图层的饱和度，替换下方图层图像的饱和度，色相与亮度值不变，效果如图6-6-30所示。

- 颜色：用下方图层的亮度与上方图层的色相和饱和度混合产生的结果，效果如图6-6-31所示。

- 亮度：用上方图层的亮度与下方图层的色相、饱和度混合产生的结果，效果如图6-6-32所示。

图6-6-30 饱和度　　　　　　　　　图6-6-31 颜色　　　　　　　　　图6-6-32 亮度

下面通过一个实例来讲解"图层混合模式"。

实例解析6-2幻境

① 执行【文件】→【打开】命令，或按"Ctrl+O"组合键，打开配套光盘，"第6章\素材\6-2"中的素材图片"海景.tif"，如图6-6-33所示。

② 按"Shift+Ctrl+U"组合键，将素材去色，如图6-6-34所示。

③ 按"Ctrl+M"组合键，打开【曲线】对话框，并调节其参数，单击"确定"按钮，效果如图6-6-35所示。

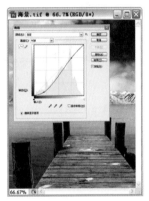

图6-6-33 打开素材"海景"　　　　图6-6-34 去色　　　　　　图6-6-35 调整【曲线】参数

④ 选择工具箱中的【渐变工具】，单击其属性栏上的"编辑渐变"按钮，打开【渐变编辑器】，在对话框中设置：

位置0　洋红（R:255，G:0，B:207）；

位置50　紫色（R:142，G:7，B:205）；

位置100　暗紫色（R:41，G:0，B:76）。

单击"确定"按钮，如图6-6-36所示。

⑤ 单击【图层】调板上的"创建新图层"按钮，新建"图层1"，单击【渐变工具】属性栏上的"径向渐变"按钮，在窗口中拖动鼠标，渐变效果如图6-6-37所示。

⑥ 在【图层】调板设置"图层混合模式"为柔光，效果如图6-6-38所示。

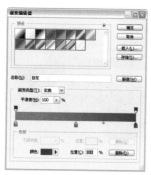

图6-6-36 设置【渐变编辑器】参数

图6-6-37 填充渐变色

图6-6-38 调整"图层混合模式式"：柔光

⑦ 执行【文件】→【打开】命令，或按"Ctrl+O"组合键，打开配套光盘，"第6章\素材\6-2"中的素材图片"地球.tif"，如图6-6-39所示。

⑧ 选择工具箱中的【移动工具】 ，将素材拖移到当前文件中，并按"Ctrl+T"组合键，调整素材的大小和位置，如图6-6-40所示，按Enter键确定。

图6-6-39 打开素材"地球"

图6-6-40 将"地球"图片拖到当前文件

⑨ 在【图层】调板设置"图层混合模式"为滤色，效果如图6-6-41所示。

⑩ 单击【图层】调板上的"添加图层蒙版"按钮 ，为该图层添加蒙版。选择工具箱中的【画笔工具】 ，设置前景为黑色，在如图6-6-42所示的位置涂抹，将该部分隐藏。

⑪ 新建"图层3"，选择工具箱中的【画笔工具】 ，设置前景色为黄色（R:255，G:213，B:0），在窗口中涂抹黄色像素，并设置"图层混合模式"为颜色，设置"不透明度"为47%，如图6-6-43所示。

图6-6-41 调整"图层混合
模式"：滤色

图6-6-42 编辑蒙版

图6-6-43 绘制颜色

⑫ 单击【图层】调板上的"创建新的填充或调整图层"按钮 ，在其快捷菜单中，选择【色阶】命令，打开【色阶】对话框，设置参数为0、0.92、242，单击"确定"按钮，效果如图6-6-44所示。

⑬ 执行【文件】→【打开】命令，或按"Ctrl+O"组合键，打开配套光盘，"第6章\素材\6-2"中的素材图片"舞娘.tif"，如图6-6-45所示。

⑭ 选择工具箱中的【移动工具】 ，将素材拖移到当前文件中，并适当调整素材的位置，如图6-6-46所示。

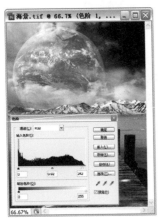

图6-6-44 调整【色阶】参数

图6-6-45 打开素材
"舞娘"

图6-6-46 将"舞娘"图片拖
到当前文件

⑮ 新建"图层5"，在【图层】调板上，按住Ctrl键，单击该图层的图层缩览图，载入选区。设置前景色为紫色（R:89，G:38，B:134），按"Alt+Enter"组合键，填充选区，如图6-6-47所示。

⑯ 在【图层】调板设置"图层混合模式"为柔光，设置"不透明度"为64%，效果如图6-6-48所示。

⑰ 选择工具箱中的【钢笔工具】 ，在窗口中绘制如图6-6-49所示的路径。

图6-6-47 填充选区

图6-6-48 调整"图层混合
模式"：柔光

图6-6-49 绘制路径

⑱ 新建"图层6"，选择工具箱中的【画笔工具】✏️，设置画笔"主直径"为5像素，"硬度"为100%。按住Alt键，单击【路径】调板上的"用画笔描边路径"按钮 ⭕，打开【描边路径】对话框，勾选"模拟压力"复选框，单击"确定"按钮，效果如图6-6-50所示。

⑲ 选择工具箱中的【橡皮擦工具】🩹，擦除部分线条，如图6-6-51所示。

图6-6-50 描边路径

图6-6-51 擦除图像

⑳ 在【图层】调板上双击"图层6"，打开【图层样式】对话框，选择"外发光"复选框，设置颜色为紫色（R:144，G:0，B:255），并分别设置其参数，如图6-6-52所示。

㉑ 单击"确定"按钮，效果如图6-6-53所示。

㉒ 最后，为图像添加一些装饰特效，最终效果如图6-6-54所示。参见配套光盘"第6章\源文件\6-2幻境.psd"。

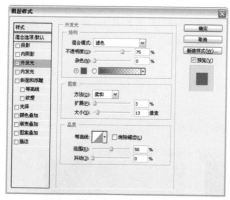

图6-6-52 设置【外发光】参数

图6-6-53 外发光效果

图6-6-54 最终效果

6.7 图层样式

通过添加图层样式，可以对图形的外观进行修饰。图层样式是应用于一个图层的一种或多种特殊效果。在Photoshop CS3中的【样式】调板中，集成了多种预设样式，或者使用【图层样式】对话框对样式进行自定义。

6.7.1 样式调板

【样式】调板实际上是由多种图层预设样式的组合，如图6-7-1所示，在此调板中可以对预设的图层样式进行复制、删除，也可以在调板中进行新建样式、清除样式等操作。在【样式】调板中选择某一个图层样式，将鼠标移动到调板的空白区域，当鼠标指针变为"油漆桶" 时，单击鼠标左键，即可复制选择的图层样式。

【样式】调板中的三个按钮的意义解释如下。

• 清除样式 ⊘ ：单击此按钮，即可对图像中添加的图层样式进行清除。

• 创建新样式 ▣ ：单击此按钮，可以将当前添加的图层样式创建在【样式】调板中。

• 删除样式 🗑 ：将【样式】调板中的图层样式拖动到此按钮上，即可删除【样式】调板中的图层样式。

> **提示** 在【样式】调板中的图层样式上单击鼠标右键，即可弹出快捷菜单，如图6-7-2所示，在此菜单中同样可以对图层样式进行新建、删除、重命名等操作。

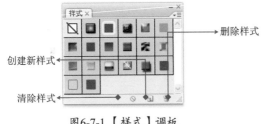

图6-7-1 【样式】调板　　　　　　　　　　图6-7-2 快捷菜单

单击【样式】调板上的按钮 ▼≡ ，在其快捷菜单中选择一个样式组，将打开如图6-7-3所示的系统提示对话框。

图6-7-3 系统提示对话框

系统提示对话框中的三个按钮的意义解释如下。

• 确定：选择新的预设样式取代目前的样式。

• 取消：取消操作。

• 追加：将所选的预设样式添加到目前的样式中。

6.7.2 应用预设样式

打开一幅素材，如图6-7-4所示，在【图层】调板中选择需要应用样式的图层，在【样式】调板中，单击某个样式预览图，则该样式被添加到选择的图层中，如图6-7-5所示。

> **提示** 若该图层已包含样式，则该样式会替换为当前所选的样式。若在单击样式预览图时，按住Shift键，可以将当前选择的样式添加到图层包含的样式中。

图6-7-4 打开的素材

图6-7-5 添加样式

此时【图层】调板上添加了样式的图层如图6-7-6所示。右键单击任意效果，在其快捷菜单中选择【缩放效果】命令，打开【缩放图层效果】对话框，滑动"缩放"滑块，可调整样式，如图6-7-7所示。

图6-7-6 【图层】调板

图6-7-7 缩放效果

若要删除样式，则选中相应的图层，在【图层】调板上将"效果"拖移到"删除"按钮 🗑 释放即可；或单击【样式】调板中的"清除样式"按钮 ⊘ 也可删除所应用的图层样式。

 背景图层、锁定的图层以及图层组不能应用图层样式。

6.7.3 自定义图层样式

除了可以使用Photoshop CS3中预设的图层样式，还可以在【图层样式】对话框中，根据自己的需要对图层样式进行自定义。

打开【图层样式】对话框的方法大致有以下几种。

（1）在【图层】调板，选择需要添加图层样式的图层，执行【图层】→【图层样式】命令，在其子菜单中选择其一，如投影、外发光等。

（2）在【图层】调板，选择需要添加图层样式的图层，单击【图层】调板上的"添加图层样式"按钮 fx，在其快捷菜单中任选其一。

（3）在【图层】调板上，双击需要添加图层样式的图层。

（4）在【图层】调板上，右键单击需要添加图层样式的图层，在其快捷菜单中选择【混合选项】命令。

打开的【图层样式】对话框如图6-7-8所示。

6.7.4 投影

在【图层样式】对话框左侧，选择"投影"复选框，其面板参数如图6-7-9所示。

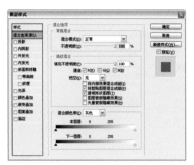

图6-7-8 【图层样式】对话框

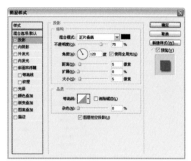

图6-7-9 "投影"设置面板

"投影"面板上的各项参数解释如下。

- 混合模式：其下拉列表中罗列了多种混合效果，其效果与【图层】调板上的图层混合模式相同。单击其后的色块，即打开【拾色器】对话框，可对投影的颜色进行设置。
- 不透明度：拖动滑块，可以调整投影的不透明度。
- 角度：设置光的来源。选中"使用全局光"复选框，则该图层所添加的效果中与光源有关的都将使用一个方向。
- 距离：拖动滑块，可调整投影与图像之间的距离。
- 扩展：拖动滑块，可调整投影边缘的清晰度。
- 大小：拖动滑块，可调整投影面积的大小。
- 等高线：调整投影外观，使用方法类似于【曲线】命令。
- 消除锯齿：使投影边缘光滑。
- 杂色：设置投影边缘呈颗粒状的程度。

在【图层样式】对话框中，设置的"投影"参数不同，将会产生不同的投影效果，如图6-7-10所示。

图6-7-10 不同的投影效果

6.7.5 内阴影

在【图层样式】对话框左侧，选择"内阴影"复选框，其面板参数如图6-7-11所示。"内阴影"的参数与"投影"相同。

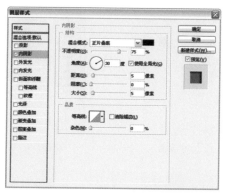

图6-7-11 "内阴影"设置面板

如图6-7-12所示的是未添加"内阴影"的图像，为其添加"内阴影"后的效果如图6-7-13所示。

图6-7-12 源图像　　　　　　　　图6-7-13 添加"内阴影"后的效果

6.7.6 外发光

在【图层样式】对话框左侧，选择"外发光"复选框，其面板参数如图6-7-14所示。

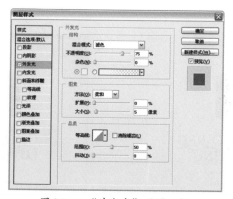

图6-7-14 "外发光"设置面板

- ◎□ ○ [渐变色块] ▼：设置发光颜色。单击左边的色块可打开【拾色器】对话框，选择单色；单击右边的色块可打开【渐变编辑器】对话框设置渐变色，在其下拉列表中陈列了多种预设的渐变色。
- 方法：其下拉列表中有"柔和"和"精确"两个选项可供用户选择。
- 范围：根据调整的数值设置渐变光晕的色彩位置。
- 抖动：针对渐变光晕，产生类似溶解的效果，数值越大越明显。

如图6-7-15所示的是未添加"外发光"的图像，为其添加"外发光"后的效果如图6-7-16所示。

图6-7-15 源图像

图6-7-16 添加"外发光"后的效果

6.7.7 内发光

在【图层样式】对话框左侧，选择"内发光"复选框，其面板参数如图6-7-17所示。

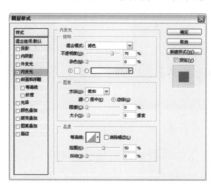

图6-7-17 "内发光"设置面板

"内发光"与"外发光"的选项基本相同。唯一的区别是在于"内发光"选项中的"源"，它具有两个单选按钮，分别是"居中"和"边缘"。当选择"居中"时，效果如图6-7-18所示；选择"边缘"时，效果如图6-7-19所示。

图6-7-18 居中"内发光"

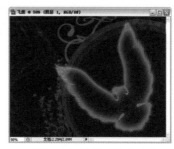

图6-7-19 边缘"内发光"

6.7.8 斜面和浮雕

在【图层样式】对话框左侧，选择"斜面和浮雕"复选框，其面板参数如图6-7-20所示。

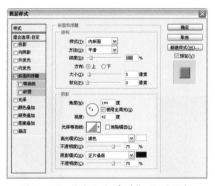

图6-7-20 "斜面和浮雕"设置面板

其"样式"下拉列表中陈列了5种不同的效果。

- 外斜面：在图像的外边缘创建斜面，效果如图6-7-21所示。
- 内斜面：在图层的内边缘创建斜面，效果如图6-7-22所示。

图6-7-21 外斜面 　　　　　　　　　　图6-7-22 内斜面

- 浮雕效果：创建基于下层突出的浮雕效果，效果如图6-7-23所示。
- 枕状浮雕：创建陷入下层的浮雕状效果，效果如图6-7-24所示。
- 描边浮雕：在图层中添加了"描边"效果，此选项才有效。为"描边"创建浮雕，效果如图6-7-25所示。

图6-7-23 浮雕效果 　　　图6-7-24 枕状浮雕 　　　图6-7-25 描边浮雕

- 方法：在其下拉列表中罗列了"平滑"、"雕刻清晰"和"雕刻柔和"三个选项。其效果分别如图6-7-26、图6-7-27和图6-7-28所示。

图6-7-26 平滑

图6-7-27 雕刻清晰

图6-7-28 雕刻柔和

- 方向：其有两个单选按钮"上"、"下"。可改变高光和阴影的位置。
- 高光模式：在其下拉列表中，可设置高光的混合模式。单击右边的色块可设置高光的颜色。
- 阴影模式：在其下拉列表中，可设置阴影的混合模式。单击右边的色块可设置阴影的颜色。
- 不透明度：拖动滑块，可设置高光或阴影的不透明度。
- 光泽等高线：等高线往往用于制作出特殊的效果，其下拉列表中陈列了多种预设的等高线参数，也可根据用户的需求，单击等高线的缩览图，打开【等高线编辑器】对话框，自定等高线的参数。

　　"斜面和浮雕"下面还有两个复选框，分别是"等高线"（如图6-7-29所示）和"纹理"（如图6-7-30所示）。这里的"等高线"应用于设置斜面的等高线样式，拖动"范围"滑块可调整应用等高线的范围；"纹理"设置面板中包含的参数有图案、图案缩放大小、深度和反相等。当选中"与图层链接"复选框，可将图案与图层链接在一起，以便一起移动或变形。

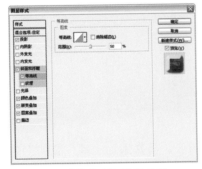
图6-7-29 "等高线"设置面板

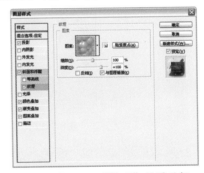
图6-7-30 "纹理"设置面板

6.7.9 光泽

　　在【图层样式】对话框左侧，选择"光泽"复选框，其面板参数如图6-7-31所示。

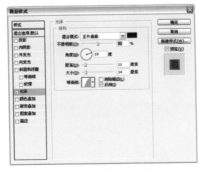
图6-7-31 "光泽"设置面板

如图6-7-32所示的是未添加"光泽"的图像，为其添加"光泽"后的效果如图6-7-33所示。

图6-7-32 未添加"光泽"的图像

图6-7-33 添加"光泽"后的效果

6.7.10 颜色叠加

在【图层样式】对话框左侧，选择"颜色叠加"复选框，其面板参数如图6-7-34所示。

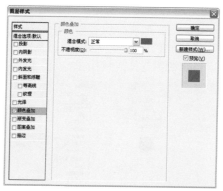
图6-7-34 "颜色叠加"设置面板

如图6-7-35所示的是未添加"颜色叠加"的图像，为其添加"颜色叠加"后的效果如图6-7-36所示。

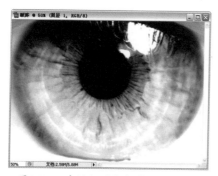
图6-7-35 未添加"颜色叠加"的图像

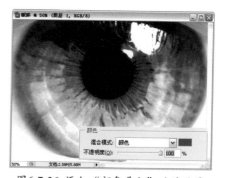
图6-7-36 添加"颜色叠加"后的效果

6.7.11 渐变叠加

在【图层样式】对话框左侧，选择"渐变叠加"复选框，其面板参数如图6-7-37所示。

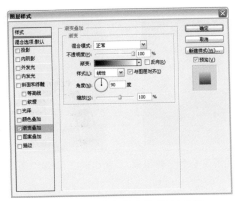

图6-7-37 "渐变叠加"设置面板

如图6-7-38所示的是未添加"渐变叠加"的图像，为其添加"渐变叠加"后的效果如图6-7-39所示。

图6-7-38 未添加"渐变叠加"的图像

图6-7-39 添加"渐变叠加"后的效果

6.7.12 图案叠加

在【图层样式】对话框左侧，选择"图案叠加"复选框，其面板参数如图6-7-40所示。

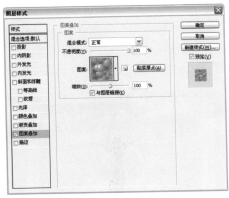

图6-7-40 "图案叠加"设置面板

如图6-7-41所示的是未添加"图案叠加"的图像，为其添加"图案叠加"后的效果如图6-7-42所示。

图6-7-41 未添加"图案叠加"的图像　　图6-7-42 添加"图案叠加"后的效果

6.7.13 描边

在【图层样式】对话框左侧，选择"描边"复选框，其面板参数如图6-7-43所示。

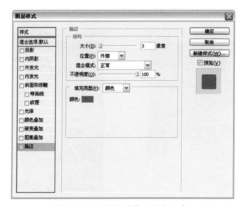

图6-7-43 "描边"设置面板

- 大小：拖动滑块，或在其文本框内输入数字，可设置描边的粗细。
- 位置：设置描边的位置，其下拉列表中有"外部"、"内部"、"居中"3个选项。
- 填充类型：其下拉列表中有"颜色"、"渐变"、"图案"3个选项。默认为"颜色"，可改变描边的颜色；选择"渐变"时，设置面板转换为相应的参数，与"渐变叠加"中的相同；选择"图案"时，设置面板转换为相应的参数，与"图案叠加"中的相同。

如图6-7-44所示的是"描边"的填充类型为颜色时的效果；如图6-7-45所示的是"描边"的填充类型为渐变时的效果；如图6-7-46所示的是"描边"的填充类型为图案时的效果。

图6-7-44 颜色"描边"　　图6-7-45 渐变"描边"　　图6-7-46 图案"描边"

6.7.14 存储图层样式

在Photoshop CS3中，除了软件提供的预设样式之外，还可以将自己创建的图层样式添加到【样式】调板中，以备使用。

当图层中创建了图层样式后，将鼠标移至【样式】调板的空白处，当出现图标  时，单击鼠标，打开【新建样式】对话框，如图6-7-47所示。单击"确定"按钮，图层中的样式被存储在当前【样式】调板中。

图6-7-47 【新建样式】对话框

6.7.15 复制图层样式

1. 在【图层】调板中，右键单击需要复制"图层样式"的图层，在其快捷菜单中选择【复制图层样式】命令，在需要赋予相同样式的图层上单击鼠标右键，在其快捷菜单中选择【粘贴图层样式】命令，即可复制"图层样式"到其他图层。

2. 按住Alt键，拖移图层样式到需要的图层释放，即可将该层的"图层样式"复制到其他图层。

第7章
蒙版和通道

　　蒙版和通道是Photoshop中的重要功能，也是许多初学者在学习Photoshop的过程中难以理解的部分，由于许多不易理解而造成初学者对蒙版和通道功能的忽视。然而只有真正掌握了蒙版和通道这两个看似抽象的知识，才能渐渐从初学者的领域向更深一层迈进。只有熟练、灵活地将蒙版和通道应用到图像处理和设计中，才能真正踏入高手的行列。

　　本章向读者讲解了蒙版和通道的基础知识，比如各种蒙版的使用、通道的类别、作用以及操作方法等，并用实例展示了蒙版混合图像、通道抠图等应用较为广泛的制作方法。读者应该在学习的过程中去思考、去实践，从而更加深入地理解并掌握难点。知难而进才能获得进一步的成功。

7.1　蒙版

　　蒙版是一种对图像的无损操作，无论蒙版怎么变化，图像都保持原样。在Photoshop中包含四种蒙版，分别是图层蒙版、矢量蒙版、快速蒙版、剪贴蒙版，每种蒙版都拥有自己的特点和使用方法，下面将对这四种蒙版进行详尽的讲解。

7.1.1　图层蒙版

　　图层蒙版是一种基于图层的遮罩，它是一个8位灰度图像，所有可以处理灰度图像的工具如【画笔工具】、【反向】命令、部分【滤镜】命令，都可以对其进行编辑。图层蒙版和图像的尺寸和分辨率与图像相同。图层蒙版中黑色的部分，对应位置的图像被完全屏蔽变为透明；图层蒙版白色的部分，对应位置的图像保持原样；图层蒙版灰色的部分，对应位置的图像则根据灰色的程度变为半透明，灰色越深越透明。

　　例如，在工具箱中选择任意一种选择工具在窗口中创建选区，执行【图层】→【添加图层蒙版】命令，或单击【图层】调板中的"添加图层蒙版"按钮，即可得到一个图层蒙版，应用【画笔工具】对蒙版进行编辑后，蒙版状态如图7-1-1所示。

　　如果要对图层蒙版进行编辑，首先要选中图层蒙版。例如，当前选择的是"图层缩览图"，如图7-1-2所示，此时在图像窗口中所执行的任何操作，都会对源图像进行编辑；单击"图层蒙版缩览图"，即可选中图层蒙版，使蒙版处于编辑状态，如图7-1-3所示，此时在图像窗口中所执行的任何操作，将会对图层蒙版进行编辑。

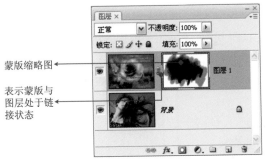

图7-1-1 添加图层蒙版

蒙版缩略图

表示蒙版与
图层处于链
接状态

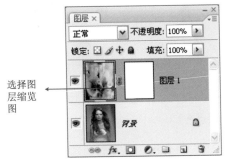
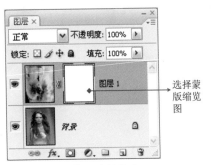

选择图
层缩览
图

选择蒙
版缩览
图

图7-1-2 图像编辑状态　　　　　图7-1-3 蒙版编辑状态

为图层添加蒙版后，其【图层】→【图层蒙版】子菜单中的【删除】、【应用】和【停用】命令将被激活，如图7-1-4所示。执行【删除】命令，将删除图层蒙版；执行【应用】命令，将应用前蒙版并将其删除；执行【停用】命令，将关闭蒙版，关闭后可再次执行【启用】命令，将其打开。

图7-1-4 【删除】、【应用】、【停用】命令

注意　　1. 不能为背景图层或"全部锁定"的图层添加图层蒙版。

2. 按住Alt键，单击【图层】调板中的"添加图层蒙版"按钮 ▣ ，可为该图层添加一个黑色蒙版，即屏蔽全部。

3. 按住Shift键，单击图层蒙版缩览图，可停用图层蒙版；再次执行该操作，即可启用图层蒙版。

下面通过一个实例来对图层蒙版进行讲解。

实例解析7-1：岩石美女

❶ 执行【文件】→【打开】命令，或按"Ctrl+O"组合键，打开配套光盘，"第7章\素材\7-1"中的素材图片"美女.tif"，如图7-1-5所示。

7

② 按"Shift+Ctrl+U"组合键，将"图层1"去色，效果如图7-1-6所示。

③ 单击【图层】调板上的"添加图层蒙版"按钮 ，为该图层添加图层蒙版，并应用【画笔工具】 对蒙版进行编辑，使其效果如图7-1-7所示。

图7-1-5 打开素材"美女"

图7-1-6 将图层1去色

图7-1-7 编辑图层蒙版1

④ 执行【文件】→【打开】命令，或按"Ctrl+O"组合键，打开配套光盘，"第7章\素材\7-1"中的素材图片："纹理1.jpg"，如图7-1-8所示。

⑤ 选择工具箱中的【移动工具】 ，将素材拖移到当前文件中，并按"Ctrl+T"组合键，调整素材的大小、位置和角度，按Enter键确定，如图7-1-9所示。

⑥ 按"Shift+Ctrl+U"组合键，将该图层去色，效果如图7-1-10所示。

图7-1-8 打开素材"纹理1

图7-1-9将"纹理1"拖入当前文件中

图7-1-10 对当前图层去色处理

⑦ 在【图层】调板中设置"图层混合模式"为正片叠底，效果如图7-1-11所示。

⑧ 单击【图层】调板上的"添加图层蒙版"按钮 ，为该图层添加图层蒙版，并应用【画笔工具】 对蒙版进行编辑，使其效果如图7-1-12所示。

⑨ 执行【文件】→【打开】命令，或按"Ctrl+O"组合键，打开配套光盘，"第7章\素材\7-1"中的素材图片"纹理2.jpg"，如图7-1-13所示。

图7-1-11 调整"图层 混合模式"：正片叠底

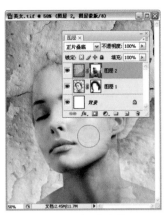

图7-1-12 编辑图层蒙版2

图7-1-13 打开素材"纹理2"

⑩ 选择工具箱中的【移动工具】 ，将素材拖移到当前文件中，并按"Ctrl+T"组合键，调整素材的大小和位置，按Enter键确定，如图7-1-14所示。

⑪ 在【图层】调板中设置"图层混合模式"为正片叠底，效果如图7-1-15所示。

⑫ 单击【图层】调板上的"添加图层蒙版"按钮 ，为该图层添加图层蒙版，并应用【画笔工具】 对蒙版进行编辑，使其效果如图7-1-16所示。

图7-1-14 将"纹理2"拖入当前文件中

图7-1-15 再次调整"图层混合模式"：正片叠底

图7-1-16 编辑图层蒙版3

⑬ 单击【图层】调板上的"创建新的填充或调整图层"按钮 ，在其快捷菜单栏中选择【色阶】命令，打开【色阶】对话框，设置其参数为33、1.26、255，如图7-1-17所示，单击"确定"按钮，此时【图层】调板中自动添加调整图层"色阶1"。

⑭ 调整图像【色阶】参数后，图像的效果如图7-1-18所示。

⑮ 单击【图层】调板上的"新建图层"按钮 ，新建"图层4"，设置前景色为紫色（R:193，G:170，B:177）。选择工具箱中的【画笔工具】 ，在如图7-1-19所示的位置进行涂抹。

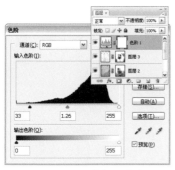

图7-1-17 设置【色阶】参数

图7-1-18 调整【色阶】后的效果

图7-1-19 绘制颜色：紫色

⑯ 在【图层】调板中设置"图层混合模式"为颜色，效果如图7-1-20所示。

⑰ 新建"图层5"，设置前景色为红色（R:217，G:82，B:53）。选择工具箱中的【画笔工具】 ✐ ，在眼睛位置进行涂抹，如图7-1-21所示。

⑱ 在【图层】调板中设置"图层混合模式"为柔光，效果如图7-1-22所示。

图7-1-20 调整"图层混合
模式"：颜色

图7-1-21 绘制颜色：红色

图7-1-22 调整"图层混合
模式"：柔光

⑲ 用同样的方法，为图像上色，制作出如图7-1-23所示的效果。

⑳ 新建图层，设置景色为橘色（R:255，G:162，B:0）。选择工具箱中的【画笔工具】 ✐ ，为嘴唇上色，如图7-1-24所示。

㉑ 在【图层】调板中设置"图层混合模式"为颜色，效果如图7-1-25所示。

图7-1-23 为图像上色

图7-1-24 为嘴唇上色

图7-1-25 再次调整"图层混合
模式"：颜色

㉒ 新建图层，设置景色为白色。选择工具箱中的【画笔工具】，在图像中绘制白色像素，增加层次感，最终效果如图7-1-26所示。参见配套光盘"第7章\源文件\7-1岩石美女.psd"。

图7-1-26 最终效果

7.1.2 矢量蒙版

矢量蒙版和路径有着很大的关系，它通过路径（比如【钢笔工具】或【形状工具】）创建遮罩，简单地说，就是路径包围的地方被遮盖，路径以外的地方显露。矢量蒙版与分辨率无关。

① 执行【图层】→【矢量蒙版】→【隐藏全部】/【显示全部】命令，在【路径】调板中会自动添加一个矢量蒙版。添加矢量蒙版后，就可以绘制显示形状内容的矢量蒙版，可以使用【形状工具】或【钢笔工具】直接在图像上绘制路径，如图7-1-27所示。

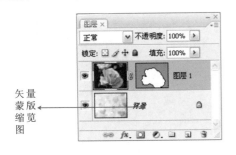

矢量蒙版缩览图

图7-1-27 添加矢量蒙版

② 当图像中已经建立了一个封闭的路径，并被选中时，【图层】→【矢量蒙版】菜单下的【当前路径】命令将被激活，如图7-1-28所示。执行该命令，图层上的图像将以此路径作为图像的显示部分创建一个矢量蒙版。如果当前的矢量蒙版不满意，可以单击【图层】调板上的矢量蒙版缩览图选中该矢量蒙版，然后使用【钢笔工具】调整当前路径。

图7-1-28 【当前路径】命令

③ 选中【图层】调板中的矢量蒙版，执行【图层】→【栅格化】→【矢量蒙版】命令，可将矢量蒙版转换为图层蒙版，如图7-1-29所示。即可用绘图工具对蒙版继续进行编辑。

矢量蒙版

图层蒙版

图7-1-29 将矢量蒙版转换为图层蒙版

下面通过一个实例来对矢量蒙版进行讲解。

注意

　　1. 矢量蒙版转换为图层蒙版后，无法再将其转换为矢量蒙版。

　　2. 矢量蒙版和图层蒙版可以共存，可以同时使用两种蒙版调整图像局部的不透明度。

　　3. 与图层蒙版一样，按住Shift键，单击矢量蒙版缩览图，可停用矢量蒙版；再次执行该操作，即可启用矢量蒙版。

实例解析7-2舞林皇后

① 执行【文件】→【打开】命令，或按"Ctrl+O"组合键，打开配套光盘，"第7章\素材\7-2"中的素材图片"舞台.tif"，如图7-1-30所示。

② 单击【图层】调板上的"新建图层"按钮 ，新建"图层1"，设置前景色为黑色，按"Alt+Delete"组合键，填充黑色，如图7-1-31所示。

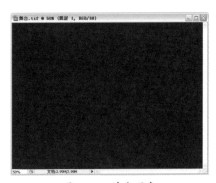

　　　图7-1-30 打开素材"舞台"　　　　　　　　　图7-1-31 填充黑色

③ 执行【图层】→【矢量蒙版】→【显示全部】命令，为图层添加一个矢量蒙版。选择工具箱中的【钢笔工具】 ，单击其属性栏上的"路径"按钮 ，选择"添加到路径区域" ，在窗口中绘制路径，效果如图7-1-32所示。

④ 选择【钢笔工具】 ，属性栏上"添加到路径区域" ，或按住Alt键，在窗口中绘制镂空部分的路径，效果如图7-1-33所示。

提示　　此时若对路径的形状不满意，可利用【钢笔工具】 继续进行绘制，或按住Ctrl键或Alt键，拖动摇柄，对路径进行微调。

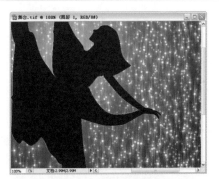

　　　图7-1-32 添加矢量蒙版　　　　　　　　　图7-1-33 编辑矢量蒙版

⑤ 按"Ctrl+J"组合键，为图层创建一个副本。按"Ctrl+T"组合键，打开【自由变换】调节框，单击鼠标右键，在其快捷菜单中选择【垂直翻转】命令，并调整其大小和位置，制作投影效果，如图7-1-34所示。

⑥ 新建"图层2"，选择工具箱中的【椭圆选框工具】 ○，在窗口中如图7-1-35所示的位置绘制椭圆选区。

图7-1-34 制作投影　　　　　　　　　　图7-1-35 绘制选区

⑦ 设置前景色为黄色（R:255，G:240，B:110），选择工具箱中的【渐变工具】 ▣，单击其属性栏上的"编辑渐变"按钮 ▣，打开【渐变编辑器】对话框，选择"预设"效果中的"前景到透明"，在窗口中拖动鼠标，为选区填充渐变色，并按"Ctrl+D"组合键取消选择，如图7-1-36所示。

⑧ 选择工具箱中的【移动工具】 ▶，按住Alt键，拖移图像到需要的位置，释放鼠标，复制出两个副本，效果如图7-1-37所示。

图7-1-36 填充选区　　　　　　　　　　图7-1-37 制作填充区域副本

⑨ 选择工具箱中的【横排文字工具】 T，在窗口中输入文字后得到最终效果如图7-1-38所示。参见配套光盘"第7章\源文件\7-2舞林皇后.psd"。

图7-1-38 最终效果

7.1.3 快速蒙版

快速蒙版是一种临时的蒙版，它其实是一种通道。进入快速蒙版后，会创建一个临时的图像屏蔽，同时会在【通道】调板中创建一个临时的Alpha通道以保护图像不被操作，而不处于蒙版范围的图像则可以进行编辑。快速蒙版作为一个8位的灰度图像来编辑，可使用绘画、选区、擦除、滤镜等各种编辑工具，建立更复杂的蒙版。

单击工具箱中的"以快速蒙版模式编辑"按钮，如图7-1-39所示，则可进入快速蒙版编辑状态；再次单击该按钮，则退出以快速蒙版模式编辑。按键盘上的"Q"键，可在两种模式间切换。双击该按钮，则会打开【快速蒙版选项】对话框，如图7-1-40所示，在该对话框中可以改变蒙版的颜色及其不透明度，以及有色部分所指示的目标。

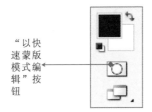

图7-1-39 "以快速蒙版模式编辑"按钮　　　图7-1-40 "快速蒙版选项"对话框

下面通过一个实例来对快速蒙版进行讲解。

实例解析7-3 撕碎的信纸

① 执行【文件】→【打开】命令，或按"Ctrl+O"组合键，打开配套光盘，"第7章\素材\7-3"中的素材图片"信纸.tif"，如图7-1-41所示。

② 选择工具箱中的【魔棒工具】，在窗口中白色的背景处单击鼠标，载入选区，如图7-1-42所示。

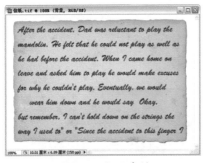
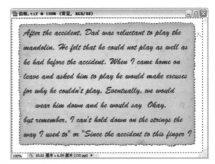

图7-1-41 打开素材　　　　　　　　　图7-1-42 载入选区

③ 按键盘上的"Q"键，进入快速蒙版编辑状态。选择工具箱中的【画笔工具】，将蒙版的边缘修齐，如图7-1-43所示。

④ 再次按键盘上的"Q"键，退出快速蒙版，得到一个较为精确的选区，按"Shift+Ctrl+I"组合键，将选区反向，选中信纸，如图7-1-44所示。

图7-1-43 编辑快速蒙版

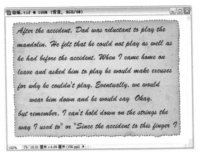

图7-1-44 选区反向

⑤ 按"Ctrl+J"组合键，复制选区图像到"图层1"。选择"背景"图层，将其填充为白色，如图7-1-45所示。

⑥ 选中"图层1"，选择工具箱中的【套索工具】 ，在窗口中随意绘制选区，如图7-1-46所示。

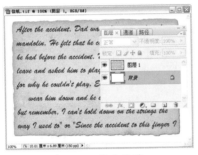

图7-1-45 填充背景

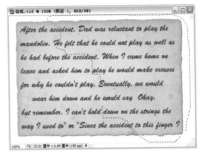

图7-1-46 绘制选区

⑦ 按键盘上的"Q"键，进入快速蒙版编辑状态，如图7-1-47所示。

⑧ 执行【滤镜】→【像素化】→【晶格化】命令，打开【晶格化】对话框，设置"单元格大小"为20，单击"确定"按钮，效果如图7-1-48所示。

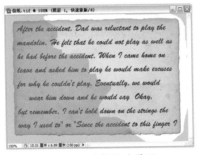

图7-1-47 编辑快速蒙版

图7-1-48 【晶格化】后的效果

⑨ 按键盘上的"Q"键，退出快速蒙版，得到一个边缘锯齿化的选区，如图7-1-49所示。

⑩ 按"Ctrl+T"组合键，打开【自由变换】调节框，微调图像的角度和位置，如图7-1-50所示，单击"确定"按钮，确认变换，并按"Ctrl+D"组合键，取消选择。

⑪ 在【图层】调板中双击"图层1"，打开【图层样式】对话框，选择"投影"复选框，单击"确定"按钮，最终效果如图7-1-51所示。参见配套光盘"第7章\源文件\7-3撕碎的信纸.psd"。

图7-1-49 退出快速蒙版

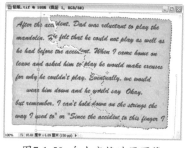
图7-1-50 自由变换选区图像

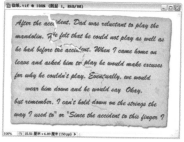
图7-1-51 最终效果

7.1.4 剪贴蒙版

创建"剪贴蒙版",可以执行【图层】→【创建剪贴蒙版】命令,或按住"Alt"键,在两个图层的连接处单击鼠标,如图7-1-52所示,即可创建一个剪贴蒙版,如图7-1-53所示。剪贴蒙版通过处于下方的图层的形状,对上方图层的显示状态作限制,从而使上方图层的显示范围不超过下方图层的实际范围,效果如图7-1-54所示。

图7-1-52 单击图层连接处

图7-1-53 创建剪贴蒙版

图7-1-54 剪贴蒙版效果

7.2 初识通道

通道在很多初学者看来是难以理解的,尽管很多书籍对通道的介绍数不胜数,但是由于通道应用的灵活性,还是让很多读者感到困惑,甚至觉得它有些神秘。那么,通道究竟是什么呢?可以很简单地理解它,其实通道就是一种选区。无论通道有多少种表示选区的方法,它终归还是选区。

7.2.1 通道的分类

在Photoshop CS3中有四种通道类型:一是复合通道,它是同时预览并编辑所有颜色通道的一个快捷方式。二是颜色通道,它们把图像分解成一个或多个色彩成分,图像的模式决定了颜色通道的数量,RGB模式有3个颜色通道,CMYK图像有4个颜色通道,灰度图只有1个颜色通道。三是专色通道,它是一种特殊的颜色通道,它可以使用除了青色、洋红、黄色、黑色以外的颜色来指定油墨印刷的附加印版。四是Alpha通道,它最基本的用处在于可将选择范围存储为8位灰度图像,并不会影响图像的显示和印刷效果。

比如RGB颜色模式的图像有3个默认的颜色通道,分别为红(R)、绿(G)、蓝(B);并可以在其【通道】调板中添加专色通道和Alpha通道,如图7-2-1所示。

注意 只有以支持图像颜色模式的格式(如PSD、PDF、PICT、TIFF或RAW等格式)存储文件时才能保留Alpha通道。以其他格式存储文件会导致通道信息丢失。

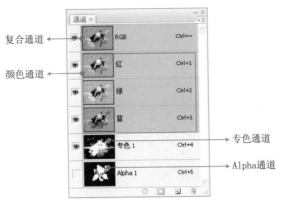

图7-2-1 RGB模式的【通道】调板

7.2.2 通道的作用

通道能记录图像的大部分信息，其作用大致有以下几点。

（1）记录选择的区域。在【通道】调板中，每个通道都是一个8位的灰度图像。其中，白色的部分表示所选的区域。

（2）记录不透明度。通道中黑色部分表示透明，白色部分表示不透明，灰色部分表示半透明。

（3）记录亮度。通道是以用256级灰阶来表示不同的亮度，灰色程度越大，亮度越低。

7.3 通道基本操作

利用【通道】调板可以对通道进行复制、分离、合并等基本操作。本节分别介绍这些操作方法。

7.3.1 通道调板

在【通道】调板中可通过调板前面的眼睛图标显示或隐藏通道。按住"Shift"键单击需要选择的通道，可同时选中多个通道。执行【窗口】→【通道】命令，可以显示【通道】调板，如图7-3-1所示。

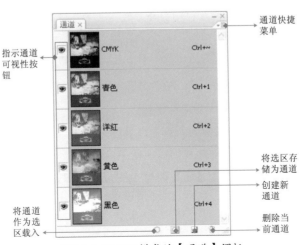

图7-3-1 CMYK模式的【通道】调板

【通道】调板上各参数的解释如下。

• 将通道作为选区载入 ○：可以将通道的内容以选区的方式表现，即将通道转换为选区。

□将选区存储为通道 ▢：单击该按钮，可将图像中的选区存储为一个新的Alpha通道。执行【选择】→【存储选区】命令，可达到相同目的。

□创建新通道 ▣：创建一个新的Alpha通道。

□删除当前通道 ▣：单击该按钮，可以删除当前选择的通道。拖动通道到该按钮释放，也可将其删除。

7.3.2 复制通道

Photoshop CS3中通道不仅可以在自身图像文件内进行复制，还可以将其复制到新建文件，或者其他打开的图像文件中。在【通道】调板中右键单击需要复制的通道，即可打开【复制通道】对话框，如图7-3-2所示。

图7-3-2 【复制通道】对话框

【复制通道】对话框中各参数的解释如下。

□复制为：根据用户的需要设置复制的通道的名称。

□文档：在其下拉列表中，陈列了所有在Photoshop CS3中打开的文件名称和一个"新建"选项。选择其中一个文件名称，即可将通道复制到相应的图像文件中；若选择"新建"选项，则会在Photoshop CS3中新建一个文件，同时将通道复制到此文件中。

□反相：复制该通道的反相内容。

1、将需要复制的通道拖移到"创建新通道"按钮 ▣ 上释放，则以默认的方式复制通道。

2、在【通道】调板上双击通道的名称，可对通道的名称进行修改。

7.3.3 分离通道

【分离通道】命令可以实现将图像的所有通道分别分离为一个单独的图像。分离通道只能针对已拼合的图像。

以RGB模式的图像为例，单击【通道】调板上的按钮 ▾☰，在其快捷菜单中执行【分离通道】命令，可将图像文件（如图7-3-3所示）的通道进行分离操作。通道被分离后，图像被自动关闭，随即分别打开的是该图像的三个颜色通道的8位灰度图像，系统将自动为分离的通道添加相应的后缀R、G、B，分别代表红、绿、蓝三个通道，如图7-3-4所示。

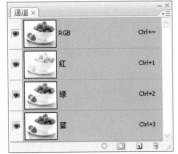

图7-3-3 分离通道前的源图像及其【通道】调板

① 红通道图像文件　　　　　② 绿通道图像文件　　　　　③ 蓝通道图像文件

图7-3-4 分离RGB图像的通道

 带有图层的图像不能分离通道，若要分离其通道，需先对其进行拼合图像操作。

7.3.4 合并通道

合并通道是分离通道的逆向操作，当图像执行了【分离通道】命令后，【合并通道】命令才会被激活。此时，只要单击【通道】调板上的按钮，在其快捷菜单中执行【合并通道】命令，可打开【合并通道】对话框，如图7-3-5所示。

【合并通道】对话框中各参数的解释如下。

▢模式：可以指定合并后图像的色彩模式。在其下拉列表中分别有RGB颜色、CMYK颜色、Lab颜色和多通道4个选项。

▢通道：在其文本框中，可以设置合并的通道数量。

若在"模式"下拉列表中选择RGB颜色选项，单击"确定"按钮，即打开【合并RGB通道】对话框，如图7-3-6所示。

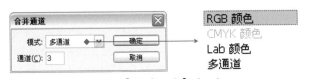

图7-3-5 【合并通道】对话框　　　　　图7-3-6 【合并RGB通道】对话框

注意　　1. 各源图像的分辨率和尺寸必须相同，才能进行合并通道操作。
　　　　　　2. 如果要以多通道模式进行合并，得到的所有通道都是Alpha通道

7.3.5　创建Alpha通道

　　Alpha 通道是 8 位灰度图像，可以将选区转换为黑白图像存放在Alpha通道中，而且并不对图像造成任何的影响，其中Alpha通道中的白色图像是存放的选区，黑色部分是未选择区域。

　　用以下几种方法，都可以创建一个Alpha通道。

　　（1）单击【通道】调板中的"创建新通道"按钮 。

　　（2）在图像上创建一个选区，单击"将选区存储为通道"按钮 ，将选区存储为通道，该通道为Alpha通道。

　　（3）单击【通道】调板上的按钮 ，在其快捷菜单中执行【新建通道】命令，打开【新建通道】对话框，如图7-3-7所示。可在"名称"文本框内，设置新通道的名称，单击"确定"按钮，即可创建一个Alpha通道。

　　（4）创建一个选区，执行【选择】→【存储选区】命令，打开【存储选区】对话框，如图7-3-8所示。

图7-3-7　【新建通道】对话框　　　　　　图7-3-8　【存储选区】对话框

7.3.6　创建专色通道

　　❶ 单击【通道】调板上的按钮 ，在其快捷菜单中执行【新建专色通道】命令，或按住"Ctrl"键单击"创建新通道"按钮 ，即可打开【新建专色通道】对话框，如图7-3-9所示。

　　【新建专色通道】对话框中各参数的解释如下。

　　☐名称：在其文本框中，可以设置新建专色通道的名称。

　　☐颜色：设置油墨的颜色。单击色块打开【拾色器】对话框，可选择油墨的颜色。

图7-3-9　【新建专色通道】对话框

　　☐密度：在该文本框中可以输入0~100%的数值来确定油墨的密度，数值越大颜色越不透明。"密度"只是用来在屏幕上显示模拟打印专色的密度，并不影响打印输出的效果。设置为100%时，模拟完全覆盖下层油墨的油墨（如金属质感油墨）；设置为0%时，模拟完全显示下层油墨的透明油墨（如透明光油）。也可以用该选项查看其他透明专色的显示位置。

　　❷ Alpha通道可转换为专色通道。选择一个Alpha通道，单击【通道】调板上的按钮 ，在其快捷菜单中执行【通道选项】命令，或在【通道】调板中双击Alpha通道的名称，可打开【通道选项】对话框，如图7-3-10所示。设置完毕后，单击"确定"按钮，即可将相应的Alpha通道转换为专色通道。

【通道选项】对话框中各参数的解释如下。

□名称：在该文本框中可以设置转换为专色通道后的名称。

□色彩指示：设置蒙版的显示选项。其中包括"被蒙版区域"、"所选区域"、"专色"。

□颜色：可设置专色的颜色和不透明度。

通过对通道的基本操作的学习，相信读者已经对通道有了自己的理解，并且掌握了一些使用的基本方法，下面通过一个实例介绍一种通道抠取发丝的方法。

图7-3-10 【通道选项】对话框

实例解析7-4 长发飘飘

① 执行【文件】→【打开】命令，或按"Ctrl+O"组合键，打开配套光盘，"第7章\素材\7-4"中的素材图片"秀发.tif"，如图7-3-11所示。

② 在【通道】调板，拖动"蓝"通道，到"创建新的通道"按钮 上释放，创建一个"蓝副本"通道。按"Ctrl+L"组合键，打开"色阶"对话框，设置参数为146、1、219，单击"确定"按钮，效果如图7-3-12所示。

图7-3-11 打开素材"秀发"

图7-3-12 编辑通道

③ 按住Ctrl键，单击"蓝副本"的通道缩览图，载入如图7-3-13所示的选区。

④ 按"Shift+Ctrl+I"组合键，将选区反相，如图7-3-14所示。

⑤ 单击复合通道RGB，选择【图层】调板。按"Ctrl+J"组合键，将选区内的图像复制到"图层1"，隐掉"背景"图层，观察图像，效果如图7-3-15所示。此时，发丝已被完整地抠取出来。

⑥ 显示并选择"背景"图层，选择工具箱中的【钢笔工具】 ，在窗口中绘制如图7-3-16所示的路径。

⑦ 按"Ctrl+Enter"组合键，将路径转换为选区，如图7-3-17所示。

⑧ 按"Ctrl+J"组合键，将选区内的图像复制到"图层2"，隐掉"背景"图层，观察图像，效果如图7-3-18所示。

图7-3-13 载入选区1   图7-3-14 反选选区2   图7-3-15 复制图像3

⑨ 选择工具箱中的【橡皮擦工具】 ，擦去"图层2"中头发镂空的部分，如图7-3-19所示。将"图层1"和"图层2"进行合并，得到抠取出来的人物。

图7-3-16 绘制路径   图7-3-17 载入选区2   图7-3-18 复制图像2

⑩ 换上自己喜欢的图片做背景，并根据图片的颜色，适当的调整人物的色彩，最终效果如图7-3-20所示。参见配套光盘"第7章\源文件\7-4长发飘飘.psd"。

图7-3-19 擦除多余像素   图7-3-20 最终效果

7.4 通道的计算

执行【图像】命令，在其菜单下陈列了3个与计算功能有关的命令，分别是【复制】、【应用图像】和【计算】命令，如图7-4-1所示。

3个有关"计算"的命令解释如下。

☐ 复制：产生一个当前文档的副本。

☐ 应用图像：在另一个文档的通道与当前文档之间应用计算功能。

图7-4-1 有关"计算"的命令

☐ 计算：两个通道之间的计算，可产生新的通道、文档或选区。

 通道计算功能是对两个通道中相对应的像素点进行运算，所以执行计算功能的两个文件必须具有完全相同的大小和分辨率。

7.4.1 应用图像

应用图像命令可以将源图像的图层和通道与目标图像的图层和通道通过计算使其混合。执行【图像】→【应用图像】命令，打开【应用图像】对话框，如图7-4-2所示。

【应用图像】对话框中各参数的解释如下。

☐ 源：其下拉列表中陈列了所有打开文档的名称，选择其中一幅图像与当前图像相混合。

☐ 图层：在其下拉列表中选择用源图像中的某个图层进行计算。如果没有图层，只能选择背景图层；如果有多个图层，其下拉列表中除了包含所有的图层外，还有一个合并的选项，表示选择源图像的所有图层。

☐ 通道：设置对源图像中的某个通道进行计算。勾选"反相"复选框，则是将源图像反相后再进行计算。

图7-4-2 【应用图像】对话框

☐ 混合：在此栏中选择下拉列表中的合成模式进行运算。该下拉列表中包含"相加"和"减去"两种与【图层】调板不同的混合模式，其作用是增加和减少不同通道中像素的亮度值。

☐ 不透明度：设置计算结果对源文件的影响程度，与【图层】调板中的"不透明度"作用相同。

☐ 保留透明区域：选择该复选框，只对非透明区域进行合并。

☐ 蒙版：若为目标设置了选取范围，可以勾选"蒙版"复选框，将图像的蒙版应用至目标图像中。通道、图层透明区域、快速遮罩都可以作为蒙版使用。

下面通过一个简单实例来理解【应用图像】命令。

实例解析7-5 星光熠熠

① 执行【文件】→【打开】命令，或按"Ctrl+O"组合键，打开配套光盘，"第7章\素材\7-5"中的素材图片"星光.tif"和"人相.tif"，如图7-4-3和图7-4-4所示。

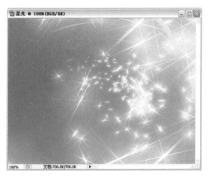

图7-4-3 素材图片"星光"

图7-4-4 素材图片"人相"

❷ 选择"人相"素材文件，执行【图像】→【应用图像】命令，打开【应用图像】对话框，设置"源"为星光.tif，"通道"为红，"混合"为叠加，单击"确定"按钮，最终效果如图7-4-5所示。参见配套光盘"第7章\源文件\7-5星光熠熠.psd"。

7.4.2 计算

使用【计算】命令，可以把一个或多个源图像的两个通道相混合，从而产生一个新的图像，或运用到当前图像新的通道或选区中。执行【图像】→【计算】命令，打开【计算】对话框，如图7-4-6所示。

图7-4-5 执行【应用图像】命令

图7-4-6 【计算】对话框

【计算】对话框中各参数的解释如下。

□源：可以分别在"源1"和"源2"的下拉列表中选择打开的文档。

□图层：在下拉列表中选择相应图层。

□通道：在下拉列表中选择相应通道。

□混合：在下拉列表中选择混合模式进行计算。

□蒙版：选项设置与在【应用图像】对话框中选择"蒙版"相同。

□结果：在下拉列表中指定一种混合结果；可以让用户确定合成的结果是保存在一个灰度的新文档中，还是保存在当前活动图像的新通道中，或者将合成的效果直接转换成选取范围。

【计算】命令与【应用图像】命令的区别在于以下三点。

（1）【应用图像】命令可以使用复合通道作运算，而【计算】命令只能使用图像的单一通道来作运算。

（2）【应用图像】命令的源图像只有一个，而【计算】命令允许有两个源图像。

（3）【应用图像】命令的计算结果会被加到图像的图层上，而【计算】命令的结果将存储为一个新的通道或建立一个全新的文件。

下面通过一个实例来讲解【计算】命令的使用方法。

实例解析7-6炫彩文字

①　执行【文件】→【打开】命令，或按"Ctrl+O"组合键，打开配套光盘，"第7章\素材\7-6"中的素材图片"文字.tif"，如图7-4-7所示。

②　在【图层】调板单击"图层1"缩览图，载入文字选区，并将"图层1"删除，如图7-4-8所示。

图7-4-7　打开素材

图7-4-8　载入选区

③　单击【通道】调板上的"将选区存储为通道"按钮 ，将选区存储为"Alpha1"，单击"Alpha1"，使其处于工作状态，如图7-4-9所示。

④　执行【滤镜】→【模糊】→【高斯模糊】命令，打开【高斯模糊】对话框，设置"半径"为7像素，效果如图7-4-10所示。

图7-4-9　存储选区

图7-4-10　设置【高斯模糊】参数

⑤　复制"Alpha1"通道，执行【滤镜】→【其他】→【位移】命令，打开【位移】对话框，设置参数为5、5，如图7-4-11所示。

⑥　执行【图像】→【计算】命令，打开【计算】对话框，分别对两个"源"的通道进行设置，设置"混合"为差值，如图7-4-12所示。

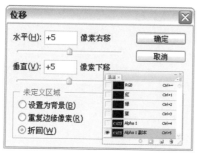

图7-4-11 设置【位移】参数

图7-4-12 设置【计算】参数

⑦ 应用【计算】命令后，计算的结果自动存储在新增的"Alpha2"中，效果如图7-4-13所示。

⑧ 按"Ctrl+F"组合键，执行上次的【位移】滤镜操作，再次执行【图像】→【计算】命令，打开【计算】对话框，分别对两个"源"的通道进行设置，设置"混合"为亮光，如图7-4-14所示。

图7-4-13 计算后的结果

图7-4-14 设置【计算】参数

⑨ 此时在"Alpha3"中生成新的结果，如图7-4-15所示。

⑩ 按"Ctrl+M"组合键，打开【曲线】对话框，并调整曲线参数，效果如图7-4-16所示。

图7-4-15 计算后的结果

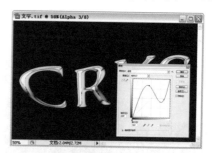

图7-4-16 设置【曲线】参数

⑪ 按住Ctrl键，单击"Alpha3"的图层缩览图，载入选区。单击【图层】调板上的"创建新图层"按钮 🔲 ，新建"图层1"，并填充选区为白色，如图7-4-17所示。按"Ctrl+D"取消选择。

⑫ 按住Ctrl键，单击【图层】调板上的"创建新图层"按钮 🔲 ，在"图层1"下方新建"图层2"。按D键，复位前景色和背景色为默认，按"Alt+Delete"组合键填充后，执行【滤镜】→【渲染】→【云彩】命令，效果如图7-4-18所示。

图7-4-17 填充选区

图7-4-18 云彩效果

⑬ 执行【滤镜】→【风格化】→【照亮边缘】命令，打开【照亮边缘】对话框，设置参数为1、20、15，单击"确定"按钮，效果如图7-4-19所示。

⑭ 按"Ctrl+L"组合键，打开【色阶】对话框，设置参数为8、1、157，确认后效果如图7-4-20所示。

图7-4-19 照亮边缘效果

图7-4-20 调整【色阶】后的效果

⑮ 于文字上方新建"图层3"，选择工具箱中的【画笔工具】 ，绘制星星点点的装饰效果，如图7-4-21所示。

⑯ 新建"图层4"，设置"图层混合模式"为叠加。选择工具箱中的【渐变工具】 ，单击其属性栏上的"编辑渐变"按钮 ，在"预设"中选择"色谱"，单击"径向渐变"按钮，在窗口中拖动鼠标，填充渐变色，最终效果如图7-4-22所示。参见配套光盘"第7章\源文件\7-6炫彩文字.psd"。

图7-4-21 绘制装饰

图7-4-22 最终效果

第8章
路　　径

路径是Photoshop中矢量图形的代表。在Photoshop中，通常都使用路径来描绘矢量效果的图像。除了可以绘制矢量图形，灵活地应用路径，还可以建立复杂的选区。

在本章中，读者应该掌握各种路径工具的使用方法，能够应用各种路径工具建立路径，尤其要熟练掌握钢笔工具的使用方法，以及填充路径、描边路径等常用的基本操作。

8.1 路径基本概念

路径是以贝赛尔曲线创建的一个矢量图形，它可以是闭合的也可以是不闭合的。路径拥有矢量图形的特质，它与分辨率无关。在Photoshop CS3中，一条完整的路径是由路径线、锚点、方向句柄三个部分组成。路径线的曲度由方向句柄决定。方向句柄不仅控制路径线的曲度，还控制路径线的切线方向。若方向句柄被拉长，曲线将随拉长的程度而相应地变平；缩短方向句柄的长度，则曲线将随缩短的程度而相应地变尖。

如图8-1-1所示的是构成路径的基本要素。

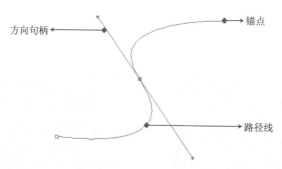

图8-1-1 路径构成基本要素

路径构成基本要素的解释如下。

- 锚点：组成路径的端点。
- 方向句柄：方向句柄是由锚点引出的曲线的切线，其倾斜度控制曲线的弯曲方向，长度则控制曲线的弯曲幅度。

角点、平滑点、拐点、直线段、曲线段是路径的重要构成要素，如图8-1-2所示。

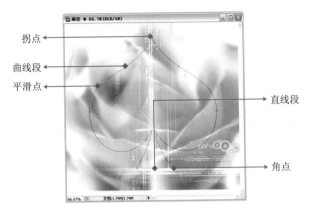

图8-1-2 路径构成示意图

路径构成的重要要素的解释如下。

- 角点：路径中两条线段的交点。
- 平滑点：带方向句柄的平滑锚点。
- 拐点：将平滑点转换成带有两个独立方向句柄的角点即为拐点。
- 直线段：使用【钢笔工具】在两个不同的位置单击鼠标，将在两点之间创建一条直线段。
- 曲线段：拖动两个角点形成两个平滑点，位于平滑点之间的线段就是曲线段。
- 闭合路径：路径的起点和终点重合。
- 开放路径：路径的起点和终点不重合。

8.2 路径操作工具

创建路径通常会使用到【钢笔工具】 ◊ 、【自由钢笔工具】 ◊ 和【形状工具】，修改路径通常会使用到【添加锚点工具】 ◊⁺ 、【删除锚点工具】 ◊⁻ 、【转换点工具】 ◣ 【路径选择工具】 ◥ 和【直接选择工具】 ◤ 。

8.2.1 钢笔工具

选择工具箱中的【钢笔工具】 ◊ ，其属性栏如图8-2-1所示。

钢笔工具

钢笔选项

□ 橡皮带

图8-2-1 【钢笔工具】属性栏

【钢笔工具】 ◊ 属性栏上的各项参数解释如下。

- 形状图层 ▢：利用【钢笔工具】 ◊ 创建形状图层，【图层】调板自动添加一个新的形状图层。
- 路径 ▨：按下该按钮后，使用形状工具或钢笔工具绘制的图形，只产生工作路径，不产生形状图层和填充色。
- 填充像素 ▢：将创建的图形以像素填充到图层。此项在【钢笔工具】 ◊ 属性栏中不可用。
- 橡皮带：勾选此复选框，绘制路径时，会出现一条虚拟的辅助线段。

- 自动添加/删除：勾选该复选框，在创建路径的过程中光标有时会自动变成 或 ，提示用户增加或删除锚点。

　　使用【钢笔工具】 绘制路径，首先要在属性栏上单击"路径"按钮 ，在画布中单击鼠标，即可绘制一个路径锚点，如图8-2-2所示，当在画布中绘制第二个锚点时，两个锚点之间将会出现一条直线路径，如图8-2-3所示。

图8-2-2　绘制第一个锚点　　　　　图8-2-3　绘制第二个锚点

　　使用该工具，不但可以绘制直线路径，而且还能绘制曲线路径，例如，在画布中绘制了一个锚点路径，当绘制第二个锚点时按住鼠标左键不放，同时拖动鼠标，将会出现180度的平行方向句柄，绘制的曲线路径如图8-2-4所示。在选择【钢笔工具】 的情况下，按住"Ctrl"键不放，可将工具转换为【直接选择工具】 ，拖动路径的方向句柄，即可对曲线路径进行调整，如图8-2-5所示。松开"Ctrl"键，可恢复到选择的【钢笔工具】 。当按住"Alt"键时，工具将自动转换为【转换点工具】 ，通过此工具可以将平行方向句柄折断为两个独立的句柄，任意调整其中一个方向句柄，也不会对另一方向句柄产生任何影响，如图8-2-6所示。

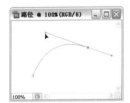  

图8-2-4　绘制曲线路径　　　图8-2-5　调整平行方向句柄　　　图8-2-6　调整独立的方向句柄

　　运用【钢笔工具】 ，可以绘制直线和曲线路径，同时还能绘制闭合的路径，当光标移动到起始锚点时，光标将自动变为带有圆圈的钢笔 ，此时单击鼠标，即可绘制闭合的路径，如图8-2-7所示。

　　单击属性栏上的"形状图层"按钮 ，此时在画布中绘制的路径将是具有"前景色"和"矢量蒙版"的形状图形，如图8-2-8所示。绘制形状以后，可以通过属性栏上的"样式"下拉按钮 样式：，添加形状的图层样式。单击属性栏上的"颜色"按钮 颜色：，即可打开【拾取实色】对话框，在此对话框中可以更改形状的颜色。

图8-2-7　闭合路径　　　　　　图8-2-8　绘制形状

　　如图8-2-9所示是应用【钢笔工具】 创作的图像。

图8-2-9 应用【钢笔工具】创作的图像

8.2.2 自由钢笔工具

选择工具箱中的【自由钢笔工具】，其属性栏如图8-2-10所示。使用该工具可以创建不规则的、任意形状的路径。

自由钢笔工具

图8-2-10 【自由钢笔工具】属性栏

"自由钢笔选项"中的各项参数解释如下。

- 曲线拟合：其文本框中可输入的数字范围是0.5~10，数字越大，形成路径上的锚点越少；数字越小，形成路径上的锚点越多。

- 磁性的：选中该复选框后，软件自动查找图像的边缘，并沿着图像的边缘绘制路径。其工作原理与【磁性套索工具】工具相同，只是前者建立的是选区，后者建立的是路径。

- 宽度：设置【自由钢笔工具】自动查找边缘的距离范围，其范围为1~40像素。

- 对比：设置自由钢笔工具查找边缘的敏感度。数字越大，敏感度越低，其范围为1%~100%。

- 频率：设置【自由钢笔工具】生成控制点的数量，其范围为0~100。

使用【自由钢笔工具】，在画布中任意拖动鼠标，即可自由绘制路径，如图8-2-11所示。在属性栏上勾选"磁性的"复选框，【自由钢笔工具】的光标将变为带有磁铁形状的钢笔，此时的工具与【磁性套索工具】的运用基本相同，可以自动捕捉图像边缘，沿着图形创建锚点和路径，如图8-2-12所示。

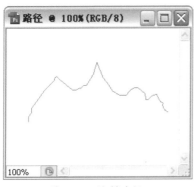
图8-2-11 绘制路径

图8-2-12 沿着图形边缘创建锚点和路径

8.2.3 矩形工具

在形状工具组中包含【矩形工具】▢、【圆角矩形工具】▢、【椭圆工具】◯、【多边形工具】、【直线工具】＼、【自定形状工具】☁6个工具。

选择工具箱中的【矩形工具】▢，其属性栏如图8-2-13所示。

矩形工具

图8-2-13 【矩形工具】属性栏

"矩形选项"中的各项参数解释如下。

- 不受约束：选中该单选按钮，可绘制宽、高尺寸不受限制的矩形。
- 方形：选中该单选按钮，可绘制正方形。
- 固定大小：选中该单选按钮，用于绘制固定宽、高尺寸的矩形。右侧的W、H文本框分别用于设置矩形的宽度和高度。
- 比例：选中该单选按钮，用于绘制固定宽、高比例的矩形。其右侧的W、H文本框分别用于设置矩形的宽度与高度的比例。
- 从中心：勾选该复选框，在绘制矩形时，拖动鼠标放大缩小都是基于中心点的。
- 对齐像素：勾选该复选框，绘制矩形时使边贴合像素边缘。

使用该工具在窗口中拖动鼠标，即可绘制矩形路径，如图8-2-14所示。

单击属性栏上的"几何选项"下拉按钮 ▾，打开"矩形选项"下拉菜单，例如，选择其中的"方形"选项，则绘制的路径将是正方形路径，如图8-2-15所示；

选择"固定大小"选项，分别设置"W"为1厘米，"H"为2厘米，此时在画布中单击鼠标，即可绘制"高"为2厘米，"宽"为1厘米的固定路径，如图8-2-16所示；

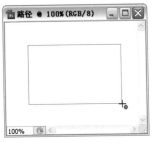
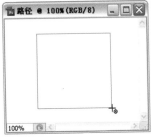
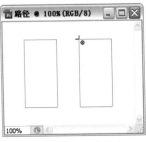

图8-2-14 矩形路径　　　　图8-2-15 正方形路径　　　　图8-2-16 固定路径

选择"比例"选项，设置"W"为2，"H"为1，此时在画布中拖动鼠标，即可绘制"宽"和"高"为"2:1"的比例路径，如图8-2-17所示；

如果在"矩形选项"下拉菜单中，勾选"从中心"复选框，在画布中拖动鼠标，绘制的路径将以起始点为中心向四周展开，绘制的同心矩形路径如图8-2-18所示。

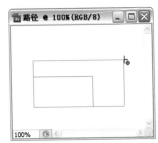
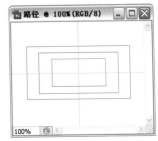

图8-2-17 比例路径　　　　　图8-2-18 同心矩形路径

8.2.4 圆角矩形工具

选择工具箱中的【圆角矩形工具】，其属性栏如图8-2-19所示。"半径"选项用于设置圆角的半径，数值越小，圆角越尖锐。

圆角矩形工具

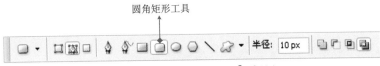

图8-2-19 【圆角矩形工具】属性栏

使用该工具在窗口中拖动鼠标，即可绘制圆角矩形路径，如图8-2-20所示。属性栏上的"半径"设置默认为10px，如果要想绘制出的圆角矩形路径的四角弧度大，即可扩大属性栏上的半径数值，将"半径"设置为50px，在画布中拖动鼠标，绘制的圆角矩形路径如图8-2-21所示。

单击属性栏上的"几何选项"下拉按钮，打开"圆角矩形选项"下拉菜单，如图8-2-22所示。在此菜单中的各项选项以及功能与"矩形选项"是完全相同的，通过菜单中的选项，可以绘制出正方形圆角、固定大小圆角、比例圆角、同心圆角等路径。

8.2.5 椭圆工具

选择工具箱中的【椭圆工具】，其属性栏如图8-2-23所示。

图8-2-20 默认圆角矩形路径　　图8-2-21 弧度大的圆角矩形路径　　图8-2-22 "圆角矩形选项"下拉菜单

图8-2-23 【椭圆工具】属性栏

使用该工具在窗口中拖动鼠标，即可绘制椭圆路径，如图8-2-24所示。在窗口中按住"Shift"键拖动鼠标，可以绘制正圆路径，如图8-2-25所示。其属性栏与"矩形工具"、"圆角矩形工具"的属性栏基本相同，单击属性栏上的"几何选项"下拉按钮 ，可以打开"椭圆选项"下拉菜单，如图8-2-26所示。通过此菜单同样可以绘制出正圆、固定大小圆、比例圆、同心圆等路径。

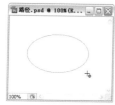  

图8-2-24 椭圆路径　　　　　图8-2-25 正圆路径　　　　图8-2-26 "椭圆选项"下拉菜单

8.2.6 多边形工具

选择工具箱中的【多边形工具】 ，其属性栏如图8-2-27所示。

图8-2-27 【多边形工具】属性栏

【多边形工具】属性栏和"多边形选项"中的各项参数解释如下。

- 边：设置多边形的边数。
- 半径：设置多边形的中心点到顶点的距离，能够决定多边形路径的固定大小。
- 平滑拐角：各边之间实现平滑过渡。

- 星形：绘制星形。
- 缩进边依据：使多边形的各边向内凹进，形成星形状。
- 平滑缩进：使圆形凹进代替尖锐凹进。

　　使用【多边形工具】 ⬡ ，其属性栏上的"边"默认设置为5，表示当前绘制的多边形路径为"五边形"，在窗口中拖动鼠标，即可绘制路径如图8-2-28所示。单击属性栏上的"几何选项"下拉按钮 ▾ ，打开"多边形选项"下拉菜单，在此菜单中勾选"星形"复选框，并设置"缩进边依据"为50%，在窗口中拖动鼠标，将绘制出"五角星"路径，如图8-2-29所示。如果勾选"平滑拐角"和"星形"复选框，在窗口中拖动鼠标，此时将绘制出拐角平滑的五角星路径，如图8-2-30所示。

图8-2-28 绘制多边形路径　　　　图8-2-29 "五角星"路径　　　　图8-2-30 "平滑五角星"路径

8.2.7 直线工具

　　选择工具箱中的【直线工具】 ╲ ，其属性栏如图8-2-31所示。

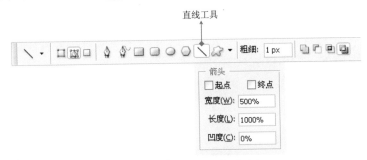

图8-2-31 【直线工具】属性栏

　　【直线工具】属性栏和"箭头"中的各项参数解释如下。

- 粗细：设置直线的粗细。
- 起点：选中该复选框，在直线的起点处添加箭头。
- 终点：选中该复选框，在直线的终点处添加箭头。
- 宽度：设置箭头宽度与直线宽度的比例。
- 长度：设置箭头长度与直线宽度的比例。
- 凹度：设置箭头最宽处的凹凸程度，正值为凹，负值为凸。

　　使用【直线工具】 ╲ ，在窗口中拖动鼠标，即可绘制直线路径，通过属性栏上的"粗细"参数设置，可以绘制不同粗细的直线路径，如图8-2-32所示。单击属性栏上的"几何选项"下拉按钮 ▾ ，打开"箭头"下拉菜单，如图8-2-33所示，对此下拉菜单中的参数分别进行设置，可以绘制出多种不同的箭头路径，如图8-2-34所示。

图8-2-32 粗细不同的直线路径

图8-2-33 "箭头"下拉菜单

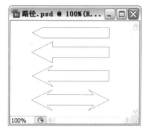
图8-2-34 多种不同的箭头路径

8.2.8 自定形状工具

选择工具箱中的【自定形状工具】，其属性栏如图8-2-35所示。"形状"下拉列表中陈列了一些软件中自带的预设形状，可供用户选择使用。

自定形状工具

图8-2-35 【自定形状工具】属性栏

使用【自定形状工具】，单击属性栏上"形状"下拉按钮，打开"形状"下拉列表，如图8-2-36所示，单击列表右上方的"三角"按钮，可以打开快捷菜单，在此菜单中可以添加形状路径，如果在菜单中选择"全部"选项，系统将弹出如图8-2-37所示的询问对话框，单击"确定"按钮，即可将软件中自带的形状路径全部陈列在"形状"下拉列表中，单击其中形状图案，在窗口中拖动鼠标，即可绘制形状路径，如图8-2-38所示。

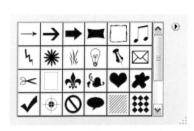
图8-2-36 "形状"下拉列表

图8-2-37 添加形状路径

图8-2-38 绘制形状路径

8.2.9 编辑路径工具

完成路径的绘制后，若对路径的形态不满意，可以通过应用编辑路径的工具，调整或修改绘制好的路径。编辑路径工具包含【添加锚点工具】、【删除锚点工具】、【转换锚点工具】、【路径选择工具】和【直接选择工具】。

绘制一条路径，如图8-2-39所示。选择【添加锚点工具】，或选择【钢笔工具】，贴近路径，当鼠标变成 ，在路径上单击鼠标，可在相应的位置上添加新的锚点，如图8-2-40所示。选择【删除锚点工具】，或选择【钢笔工具】，贴近锚点，当鼠标变成，单击鼠标即可将其删除，如图8-2-41所示。

图8-2-39 原路径

图8-2-40 添加锚点

图8-2-41 删除锚点

选择【转换锚点工具】，或选择【钢笔工具】，贴近锚点，按住"Ctrl+Alt"组合键，当鼠标变成，通过单击或拖动鼠标来改变路径的形状，如图8-2-42所示。【转换锚点工具】可以使角点变成平滑点，平滑点变成角点。

选择【路径选择工具】，可以单击或拖动鼠标，来选择或改变整个路径的位置，如图8-2-43所示。选择【直接选择工具】，或选择【钢笔工具】，按住Ctrl键，当鼠标变成，可以单击或拖动鼠标，来选择或改变单个锚点的位置，如图8-2-44所示。

图8-2-42 转换锚点

图8-2-43 选择路径

图8-2-44 直接选择

8.3 路径基本操作

8.3.1 路径调板

在【路径】调板中，可以存放绘制的路径，如果要查看路径或是编辑存放的某个路径，必须先选择需要查看的路径名。通过存放的路径，可以对路径进行"用前景色填充路径"、"用画笔描边路径"、"将路径作为选择载入"、"从选区生成工作路径"等操作。

执行【窗口】→【路径】命令，打开【路径】调板，如图8-3-1所示。

【路径】调板上各种按钮的解释如下。

• 用前景色填充路径：将路径所包围的部分，使用当前设置的前景色填充。

• 用画笔描边路径：使用当前绘制工具及前景色为路径描边。

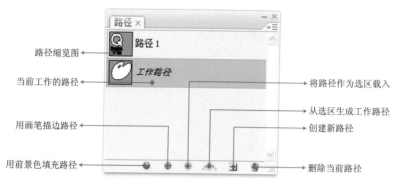

图8-3-1 【路径】调板

- 将路径作为选区载入：将当前路径转化为选区。

- 从选区生成工作路径：将当前选区转化为路径。

- 创建新路径：创建一个新的路径。

- 删除当前路径：将当前处于工作状态的路径删除。

- 路径缩览图：路径形态的预览图像。

- 当前工作的路径：当前用路径创建工具在图像中建立的路径，并未对其进行路径存储，将在 【路径】调板中用斜体显示"工作路径"。当重新建立一个路径时，"工作路径"中的路径 也随之发生变化。

8.3.2 创建新路径

创建新路径的方法有：

（1）通过应用【钢笔工具】 ⒧ 或任意形状工具，如【矩形工具】▢、【椭圆工具】◯ 等，在图像中绘制路径，则在【路径】调板中自动添加斜体的"工作路径"，如图8-3-2所示。在 【路径】调板中只能允许有一个"工作路径"，此类路径与其他方式创建的路径有所不同，此类 路径是存放的当前绘制的路径，如果在未选中"工作路径"的情况下，在画布中重新绘制路径， 那么上一次"工作路径"中存放的路径，将被当前重新绘制的路径所替换。双击"工作路径"， 可以将此类路径转换为"路径1"。

（2）单击【路径】调板上的"创建新路径"按钮，在路径调板中新增空白的"路径1"，如 图8-3-3所示。

（3）单击【路径】调板上的 ⬚ 按钮，在其快捷菜单中执行【新建路径】命令，打开【新 建路径】对话框，如图8-3-4所示。在其"名称"文本框中输入名称，单击"确定"按钮即可。

图8-3-2 通过路径工具创建新路径

图8-3-3 单击"创建新路径"按钮

图8-3-4 【新建路径】对话框

8.3.3 存储路径

"工作路径"是一种临时性的路径，当在图像中用路径工具绘制其他路径的时候，"工作路径"中的路径将被替换。在需要的情况下，应该对"工作路径"中的路径进行存储，以备以后使用。

存储路径的方法有以下三种。

（1）单击【路径】调板上的 按钮，在其快捷菜单中执行【存储路径】命令，打开【存储路径】对话框，如图8-3-5所示。在其"名称"文本框中输入名称，单击"确定"按钮即可。

（2）在【路径】调板中，双击"工作路径"，打开【存储路径】对话框，在其"名称"文本框中输入名称，单击"确定"按钮即可。

（3）在【路径】调板中，将"工作路径"拖移到"创建新路径"按钮 上释放，系统会自动为其命名为默认名称，如"路径1"、"路径2"。

8.3.4 复制路径

复制路径的方法有以下两种。

（1）单击【路径】调板上的 按钮，在其快捷菜单中执行【复制路径】命令，打开【复制路径】对话框，如图8-3-6所示。输入路径名称即可复制路径。

图8-3-5 【存储路径】对话框　　　　图8-3-6 【复制路径】对话框

（2）在【路径】调板中，将需要复制的路径拖移到"创建新路径"按钮 上释放，系统会自动为其命名为"图层名称　副本"。

8.3.5 删除路径

在选中路径的情况下，可以将路径删除，方法有以下三种。

（1）单击【路径】调板上的 按钮，在其快捷菜单中执行【删除路径】命令，即可将所选的路径删除。

（2）在【路径】调板上，选择需要删除的路径，单击【路径】调板上的"删除当前路径"按钮 ，即可删除所选的路径。

（3）在【路径】调板上将需要删除的路径直接拖移到"删除当前路径"按钮 上释放，即可删除该路径。

8.3.6 路径与选区间的转换

路径转换为选区，方法如下。

（1）在【路径】调板上，选择需要转换的路径，单击【路径】调板上的"将路径作为选区载入"按钮 ，即可将该路径转为选区。

（2）单击【路径】调板上的 按钮，在其快捷菜单中执行【建立选区】命令，打开【建立选区】对话框，如图8-3-7所示。在"羽化半径"的文本框中，可以设置建立选区的羽化程度。

图8-3-7 【建立选区】对话框

例如，在图像中绘制路径如图8-3-8所示，单击【路径】调板上的 按钮，在其快捷菜单中执行【建立选区】命令，打开【建立选区】对话框，设置对话框的"羽化半径"为0，单击"确定"按钮，转换的选区如图8-3-9所示；当设置的"羽化半径"为80时，转换的选区如图8-3-10所示。

图8-3-8 源路径

图8-3-9 转换为"羽化半径"为0的选区

图8-3-10 转换为"羽化半径"为80的选区

选区转换为路径，方法如下。

（1）单击【路径】调板上的"从选区生成工作路径"按钮 ，即可将选区转为路径。

（2）单击【路径】调板上的 按钮，在其快捷菜单中执行【建立工作路径】命令，打开【建立工作路径】对话框，如图8-3-11所示。设置"容差"值越大，产生的锚点越少，路径越平滑。单击"确定"按钮，即可将选区转化为路径。

图8-3-11 【建立工作路径】对话框

例如，在图像中绘制了选区如图8-3-12所示，单击【路径】调板上的 按钮，在其快捷菜单中执行【建立工作路径】命令，打开【建立工作路径】对话框，并且设置"容差"为2，单击"确定"按钮，转换的路径如图8-3-13所示，当"容差"设置为8时，转换的路径如图8-3-14所示。

图8-3-12 源选区

图8-3-13 转换为"容差"2的路径

图8-3-14 转换为"容差"8的路径

8.3.7 填充路径

（1）单击【路径】调板上的"用前景色填充路径"按钮 ，即可用当前设置的前景色填充当前的路径。

（2）单击【路径】调板上的 按钮，在其快捷菜单中执行【填充路径】命令，打开【填充路径】对话框，如图8-3-15所示。在"使用"下拉列表中可以设置填充的方式；在"模式"下拉列表中可设置其混合模式，单击"确定"按钮，将使用设置的方式填充路径包围的区域。

图8-3-15 【填充路径】对话框

例如，在图像中绘制路径如图8-3-16所示，设置"前景色"为黄色，单击【路径】调板上的"用前景色填充路径"按钮 ，填充路径的效果如图8-3-17所示。如果单击【路径】调板上的 按钮，执行【填充路径】命令，打开【填充路径】对话框，在对话框中设置"使用"为图案，并在"自定图案"中选择"绸光"图案，设置"模式"为强光，单击"确定"按钮，则用图案填充路径后的效果，如图8-3-18所示。

图8-3-16 源路径

图8-3-17 前景色填充路径

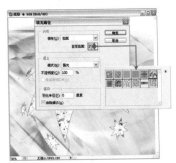

图8-3-18 图案填充路径

8.3.8 描边路径

（1）单击【路径】调板上的 按钮，在其快捷菜单中执行【描边路径】命令，打开【描边路径】对话框，如图8-3-19所示。勾选"模拟压力"复选框，可模拟压感笔的效果，描边的效果为中间粗、两头细。单击"确定"按钮，将使用设置的工具为路径描边。

> **注意** 将开放路径转换为选区后，路径的起始点直接相连，形成一个封闭的选取范围。

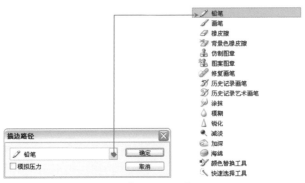

图8-3-19 【描边路径】对话框

（2）在工具箱中选择用于描边路径的工具，属性栏上调整笔触的大小，确定描边的粗细，在【路径】调板中单击"用前景色描边路径"按钮 ○，即可对路径进行描边。

例如，在图像中绘制路径如图8-3-20所示，首先选中工具箱中的【画笔工具】 ✎，设置"画笔"大小为尖角5像素，设置"前景色"为白色，然后单击【路径】调板下方的"用前景色描边路径"按钮 ○，将使用画笔描边路径为白色，效果如图8-3-21所示；如果单击【路径】调板上的 ☰ 按钮，在其快捷菜单中执行【描边路径】命令，打开【描边路径】对话框，在对话框中设置为"画笔"，并勾选"模拟压力"复选框，单击"确定"按钮，描边路径后的效果，如图8-3-22所示。

图8-3-20 源路径

图8-3-21 用画笔描边路径

图8-3-22 勾选"模拟压力"描边路径

> **注意** 使用工具描边路径，该工具当前设置的不透明度、笔触直径、硬度等都将直接影响到描边效果。

第9章
文字处理

文字在图像处理中往往都是与其密不可分的，尤其在广告的制作上，文字起到了重要的作用，是其重要的构成部分。在优秀的作品中，文字的适当使用往往对画面起到画龙点睛的作用，也完美地修饰了画面中空缺的部分。

本章讲解有关文字处理的基本操作方法，将对创建文字、文字调板、文字变形、文字与路径等进行详细的讲解。

9.1 文字的基础应用

本节讲解应用文字工具创建文字，通过【字符】调板和【段落】调板调整文字的属性，首先来了解一下文字与图层的关系。

当应用文字工具在图像中创建文字时，会在【图层】调板中自动产生一个文字图层，如图9-1-1所示。文字图层是一个独立的图层，它有矢量特性，可以在输入文字后，对其进行缩放。在文字图层上无法进行像素性质的编辑，也无法使用滤镜。

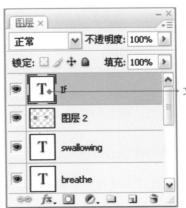

文字图层

图9-1-1 文字及其图层

9.1.1 创建点文字

点文字是一种不会自动换行的文字，通常用于简短文字输入，选择工具箱中的【横排文字工具】T 或【直排文字工具】IT，在图像窗口中任意位置单击鼠标，即出现字符输入光标，此时即可输入横排或者竖排的文字，文字工具的属性栏如图9-1-2所示，其中输入文字后，单击属性栏中的"提交所有当前编辑"按钮 ✓，即可确认输入。

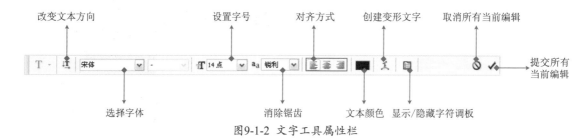

图9-1-2 文字工具属性栏

- 改变文本方向：单击该按钮，可以将文字在水平或垂直方向转换。

- 选择字体：选择输入文字所用的字体。

- 选择字型：可以在其下拉菜单中设置输入文字使用的字体形态。

- 设置字号：设置文本大小，在其下拉菜单中可以选择需要的字号，也可以在其文本框中直接输入文字字号。

- 消除锯齿：设置文字消除锯齿的方式，其中包含"无"、"锐化"、"明晰"、"强"和"平滑"5种方式。

- 对齐方式：当选择 T 和 ⁀ 工具时，对齐方式按钮显示为 ▤▤▤，分别表示左对齐、水平中心对齐和右对齐；当选择 IT 和 ⁀ 工具时，对齐方式按钮显示为 ▥▥▥，分别表示顶对齐、垂直中心对齐和底对齐。

- 文本颜色：决定输入文字的颜色。单击此色块，可以在打开的"拾色器"对话框中修改选择文字的颜色。

- 创建变形文字：设置输入文字的变形效果。

- 显示/隐藏字符调板：单击此按钮，可显示或隐藏【字符】和【段落】调板。

- 取消所有当前编辑：在选择文字工具后尚未进行输入时，该按钮将不会在属性栏中显示。当输入文字后，单击此按钮，即可取消创建的文字。

- 提交所有当前编辑：在选择文字工具后尚未进行输入时，该按钮将不会在属性栏中显示。当输入文字后，单击此按钮，即可确认创建的文字。

9.1.2 创建段落文字

选择工具箱中的【横排文字工具】T 或【直排文字工具】IT，按住鼠标左键不放，在窗口中拖动鼠标，创建一个段落文本框，并且在段落文本框内输入文字，即可创建段落文字。段落文字与点文字的不同之处在于段落文字会根据所创建的文本框的宽度进行自动换行。当需要创建大量文字的时候，应用这种方法非常快捷方便。

下面通过一个实例来讲解创建段落文字。

① 执行【文件】→【打开】命令，或按"Ctrl+O"组合键，打开配套光盘，"第9章\素材\9-1"中的素材图片"书籍.jpg"，如图9-1-3所示。

② 选择工具箱中的【横排文字工具】 ⊤ ，按住鼠标左键不放，在窗口中拖动鼠标，创建一个段落文本框，如图9-1-4所示。

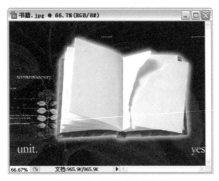

图9-1-3 打开素材图片

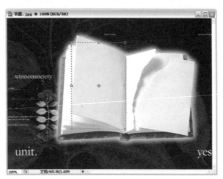

图9-1-4 创建段落文本框

③ 在段落文本框内输入文字，即可创建段落文字，如图9-1-5所示。

④ 将鼠标移至文本框的边界节点处，当鼠标箭头变为"左右" ↔ 、"上下" ↕ 或"斜角" ↖ 时，此时按住鼠标左键拖动节点，即可对文本框的长宽进行调整，如图9-1-6所示。

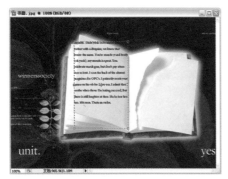

图9-1-5 输入文字

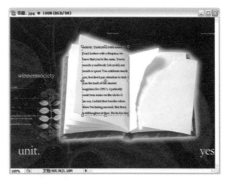

图9-1-6 调整文本框的大小

⑤ 将鼠标移至文本框以外，当鼠标箭头变为"弯曲" ↰ 时，此时拖动鼠标，即可对文本框进行旋转，如图9-1-7所示。

⑥ 按住Ctrl键，将鼠标移至文本框的"上下"或"左右"节点上，当鼠标变为"小箭头" ▶ 时，拖动文本框的节点，即可斜切文本框。创建段落文字如图9-1-8所示。参见配套光盘中"第9章\源文件\9-1添加文字.psd"。

　　点文字与段落文字可以进行转换，执行【图层】→【文字】→【转换为段落文字】命令，或执行【图层】→【文字】→【转换为点文字】命令即可。

图9-1-7 旋转文本框　　　　　　　　　　　　　图9-1-8 将文本框变形

9.1.3 创建字型选区

应用【横排文字蒙版工具】，和【直排文字蒙版工具】，即可创建字型选区。使用此类文字工具在窗口中创建的文字，当确定输入以后，将会直接转换为文字选区，而通过【横排文字工具】和【直排文字工具】所创建的文字，是具有文字属性的文字格式。

下面通过一个实例来讲解如何创建字型选区。

实例解析9-2 海报创意

1 执行【文件】→【打开】命令，或按"Ctrl+O"组合键，打开配套光盘，"第9章\素材\9-2"中的素材图片"海报.tif"，如图9-1-9所示。

2 选择工具箱中的【横排文字蒙版工具】，在其属性栏设置合适的字体和字号，在窗口中单击鼠标，自动生成快速蒙版，并输入文字，如图9-1-10所示。

图9-1-9 打开素材　　　　　　　　　　　　　图9-1-10 输入文字

3 单击属性栏上的 ✓ 按钮，确认输入，自动退出快速蒙版，并建立字型选区，如图9-1-11所示。

4 设置前景色为深褐色（R：47，G：16，B：2），单击【图层】调板上的"创建新图层"按钮，新建"图层1"，按"Alt+Delete"组合键，填充选区，如图9-1-12所示。

图9-1-11 创建字型选区

图9-1-12 填充选区

⑤ 按"Ctrl+D"组合键，取消选择，执行【滤镜】→【杂色】→【添加杂色】命令，打开【添加杂色】对话框，设置"数量"为11%，选择"高斯分布"单选按钮，单击"单色"复选框，单击"确定"按钮，效果如图9-1-13所示。

⑥ 选择工具箱中的【横排文字工具】 T ，在属性栏设置"颜色"为深褐色（R:26，G:8，B:0），在窗口中输入文字，如图9-1-14所示。

 使用【横排文字蒙版工具】 和【直排文字蒙版工具】 ，在窗口中创建的文字，当确定输入以后，将会直接转换为文字选区，而通过【横排文字工具】 T 和【直排文字工具】 T ，所创建的文字，将是具有文字属性的文字格式文字。

图9-1-13 【添加杂色】后的效果

图9-1-14 输入文字

⑦ 选择工具箱中的【套索工具】 ，按住Shift键不放，在窗口中绘制如图9-1-15所示的选区。

⑧ 新建"图层2"，设置前景色为白色，按"Alt+Delete"组合键，填充选区，最终效果如图9-1-16所示。参见配套光盘中"第9章\源文件\海报创意.psd"。

图9-1-15 绘制选区

图9-1-16 最终效果

9.1.4 字符调板

在【字符】调板中，可以设置文字的字体、字号、字型以及字间距或行间距等，在文字工具箱属性栏中单击"隐藏/显示字符调板"按钮 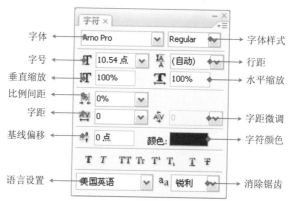，或执行【窗口】→【字符】命令，即可打开【字符】调板，如图9-1-17所示。

图9-1-17 【字符】调板

【字符】调板中的设置字体、设置字型、设置字号、设置文字颜色和消除锯齿选项与属性栏中的选项功能相同。其他参数解释如下。

- 行距：设置字符行与行之间的距离，数值越大行距越大，如图9-1-18所示为不同行距文字的比较效果。
- 字距微调：在其拉菜单中，可设置两个字符之间的距离。
- 设置字距：设置多个字符之间的间距。而在"微调字距"中每次只能调整两个字符间距。如图9-1-19所示是不同字距间的效果比较。

图9-1-18 不同字符行距的比较

- 水平缩放：调整字符的宽度比例。
- 垂直缩放：调整字符的高度比例。
- 基线偏移：调整文字与文字基线的距离，可以升高或降低行距的文字以创建上标或下标效果。输入值为正值则文字上移，输入值为负值则文字下移。如图9-1-20所示分别为正值与负值的效果比较。

图9-1-19 不同字符间距的比较

图9-1-20 不同基线偏移值的效果比较

- 语言设置：该设置决定对文本拼写和语法错误进行检查时参考何种语言。

在字符调板中提供了8种预设的字符样式供选用，这些样式的基本含义如下。

- ⊤ 仿粗体：按下该按钮，当前选择的文字呈加粗显示。

- ⊤ 仿斜体：按下该按钮，当前选择的文字呈倾斜显示。

- TT 全部大写字母：按下该按钮，当前选择的字母全部变为大写字母。

- Tr 小型大写字母：按下该按钮，当前选择的字母变为小型大写字母。

- T' 上标：按下该按钮，当前选择的文字变为上标显示。

- T, 下标：按下该按钮，当前选择的文字变为下标显示。

- ⊤ 下画线：按下该按钮，当前选择的文字下方添加下画线。

- F 删除线：按下该按钮，当前选择的文字中间添加删除线。

9.1.5 段落调板

【段落】调板的主要功能是设置文字的对齐方式以及缩进量等。【段落】调板如图9-1-21所示。

- 左缩进：设置段落左侧的缩进量。

- 右缩进：设置段落右侧的缩进量。

- 首行缩进：设置段落第一行的缩进量。

- 段前间距：设置每段文本与前一段的距离。

- 段后间距：设置每段文本与后一段的距离。
- 连字：勾选该选项，允许使用连字符连接单词。

图9-1-21 【段落】调板

9.2 文字的高级应用

在建立好文字后，可以通过文字的高级应用对文字进行进一步的编辑，达到理想效果。文字的高级应用包括对文字进行变形操作，在路径上创建文字，将文字转换为形状并进行编辑等。

9.2.1 文字变形

在Photoshop CS3中，可以对输入的文字进行变形处理，而且应用了"变形"功能进行变形的文字，依然可以对文本内容进行编辑。选择工具箱中的文字工具，单击属性栏上的"变形文字"按钮 ![1]，打开【变形文字】对话框，在该对话框的"样式"中，可以对文字的变形样式进行选择，例如在"样式"中选择"旗帜"变形样式，如图9-2-1所示。

当打开【变形文字】对话框，尚未选择变形样式时，对话框中的"水平"、"垂直"、"弯曲"、"水平扭曲"、"垂直扭曲"等编辑选项，将成灰色不可编辑状态。当选择变形样式以后，编辑选项将成可编辑状态，即可通过编辑选项对文字的变形样式进行调整。

图9-2-1 【变形文字】对话框

- 样式：在其下拉菜单中，罗列了15种变形样式可供选择，当选中某个样式后，下面的参数将被激活。
- 水平：水平调整变形文字。

- 垂直：垂直调整变形文字。
- 弯曲：设置文字的变形强度。
- 水平扭曲：文字在水平方向进行透视变形。
- 垂直扭曲：文字在垂直方向进行透视变形。

例如，使用【变形文字】对话框，对文字进行"旗帜"样式变形，变形前和变形后的效果对比，如图9-2-2所示。

图9-2-2 文字变形前后对比

9.2.2 在路径上创建文字

在路径上创建的文字，可以根据路径的轮廓进行扭曲。应用这种手法可以制作出形象生动的文字效果。

下面将通过一个简单的实例来讲解如何在路径上创建文字。

实例解析9-3 心心相印

① 执行【文件】→【新建】命令，打开【新建】对话框，设置"名称"为：心心相印，"宽度"为：1024像素，"高度"为：768像素，分辨率为：100像素/英寸，如图9-2-3所示，单击"确定"按钮。

② 选择工具箱中的【渐变工具】，单击属性栏上的"编辑渐变"按钮，打开【渐变编辑器】对话框，设置：

位置：0%　颜色：红色（R:255，G:0，B:0）

位置：50%　颜色：深红（R:255，G:0，B:0）

位置：100% 颜色：深红（R:255，G:0，B:0）

如图9-2-4所示，单击"确定"按钮。

③ 在窗口中拖动鼠标，填充渐变色，如图9-2-5所示。

图9-2-3 新建文件 　　　　　　　　　　　图9-2-4 设置渐变色

④ 选择工具箱中的【横排文字工具】T，在属性栏设置文本"颜色"为：白色，在窗口中输入文字，如图9-2-6所示。

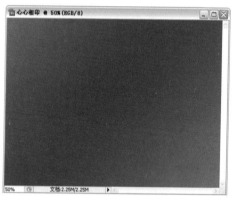

图9-2-5 填充渐变色 　　　　　　　　　　图9-2-6 输入文字

⑤ 选择工具箱中的【钢笔工具】，在属性栏设单击"路径"按钮，在窗口中绘制心形路径，如图9-2-7所示。

⑥ 选择工具箱中的【横排文字工具】T，设置好文字的"字号"、"字体"、"颜色"等参数，将鼠标移至路径上，并单击鼠标，如图9-2-8所示。

图9-2-7 绘制路径 　　　　　　　　　　　图9-2-8 输入文字

⑦ 输入文字，文字即按路径走向发生扭曲，如图9-2-9所示，按小键盘上的"Enter"键确定后，在"路径"调板中自动创建一个文字路径。

⑧ 按"Alt+Ctrl+T"组合键，打开【自由变换】调节框，并调整文字的大小，效果如图9-2-10所示，按"Enter"键确定。

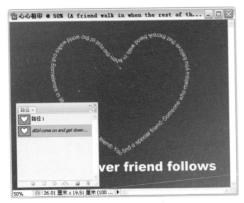

图9-2-9 输入文字

图9-2-10 复制文字

⑨ 用同样的方法制作出第三颗心，最终效果如图9-2-11所示。参见配套光盘中"第9章/源文件/心心相印.psd"。

图9-2-11 最终效果

9.2.3 在路径内创建文字

这是一种将大段的文字容纳在一个任意形状的路径中的方法，它可以创建一个异形的文字块，异形文字块具有独特的特点，它往往更能吸引观者的目光。

首先绘制一个路径如图9-2-12所示，在选择工具箱中的【横排文字工具】 T ，设置好文字的"字号"、"字体"、"颜色"等参数，将鼠标移至路径内，并单击鼠标，此时窗口中将自动出现一个文本框，如图9-2-13所示。

在文本框中输入文字，文字将自动以路径为边界，在路径的内部创建文字，效果如图9-2-14所示。

| 图9-2-12 绘制路径 | 图9-2-13 输入文字 | 图9-2-14 在路径内创建文字 |

9.2.4 将文字转换为形状

在【图层】调板中选中文字图层，执行【图层】→【文字】→【转换为形状】命令，即可将文字图层转换为形状图层，并将原图层中的文字的轮廓作为新图层上的剪贴路径，如图9-2-15所示。

通过应用【钢笔工具】、【形状工具】对路径进行修改或绘制后，可以制作出效果丰富、活泼的异形文字，如图9-2-16所示。

| 图9-2-15 将文字转换为形状 | 图9-2-16 制作异形文字 |

9.2.5 将文字转换为路径

从某种意义上讲，将文字转换为路径与将文字转换为形状的用法是相似的，都可以用于制作形态各异的异形文字。在【图层】调板中选中文字图层，执行【图层】→【文字】→【创建工作路径】命令，可根据文字的外轮廓创建一个工作路径，删除文字图层即可见路径效果，如图9-2-17所示。

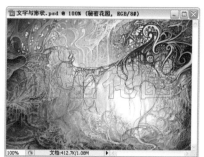

图9-2-17 将文字转换为路径

第10章
动作与批处理文件

本章主要讲解"动作"和"批处理"的相关内容，在本章的讲解中包括【动作】调板和【批处理】命令的详细介绍，同时将分别列举案例"水彩效果"和"批处理黑白艺术照片"，为用户讲解【动作】调板和【批处理】命令的使用方法。

【动作】调板不但可以将执行的操作记录为一个动作，而且可以将记录的操作执行到其他图片之上，利用此功能配合【批处理】命令的使用，可以将多幅图片进行一次性统一处理，从而提高了处理多幅图片的效率。

10.1 动作

动作就是将在Photoshop CS3软件中所执行的操作记录在【动作】调板中，然后通过"播放"对单个文件或一批文件执行同样的操作。利用【动作】调板可以将工具、选择、色彩以及对话框选项和菜单命令等记录在调板中，正因为【动作】调板有如此的功能，所以用户可以利用【动作】调板，将常用处理图像的方法和其他惯用的操作，制作为一个动作，当遇到需要使用同样的方法处理和操作时，即可播放制作的动作一步完成。

10.1.1 应用预置动作

打开菜单栏上的【窗口】菜单，在菜单列表中勾选【动作】面板，打开的【动作】调板如图10-1-1所示。在【动作】调板中只有一个默认动作，如果单击"默认动作"的按钮 ▶，可以展开"默认动作"中的动作列表，如装饰图案（选区）等；其中在"装饰图案（选区）"等动作的前面分别也有同样的三角形按钮 ▶，单击此按钮，可以展开动作所记录的全部操作；当单击向下三角形按钮 ▽ 时，可以将动作或记录的操作重新折叠起来。

在调板右上角有一个菜单按钮 ▼≡，单击此按钮，打开快捷菜单如图10-1-2所示，从中可选择各种命令对动作进行编辑，同时通过此菜单可以添加预置动作，例如菜单中的"图像效果"等。

图10-1-1 【动作】调板　　　　　　　　　图10-1-2 快捷菜单

【动作】调板中各按钮的含义如下。

- 切换项目开/关 ✔：如果在该框中没有"√"符号 □，表示相应的动作或动作集不能播放；如果该框中显示红色"√"符号 ✔，表示相应的动作集中有部分动作不可播放；当该框内的"√"符号为黑色 ✔ 时，表示该动作集中的所有动作都可播放。在该框内单击鼠标即可关闭或打开当前动作。

- 切换对话开/关 □：如果该框是空白 □ 时，表示播放此动作过程中不会暂停，不会产生对话；如果该框是红色边框 □ 时，表示该动作集中有部分动作在播放过程中会暂停；如果该框成黑色边框 □，表示该动作集的所有动作在播放过程中都会暂停。

- 停止播放/记录 ■：在录制动作时，单击此按钮将停止记录当前动作。

- 开始记录 ●：单击此按钮后，开始记录当前的动作。

- 播放选定的记录 ▶：单击此按钮将播放当前选定的动作。

- 创建新组 □：单击此按钮将会打开【新建组】对话框，在对话框中可以设置组的"名称"，单击对话框中的"确定"按钮，即可新建用于存放动作的组。

- 创建新动作 ◻：单击此按钮，可以创建一个新动作。

- 删除 🗑：通过此按钮，可以删除在【动作】调板中选定的组、动作集或动作。

在Photoshop CS3软件中预置了许多动作，运用其中一个动作都会快速产生特殊效果。在图像窗口中打开一张图片，如图10-1-3所示。选择【动作】调板中的"渐变匹配"动作，如图10-1-4所示。单击调板下方的"播放记录"按钮 ▶，软件自动执行"渐变匹配"动作中的所有操作，效果如图10-1-5所示。

图10-1-3 原图

图10-1-4 播放"渐变匹配"动作

图10-1-5 渐变匹配效果

10.1.2 创建动作组

在【动作】调板中创建动作组，可以将制作的动作放置到其中，便于分类和管理。

单击【动作】调板下方的"创建新组"按钮 ，会弹出【新建组】对话框，在此对话框中，可以根据存放的动作类型而设置名称，假如设置"名称"为纹理，如图10-1-6所示，单击"确定"按钮 确定 ，在【动作】调板中，将创建"纹理"组，如图10-1-7所示。

图10-1-6 【新建组】对话框　　图10-1-7 新建"纹理"组

 创建新动作组，还可以通过单击调板右上角的菜单按钮 ▼☰，在弹出的快捷菜单中执行【新建组】命令，打开【新建组】对话框，设置好"名称"以后，单击"确定"按钮 确定 ，即可完成创建新组操作。

10.1.3 创建并存储动作

制作动作之前，首先是创建新动作，在【动作】调板下方单击"新建动作"按钮 ，即可打开【新建动作】对话框，如图10-1-8所示，在此对话框中可以设置动作的名称、存放位置和快捷键等，单击 记录 按钮，即可创建新的动作。

【新建动作】对话框中各选项的说明如下。

- 名称：可以在此设置新建的动作名称。

- 组：通过"组"的下拉列表，可以选择新建动作将要存放的"组"。

图10-1-8 "新建动作"对话框

- 功能键：在此选项中默认键为"无"，可以通过下拉列表为该动作设定快捷键，在功能键对应的右侧还有"Shift"和"Control"两个复选框，可以通过勾选与快捷键配合使用。

- 颜色：在此下拉列表中可以设置该动作的颜色，主要便于通过颜色区分动作，在此设置的动作颜色，必须在"按钮模式"下才能可见。

 创建新动作，也可以通过单击调板右上角的菜单按钮 ▼☰，在弹出的快捷菜单中执行【新建动作】命令，同时还可以直接按住"Alt"键不放，单击"创建新组"按钮 和"新建动作"按钮 ，快速创建"动作组"和"动作"，不会弹出相应的对话框。

下面通过一个简单实例来讲解创建与存储动作。

实例解析10-1水彩效果

① 执行【文件】→【打开】命令，或按"Ctrl+O"组合键，打开配套光盘，"第10章\素材\10-1"中的素材图片"水上城市.tif"，如图10-1-9所示。

② 单击【动作】调板下方的"创建新组"按钮 ▭，新建"组1"，并单击"新建动作"按钮 ▭，打开【新建动作】对话框，在对话框中设置"名称"为水彩效果，单击"确定"按钮，新建动作如图10-1-10所示。

注意 当创建好新的动作时，在【动作】调板下方将自动按下"开始记录"按钮 ●，表示此时【动作】调板将开始记录用户在软件中所执行的操作，所以希望用户在此时不要执行除本节步骤以外的操作。

图10-1-9 打开素材图片

图10-1-10 新建"动作"

③ 执行【滤镜】→【画笔描边】→【成角的线条】命令，打开【成角的线条】对话框，设置其参数为40、3、8，单击"确定"按钮，效果如图10-1-11所示。

④ 执行【滤镜】→【纹理】→【纹理化】命令，打开【纹理化】对话框，设置"纹理"为画布，设置"光照"为下，设置其他参数为130、5，单击"确定"按钮，效果如图10-1-12所示。

图10-1-11 设置"成角的线条"参数

图10-1-12 设置"纹理化"参数

⑤ 执行完命令以后，所制作的操作步骤将被【动作】调板记录，单击调板下方的"停止播放/记录"按钮 ▭，停止记录操作，完成动作如图10-1-13所示。

⑥ 选择"组1"，单击调板右上角的菜单按钮 ▼☰，在弹出的快捷菜单中执行【存储动作】命令，打开【存储】对话框，如图10-1-14所示，在对话框中设置"文件名"，单击"保存"按钮

保存(S)，即可将动作保存在其文件夹中。

图10-1-13 停止记录　　　　　　图10-1-14 保存"动作"

10.1.4　插入动作

在制作完一个动作以后，如果发现其中需要添加一个或多个动作，此时只需在【动作】调板中选择需要添加的位置，如图10-1-15所示，单击调板下方的"开始记录"按钮⬤，再次开始记录动作，例如在此执行【色相/饱和度】命令，单击"确定"按钮以后，【动作】调板将自动插入当前动作，如图10-1-16所示，单击"停止播放/记录"按钮⬛，即可完成动作。

10.1.5　删除动作中的某一个命令

录制完一个动作以后，可以在其中插入动作，同时也可以删除其中一个或多个动作。在删除动作之前首先要选择删除的动作，例如在【动作】调板中，选择一个"通道混合器"动作，单击调板下方的"删除动作"按钮🗑，此时将弹出一个询问对话框，如图10-1-17所示，单击"确定"按钮，即可完成删除操作。

图10-1-15 选择插入位置　　图10-1-16 插入动作　　图10-1-17 删除其中的动作

提示　　删除动作还可以直接将该动作拖动到"删除动作"按钮🗑上，此时将直接删除该动作，不会弹出询问对话框。

10.1.6　播放动作

播放动作就是将记录的动作重新执行一次，例如选择制作的"动作1"，只需单击【动作】调板下方的"播放记录"按钮▶，即可播放该动作中记录的操作，同时如果该动作设置了快捷键，在"动作1"的右方会显示出快捷键"Shift+F2"，如图10-1-18所示，可以直接按快捷键播放该动作。

单击【动作】调板右上角的菜单按钮 ，在弹出的快捷菜单中选择"按钮模式"，即可将调板中的动作转换成按钮模式，如图10-1-19所示，此时只需单击其中的按钮完成播放动作。

图10-1-18 播放动作　　　　　图10-1-19 按钮模式

10.1.7　回放选项

单击【动作】调板右上角的菜单按钮 ，在弹出的快捷菜单中选择【回放选项】命令，将会打开【回放选项】对话框，利用该对话框可以设置播放动作时的速度，便于查看动作在何处发生问题。例如在对话框中选择"暂停"单选项，设置时间为3秒，如图10-1-20所示，单击"确定"按钮以后，在播放该动作时，其中执行的每个命令和操作将会以"3秒"的速度播放。

图10-1-20 【回放选项】对话框

【回放选项】对话框中各项的解释如下。

- 加速：如果选择该单选项，在播放动作时将以常规速度播放。
- 逐步：选择该单选项，可将动作中的每个命令或操作逐步完成。
- 暂停：利用该项可以设置播放动作时的暂停时间。
- 为语音注释而暂停：此复选框可以指定在播放语音注释时动作是否暂停。

10.1.8　载入动作和替换动作

（1）载入动作：是将存储的动作调入到【动作】调板中，单击调板右上角的菜单按钮 ，在弹出的快捷菜单中执行【载入动作】命令，将会打开【载入】对话框，如图10-1-21所示，在此对话框中选择存储的动作.atn文件，单击"载入"按钮 ，即可将选定的动作载入到【动作】调板中，如图10-1-22所示。

图10-1-21 【载入】对话框　　　　　图10-1-22 载入的动作

（2）替换动作：使用【载入动作】命令载入动作，不会影响其他动作在调板中的显示，而使用快捷菜单中的【替换动作】命令载入动作以后，调板自动将其他动作删除，在调板中只显示替换的动作，如图10-1-23所示。

替换前　　　　　　　　　　　　　替换后

图10-1-23 使用【替换动作】命令替换前后的调板

10.2 批处理图像

批处理图像就是将整个文件夹和子文件夹中的所有文件进行批量自动处理，利用此功能可以将批量图片进行一次性统一的处理，例如，为多幅图片添加水印、调整颜色、图片大小、图片名称、颜色模式转换等一系列操作，都可以快速批量完成，提高了同等图像的处理效率。

10.2.1 批处理图像的设置

执行【文件】→【自动】→【批处理】命令，打开【批处理】对话框，如图10-2-1所示，在此对话框中可以对文件进行批量处理，如批量执行某动作、批量重命名等。

图10-2-1 【批处理】对话框

- 组：在此下拉列表中选择需要的动作组。
- 动作：在此下拉列表中选择需要执行的动作。
- 源：在其下拉列表中包含"文件夹"、"导入"、"打开的文件"和"Bridge"选项。
- 选取按钮 选取(C)... ：单击此按钮将会打开【浏览文件夹】对话框，在此对话框中选择需要更改的图片文件夹。

- 覆盖动作中的"打开"命令：如果在批量处理照片时，使用的动作中包含有【打开】命令，在此勾选此复选框，即可自动跳过该命令。
- 包括所有子文件夹：如果在选择的源文件夹中包含有子文件夹，此时勾选此复选框，表示源文件夹下的子文件夹也会同样进行批量处理。
- 禁止显示文件打开选项对话框：勾选此复选框后，在对图片进行批处理时不会打开选项对话框。
- 禁止颜色配置文件警告：如果在执行批处理时，打开文件的颜色与原来定义的文件不同时，勾选此复选框将不会弹出提示对话框。

在"目标"选项区域中，可以设置处理后存放的位置，同时也可以对批处理后的文件进行文件名、序号等一系列的修改，如图10-2-2所示。

图10-2-2 "目标"选项区域

- 目标：在此下拉列表中选择批处理图像后保存的位置，例如选择下拉列表中的文件夹。
- 选择按钮 选择(H)... ：单击此按钮将会打开【浏览文件夹】对话框，在此对话框中选择批处理后存放的位置。
- 覆盖动作中的"存储为"命令：如果在批量处理图像时，使用的动作中包含【存储】或【存储为】命令，在此勾选此复选框，即可覆盖动作中记录的存储位置。
- 文件命名：在该区域内，可通过设置对批处理后存放的文档名、序号等进行修改。
- 兼容性：通过此复选框，可以选择对Windows、Mac OS及UNIX操作系统是否兼容。
- 错误：当执行批处理时发生错误，可以通过此下拉列表选择处理错误的方法。

10.2.2 批处理图像的方法

下面通过一个简单的实例来讲解批处理图像的操作方法。

实例解析10-2批处理黑白艺术照片

① 执行【文件】→【打开】命令，或按"Ctrl+O"组合键，打开配套光盘，"第10章\素材\10-2"中的素材图片"图片1.tif"，如图10-2-3所示。

② 单击【动作】调板下方的"创建新组"按钮 ，新建"组1"，并单击"新建动作"按钮 ，打开【新建动作】对话框，在对话框中设置"名称"为黑白照片，单击"确定"按钮，新建动作如图10-2-4所示。

在执行批量处理之前，首选要将需要处理的图片放置在一个文件夹中，然后打开其中一幅素材图片，利用【动作】调板制作处理动作，最后使用【批处理】命令，对文件夹中的所有图片进行批量处理。

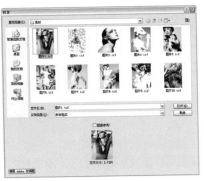

图10-2-3 打开素材图片　　　　　　　图10-2-4 新建动作

❸ 执行【图像】→【调整】→【去色】命令，去掉图片颜色如图10-2-5所示。

❹ 执行【图像】→【调整】→【亮度/对比度】命令，打开【亮度/对比度】对话框，设置其参数为40、80，单击"确定"按钮，效果如图10-2-6所示。

❺ 执行【图像】→【调整】→【黑白】命令，打开【黑白】对话框，在对话框中勾选"色调"复选框，并调整"色相"和"饱和度"分别为45、28，其他参数保持不变，单击"确定"按钮，效果如图10-2-7所示。

❻ 执行完命令以后，单击调板下方的"停止播放/记录"按钮 ▣ ，停止记录操作，完成动作如图10-2-8所示，并将当前图片关闭可以不保存。

图10-2-5 去掉图片颜色　　　图10-2-6 调整【亮度/对比度】　　图10-2-7 调整【黑白】参数

❼ 执行【文件】→【自动】→【批处理】命令，打开【批处理】对话框，在"播放"区域中选择制作的"黑白照片"动作，然后单击"选择"按钮，设置"源"文件夹的位置，并且在"目标"中设置处理后图片存放的位置，最后在"文件名"区域中设置处理图片后更改的名称和序号等，如图10-2-9所示，单击"确定"按钮，即可观察到软件将自动对文件夹中的所有图片进行批量处理。

图10-2-8 停止记录动作

图10-2-9 设置【批处理】命令

⑧ 执行完以上操作后，通过批量处理的图片，将自动保存到指定的"目标"文件夹中，最终效果如图10-2-10所示。参见配套光盘"第10章\源文件\10-2批处理黑白艺术照片"。

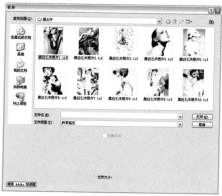

图10-2-10 通过批处理后的图片

第11章
滤 镜

Photoshop中的滤镜是一种特殊的图像效果处理，其菜单中包含多种不同效果的滤镜命令。滤镜通过对图像中像素的颜色、亮度、饱和度、对比度、色调、分布、排列等属性进行演算，从而得到丰富的图像效果。

本章分别对几个常用的滤镜进行了较为详尽的讲述。滤镜是一个非常强大的工具，也很难立刻掌握滤镜的精髓，读者可以打开一幅图片，尝试一下每种滤镜的效果。只有掌握了滤镜本身的特性，才能将其应用得得心应手。

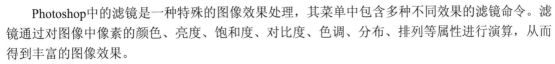

11.1 滤镜库

在Photoshop CS3中，大部分滤镜被集合在滤镜库中，滤镜库不仅可以让用户更加方便和快速地执行各种命令，它还有类似图层的堆栈功能，可以同时为图像添加多个滤镜层。执行【滤镜】→【滤镜库】命令，打开如图11-1-1所示的对话框。

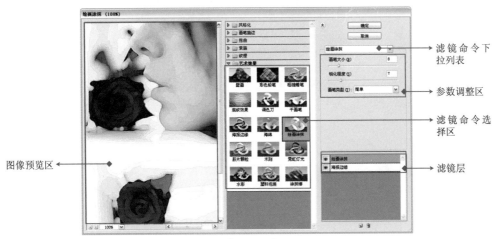

图11-1-1 【滤镜库】对话框

单击图像预览区下方的 ➕ 和 ➖ 按钮，单击后面的 ⏷ 按钮，在其列表中直接选择百分数，都可以控制图像的显示比例。单击滤镜层下方的"新建效果图层"按钮 🔳，可以为图像添加新的滤镜效果图层；单击每个滤镜层前的"显示/隐藏效果"按钮 👁，可隐藏或显示滤镜效果，以方便对应用滤镜前后的效果进行比对修改；单击滤镜层下方的"删除效果图层"按钮 ，可删除滤镜层中所选的滤镜效果。

在滤镜库中罗列了很多的滤镜组，包括"风格化"、"画笔描边"、"扭曲"、"素描"、"纹理"、"艺术效果"。"风格化"滤镜组用于制作一些特殊的效果，比如霓虹灯效果；"画笔描边"滤镜组中的滤镜，常用于处理手绘效果，它可以通过其中不同的画笔效果，模拟各种绘画笔触效果；"扭曲"滤镜组，可以模拟波浪、艺术玻璃的扭曲效果；"素描"滤镜组中的滤镜，用于处理简单的双色效果，常用于制作风格比较突出的效果，而它的颜色往往决定于前景色和背景色；"纹理"滤镜组，常用于制作肌理效果；"艺术效果"滤镜组中的滤镜，大多数都用于制作特殊的艺术效果。

11.2 特殊滤镜

特殊滤镜是指具有强大功能并且对图像做一些特殊处理的滤镜。在Photoshop CS3中，包含【抽出】、【液化】和【消失点】三大最具代表性的特殊滤镜。

11.2.1 抽出

应用【抽出】滤镜，能够将图像重复杂的背景中分离出来，可以建立精确的选区。执行【滤镜】→【抽出】命令，或按"Alt+Ctrl+X"组合键，打开【抽出】对话框，如图11-2-1所示。

图11-2-1 【抽出】对话框

【抽出】对话框中，各种工具和参数的解释如下：

· 边缘高光器工具 ：用于描绘抽出对象的边缘。

· 填充工具 ：该工具用在【边缘高光器工具】 后，在描绘的边缘内单击鼠标，以填充实色，将抽出对象覆盖。

· 橡皮擦工具 ：用于擦除【边缘高光器工具】 在抽出对象边缘描绘的高亮色。

· 吸管工具 ：该工具在勾选"强制前景"后被激活，它用于吸取前景色。

· 清除工具 ：单击"预览"按钮后，该工具被激活，用于清除不需要的像素。

· 边缘修饰工具 ：单击"预览"按钮后，该工具被激活，修饰预览状态中的图像边缘的像素和清晰度。

下面通过一个实例来讲解【抽出】滤镜。

实例解析11-1背景替换

① 执行【文件】→【打开】命令，或按"Ctrl+O"组合键，打开配套光盘，"第11章\素材\11-1"中的素材图片"甜美.tif"，如图11-2-2所示。

② 执行【滤镜】→【抽出】命令，打开【抽出】对话框。选择工具栏中的【边缘高光器工具】，描绘女孩的边缘，如图11-2-3所示。

> **提示** 在描绘的过程中，应根据实际情况设置画笔的大小。若边缘简单平滑，可以使用较大的画笔；若边缘较为复杂，则应设置较小的画笔。

③ 选择工具栏中的【填充工具】，在线条内部单击鼠标，将女孩全部覆盖，如图11-2-4所示。

图11-2-2 打开素材

图11-2-3 描绘对象边缘

④ 单击【抽出】对话框右侧的"预览"按钮，观察图像的边缘情况，不难看出，边缘还不是很干净，如图11-2-5所示。

图11-2-4 填充对象

图11-2-5 预览图像效果

⑤ 选择工具栏中的【清除工具】和【边缘修饰工具】，对边缘的图像进行修饰，并清除不需要的像素，效果如图11-2-6所示。

⑥ 单击"确定"按钮，退出【抽出】对话框，此时，背景图层被自动转换为普通图层，如图11-2-7所示。

⑦ 为图像替换背景后的效果如图11-2-8所示。参见配套光盘"第11章\源文件\11-1背景替换.psd"。

图11-2-6 修饰图像边缘

图11-2-7 抽出后的效果

图11-2-8 最终效果

11.2.2 液化

【液化】滤镜可使图像产生自然的变形效果。执行【滤镜】→【液化】命令，或按"Shift+Ctrl+X"组合键，打开【液化】对话框，如图11-2-9所示。

图11-2-9 【液化】对话框

【液化】对话框中各种工具和参数的解释如下。

- 向前变形工具 ：在预览区涂抹图像，可使图像随着鼠标移动的方向发生变形。

- 重建工具 ：用于被变形的像素的复原。

- 顺时针旋转扭曲工具 ：在图像上产生顺时针旋转扭曲效果，按住Alt键，则是逆时针旋转扭曲效果。

- 褶皱工具 ：使图像向操作位置的中心收缩，产生出挤压的效果。

- 膨胀工具 ：使图像以操作中心为基点，向四周放大，产生出膨胀效果。

- 左推工具 ：使图像产生推挤的效果。鼠标向左移动则图像向下推挤；鼠标向右移动则图像向上推挤；鼠标向上移动则图像向左推挤；鼠标向下移动则图像向右推挤。

- 镜像工具 ：对鼠标移动范围内的像素进行对称复制。

- 湍流工具 ：与"工具选项"设置栏中的"湍流抖动"设置结合使用，可以使图像沿着鼠标移动的方向产生柔顺的弯曲变形。

- 冻结蒙版工具：保护蒙版内的图像不被任何工具编辑。
- 解冻蒙版工具：取消蒙版区域的保护，使图像可被编辑。
- 画笔大小：设置变形工具的笔触大小。
- 画笔密度：设置工具画笔是否产生羽化。
- 画笔压力：设置变形工具对图像的影响程度，数值越大则变形程度越明显。
- 画笔速率：设置工具在进行变形时的速率。数字越大，变形越快。
- 湍流抖动：控制【湍流工具】的变形数量。

应用【液化】滤镜，去除美女手臂上过于强壮的肌肉，操作前如图11-2-10所示，操作后如图11-2-11所示。

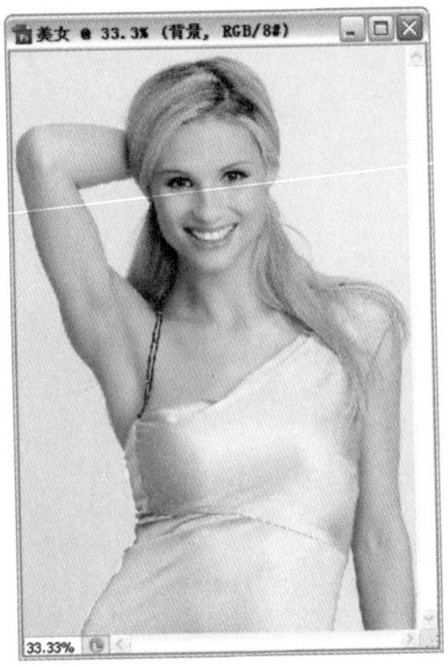

图11-2-10 【液化】前的效果

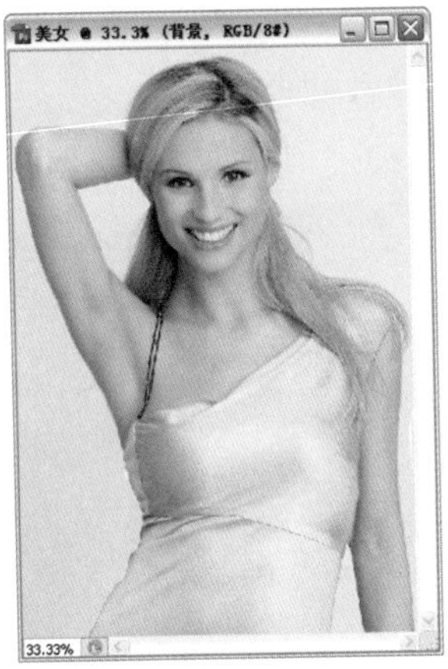

图11-2-11 【液化】后的效果

11.2.3 消失点

【消失点】滤镜通常用于校正图像中的透视问题，或在具有较强透视的图像上进行贴图。执行【滤镜】→【消失点】命令，打开【消失点】对话框，如图11-2-12所示。

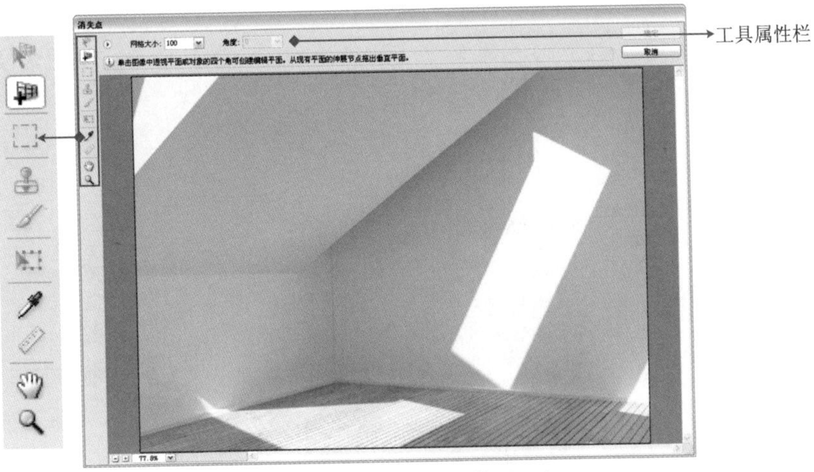

图11-2-12 【消失点】对话框

【消失点】对话框中各种工具和参数的解释如下。

- 创建平面工具  ：用于在图像中创建透视网格，以确定图像的透视角度。在其属性栏的"网格大小"中，拖动滑块或者在其文本框内直接输入数字，可设置网格在平面上分布的大小。

- 编辑平面工具 ：当在图像中创建了透视网格后，该工具被激活。它可以对透视网格进行选择或移动等编辑，通过它可以修正网格的透视。

- 选框工具 ：当在图像中创建了透视网格后，该工具被激活。它用于在网格内绘制选区，选中要复制的对象。绘制的选区与网格的透视角度是相同的。

- 图章工具 ：与工具箱中的【仿制图章工具】 用法相同，按住Alt键，在网格中定义一个源，在需要的位置涂抹。不同的是，该工具会以网格的透视角度来复制源。

- 画笔工具 ：用于在透视网格中绘制颜色像素。在其属性栏，可以设置画笔的"直径"、"硬度"、"不透明度"和"修复"等参数，单击属性栏上的色块，打开【拾色器】对话框，可定义画笔的颜色。

- 变换工具 ：调整粘贴到图像中的图像的大小、旋转角度等。

- 吸管工具 ：吸取图像中的颜色作为【画笔工具】 的颜色。

- 测量工具 ：测量透视网格内的距离。

- 抓手工具 ：拖移图像，以便查看图像中未被显示的区域。

- 缩放工具 ：放大或缩小图像的显示比例。

11.3 智能滤镜

智能滤镜是Photoshop CS3中的一个新功能。其实智能滤镜并非一个滤镜命令，而是一个滤镜的辅助功能，它改善了在智能对象中使用滤镜的不便之处。有了智能滤镜，在智能对象中添加滤镜时，不仅使操作变得容易了，而且在应用滤镜后若对其参数不满意，还可以随时进行修改，它使得滤镜不再具有破坏性。

11.3.1 添加智能滤镜

要为图像添加智能滤镜，首先需要图层中包含智能对象，执行【滤镜】→【转换为智能滤镜】命令，或执行【图层】→【智能对象】→【转换为智能对象】命令，将图层转换为智能对象。然后用常规的方法在智能对象中执行滤镜命令即可。

例如，添加智能滤镜后的图像效果对比，如图11-3-1所示，其【图层】调板的状态如图11-3-2所示。

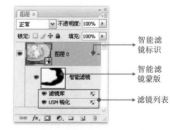

图11-3-1 添加智能滤镜后的效果　　　　　图11-3-2 【图层】调板的状态

11.3.2 编辑智能滤镜蒙版

智能滤镜蒙版与图层蒙版的原理是相同的，它可以控制滤镜列表中应用的滤镜对图层产生影响的部分。它拥有图层蒙版相同的特性，编辑的方法也完全相同。

例如，在智能滤镜蒙版的缩览图上单击鼠标右键，在其快捷菜单中，执行【停用滤镜蒙版】命令，可以停止使用滤镜蒙版如图11-3-3所示。执行【删除滤镜蒙版】命令，可以将滤镜蒙版删除，如图11-3-4所示。

图11-3-3 停用滤镜蒙版

图11-3-4 删除滤镜蒙版

11.3.3 编辑智能滤镜

智能滤镜记录了滤镜的参数信息，用户可以根据需要随时对滤镜的参数进行修改，这是滤镜操作的一大革新。在【图层】调板双击滤镜列表中需要修改参数的滤镜名称，即可打开该滤镜的对话框，重设参数后，单击"确定"按钮，完成智能滤镜的编辑。

图11-3-5 系统提示对话框

> **注意** 在滤镜列表中，有多个滤镜的情况下，若编辑先添加的滤镜，将弹出系统提示对话框，如图11-3-5所示。单击"确定"按钮后，打开相应的滤镜对话框，在重设参数的过程中，将无法在窗口预览效果。

11.4 常用滤镜解析

11.4.1 风

【风】滤镜常用于制作冰、火、爆炸特效，执行【滤镜】→【风格化】→【风】命令，打开【风】对话框，如图11-4-1所示。应用效果如图11-4-2所示。

【风】对话框中的参数解释如下：

- 方法：该项目包含"风"、"大风"、"飓风"三个单选项，它决定风吹效果的程度。

• 方向：该项目包含 "从左" 和 "从右" 两个单选项，用于指定风来的方向。

图11-4-1 【风】对话框

图11-4-2 应用【风】滤镜后的效果

11.4.2 动感模糊

【动感模糊】常用于模拟动态物体产生的模糊效果。执行【滤镜】→【模糊】→【动感模糊】命令，打开【动感模糊】对话框，如图11-4-3所示。例如，应用【动感模糊】制作飞速运动的足球，效果如图11-4-4所示。

【动感模糊】对话框中的参数解释如下。

• 角度：在其文本框中输入数字，或拖动调节器，可设置运动方向。
• 距离：在其文本框中输入数字，或拖动滑块，可设置动感模糊的程度，数字越大，效果越明显。

图11-4-3 【动感模糊】对话框

图11-4-4 应用【动感模糊】后的效果

11.4.3 高斯模糊

【高斯模糊】是一个非常常用的滤镜，经常用它来制作一些梦幻的柔光效果。执行【滤镜】→【模糊】→【高斯模糊】命令，打开【高斯模糊】对话框，如图11-4-5所示。例如，如图11-4-6所示是应用【高斯模糊】优化人物的皮肤的对比效果图。不难看出，通过高斯模糊优化后的皮肤，更加的白皙柔滑，令人物的线条更柔美。【高斯模糊】可以将清楚的图像变得模糊，常用它来制作一些非常梦幻的特效，也可以应用它来制作照片的景深效果。

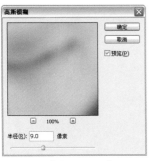
图11-4-5 【高斯模糊】对话框

图11-4-6 应用【高斯模糊】优化皮肤的前后对比

【高斯模糊】对话框中的参数解释如下。

半径：设置滤镜进行高斯模糊的半径值，直接影响模糊的程度，数值越高，效果越模糊。

11.4.4 径向模糊

【径向模糊】滤镜常用于模拟前后移动相机或旋转相机产生的模糊，以制作柔和模糊效果。例如，执行【滤镜】→【模糊】→【径向模糊】命令，打开【径向模糊】对话框，如图11-4-7所示，在对话框中可以通过调整"数量"的数值，控制"缩放"或"旋转"模糊的大小，应用【径向模糊】的前后对比效果，如图11-4-8所示。应用径向模糊处理图像的发光处后，逼真地模拟出放射光效果。

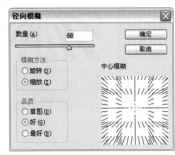
图11-4-7 【径向模糊】对话框

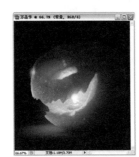
图11-4-8 应用【径向模糊】模拟放射光效果的前后对比

【径向模糊】对话框中的各项参数解释如下。

- 数量：设置模糊效果的程度，数值越大模糊效果越强。
- 中心模糊：在预览图中单击鼠标，可设置模糊中心点的位置，决定从哪一点开始向外扩散。
- 模糊方法：选中"旋转"单选按钮，产生旋转模糊效果；选中"缩放"单选按钮，产生放射模糊效果。
- 品质：设置模糊质量。模糊质量分草图、好和最好三个等级。

11.4.5 极坐标

【极坐标】滤镜是通过改变图像的坐标，达到扭曲图像的目的。它可以将图像坐标在平面坐标与极坐标之间相互转换。执行【滤镜】→【扭曲】→【极坐标】命令，打开【极坐标】对话框，如图11-4-9所示。

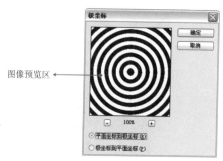

图11-4-9 【极坐标】对话框

【极坐标】对话框中的各项参数解释如下。

· 平面坐标到极坐标：将图像从直角坐标系转换到极坐标系。

· 极坐标到平面坐标：将图像从极坐标系转换到直角坐标系。

 将横向的线条应用【极坐标】扭曲后，得到圆环状的线条效果，如图11-4-10所示。
将竖向的线条应用【极坐标】扭曲后，得到放射状的线条效果，如图11-4-11所示。

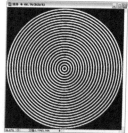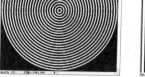
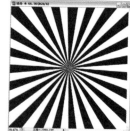

图11-4-10 应用【极坐标】制作圆环　　　　图11-4-11 应用【极坐标】制作放射线

11.4.6 球面化

　　【球面化】滤镜模拟球体表面突出或凹陷的特殊效果。例如，执行【滤镜】→【扭曲】→【球面化】命令，打开【球面化】对话框，如图11-4-12所示，通过调整对话框中的"数量"参数，可以控制图像扭曲的程度，应用【球面化】扭曲图像的前后对比效果，如图11-4-13所示。【球面化】滤镜，通常用于制作球体或管状物体。

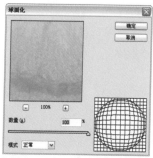

图11-4-12 【球面化】对话框　　　　图11-4-13 应用【球面化】扭曲图像的前后对比

【球面化】对话框中的各项参数解释如下。

- 数量：设置图像扭曲的程度。正值为突出，负值为凹陷。

- 模式：在其下拉列表中罗列了"正常"、"水平优先"和"垂直优先"三个选项。"水平优先"是指竖向圆管变形；"垂直优先"是指横向圆管变形。

11.4.7 旋转扭曲

【旋转扭曲】滤镜常用于模拟液体漩涡效果。例如，执行【滤镜】→【扭曲】→【旋转扭曲】命令，打开【旋转扭曲】对话框，如图11-4-14所示，通过调整对话框中的"角度"参数，可以控制旋转扭曲的程度和方向。应用【旋转扭曲】命令后，图像的前后对比效果如图11-4-15所示，它可以真实地模拟咖啡在杯中被搅动而旋转的效果。

【旋转扭曲】对话框中的参数解释如下：

角度：设置旋转效果的程度和方向。当设置"角度"为正值时，以顺时针方向旋转扭曲图像；为负值时，以逆时针方向旋转扭曲图像。

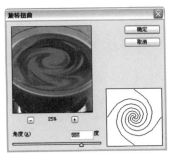

图11-4-14 【旋转扭曲】对话框

图11-4-15 应用【旋转扭曲】扭曲图像的前后对比

11.4.8 置换

【置换】滤镜将以一幅.psd格式的图像为置换图，使图像按它的表面进行扭曲。执行【滤镜】→【扭曲】→【置换】命令，打开【置换】对话框，如图11-4-16所示。单击"确定"按钮，打开【选择一个置换图】对话框，如图11-4-17所示。

图11-4-16 【置换】对话框　　　图11-4-17 【选择一个置换图】对话框

【置换】对话框中的各项参数解释如下。

- 水平比例：设置像素在水平方向的位移。

- 垂直比例：设置像素在垂直方向的位移。

- 伸展以适合：位移图像自动调整大小，以适合原图尺寸。
- 拼贴：位移图像不做任何大小调整。

下面通过一个实例来讲解【置换】命令的用法。

实例解析11-2数码烫印

① 执行【文件】→【打开】命令，或按"Ctrl+O"组合键，打开配套光盘，"第11章\素材\11-2"中的素材图片"衣服.tif"，如图11-4-18所示。

② 在"标题栏"单击鼠标右键，在其快捷菜单中选择【复制】命令，打开【复制图像】对话框，在"为"文本框中设置名称为"水平置换"，如图11-4-19所示，单击"确定"按钮，复制一个文件。

图11-4-18 打开素材"衣服"　　　　图11-4-19 设置【复制图像】参数

③ 在【通道】调板中选择绿色通道，设置"前景色"为灰色（R:128，G:128，B:128），按"Alt+Delete"组合键，将绿色通道填充为灰色；选择蓝色通道，设置"前景色"为白色，按"Alt+Delete"组合键，将蓝色通道填充为白色，如图11-4-20所示。按"Ctrl+S"组合键，将其存储为.psd格式。

④ 用上述的方法再复制一个文件，命名为"垂直置换"。在【通道】调板中选择红色通道，设置"前景色"为灰色（R:128，G:128，B:128），按"Alt+Delete"组合键，将红色通道填充为灰色；选择蓝色通道，设置"前景色"为白色，按"Alt+Delete"组合键，将蓝色通道填充为白色，如图11-4-21所示。按"Ctrl+S"组合键，将其存储为.psd格式。

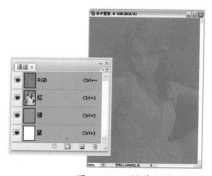

图11-4-20 制作水平置换图　　　　图11-4-21 制作垂直置换图

在置换原理中规定：红色通道控制像素的水平位移；绿色通道控制像素的垂直位移。也就是说在置换图的红色通道中，只能是水平褶皱的信息；而绿色通道中，只能是垂直褶皱的信息，所以要分别制作一个水平置换图和一个垂直置换图。

⑤ 执行【文件】→【打开】命令，或按"Ctrl+O"组合键，打开配套光盘，"第11章\素材\11-2"中的素材图片"印花.tif"，如图11-4-22所示。

⑥ 选择工具箱中的【移动工具】，将素材拖移到"衣服"文件中，按"Ctrl+T"组合键，调整素材的大小和位置，如图11-4-23所示，按Enter键确定。

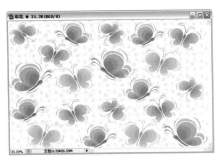
图11-4-22 打开素材"印花"

图11-4-23 将"印花"图片拖到当前文件中

⑦ 执行【滤镜】→【扭曲】→【置换】命令，打开【置换】对话框，如图11-4-24所示。设置参数为10、0，单击"确定"按钮，打开"选择一个置换图"对话框，找到之前存储的文件，双击"水平置换"打开。

⑧ 此时，图像的水平褶皱已被置换，效果如图11-4-25所示。

图11-4-24 设置【置换】参数1

图11-4-25 置换后的效果2

⑨ 按"Ctrl+Alt+F"组合键，再次执行【置换】命令，并打开【置换】对话框，如图11-4-26所示。设置参数为0、10，单击"确定"按钮，打开"选择一个置换图"对话框，找到之前存储的文件，双击"垂直置换"打开。

⑩ 此时，图像的垂直褶皱也被置换，效果如图11-4-27所示。

⑪ 在【图层】调板，设置其"图层混合模式"为正片叠底，效果如图11-4-28所示。

⑫ 为图层添加蒙版，将衣服以外的图像屏蔽，最终效果如图11-4-29所示。

图11-4-26 设置【置换】参数

图11-4-27 置换后的效果

图11-4-28 设置"图层混合模式"

图11-4-29 最终效果

11.4.9 USM锐化

【USM锐化】命令，可以通过增加图像边缘的对比度来锐化图像，使模糊的图像变得清晰起来。例如，执行【滤镜】→【锐化】→【USM锐化】命令，打开【USM锐化】对话框，如图11-4-30所示，应用【USM锐化】滤镜的前后对比如图11-4-31所示，将模糊的照片变得清晰，而又不会出现杂点。

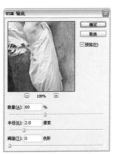
图11-4-30 【USM锐化】对话框

图11-4-31 应用【USM锐化】的前后对比

【USM锐化】对话框中的各项参数解释如下。

- 数量：设置锐化程度。数值越大，效果越明显。
- 半径：设置图像边缘锐化的范围。
- 阈值：设置像素的色阶与相邻区域相差多少时才被锐化。

11.4.10 光照效果

该滤镜只能用于RGB颜色模式的图像。执行【滤镜】→【渲染】→【光照效果】命令，打开【光照效果】对话框，如图11-4-32所示。

【光照效果】对话框中的各项参数解释如下。

- 样式：在其下拉列表中，罗列了17种预设的光源样式，用户可以根据自己的需要从中进行选择。
- 光照类型：在其下拉列表中，可以选择光线效果。
- 强度：设置光源的亮度，值越大光越亮。
- 聚焦：设置光照范围，对某些光源无效。
- 属性：通过"光泽"、"材料"、"曝光度"、"环境"4项参数来调节材质。

- 纹理通道：加入纹理通道后，可使光照效果产生浮雕效果。
- 白色部分凸出：选中该复选框，表示通道中白色部分为凸出，滑动"高度"滑块可调节突出的深度。

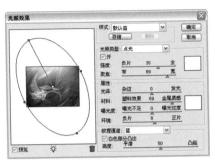

图11-4-32 【光照效果】对话框

【光照效果】是一个非常特殊的滤镜，虽然特殊，却也非常常用。它不仅可以在图像中模拟各种光源效果，还可以应用它来制作一些带有金属质感的效果以及凹凸效果。例如，应用【光照效果】制作肌理效果的前后对比图，如图11-4-33所示。

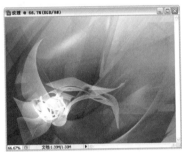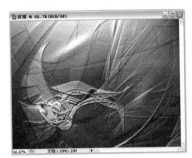

图11-4-33 应用【光照效果】制作肌理效果

11.4.11 镜头光晕

【镜头光晕】滤镜可以模拟相机镜头产生的折射光特效。执行【滤镜】→【渲染】→【镜头光晕】命令，打开【镜头光晕】对话框，如图11-4-34所示。例如，如图11-4-35所示为应用【镜头光晕】渲染图像的前后对比。在图片中可能看得不是很清晰，经过【镜头光晕】的渲染后，图像中出现一个明亮的光晕，犹如雨后初升的太阳，在雨露的折射下散发着耀眼的光。

图11-4-34 【镜头光晕】
对话框

图11-4-35 应用【镜头光晕】的前后对比

【镜头光晕】对话框中的各项参数解释如下。

- 光晕中心：设置发光的中心点，移动预览图中的十字准心，可调整光晕的位置。
- 亮度：设置光晕的亮度。数值越大，光晕越亮。
- 镜头类型：在该选项中选择不同的镜头，所产生的光晕也不同。

11.4.12 云彩

【云彩】可以产生随机云彩效果，颜色决定于前景色和背景色。执行【滤镜】→【渲染】→【云彩】命令，效果前后对比如图11-4-36所示。这个滤镜的成像，不会与图像发生任何关联，它只是随机产生疏密不同的云彩效果，而它的色彩取决于前景色和背景色的设置。通常会应用这个滤镜来制作一些自然效果，比如云朵、烟雾等。

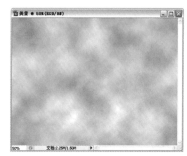

原图片 　　　　执行【云彩】命令后的效果

图11-4-36 执行【云彩】命令的前后对比效果图

11.4.13 添加杂色

【添加杂色】滤镜可以在图像上随机添加杂点。执行【滤镜】→【杂色】→【添加杂色】命令，打开【添加杂色】对话框，如图11-4-37所示。例如，应用【添加杂色】命令制作水晶唇彩的效果如图11-4-38所示。【添加杂色】是一个非常常用的滤镜，常用于增加画面质感，或与其他滤镜组合使用，制作一些特殊的效果。

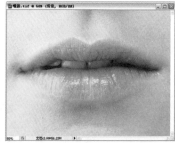

图11-4-37 【添加杂色】　　　图11-4-38 应用【添加杂色】制作水晶唇彩
　　　　对话框

【添加杂色】对话框中的各项参数解释如下。

- 数量：设置添加杂点的数量。
- 分布：设置杂色的分布方式。
- 单色：勾选该复选框，则杂点为单色。

第12章
动　画

在Photoshop CS3软件中，不仅能对图像进行精密的修饰和处理，而且还能制作出动态图像效果，本章将详细讲解【动画】调板的基本使用方法，利用【动画】调板可以创建动画效果，通过对帧与帧之间显示图像的编辑和处理，在连续、快速播放不同图像时，图像将会展示出动态效果。

12.1 动画调板

在Photoshop CS3软件中，可以将图像制作为动画效果，执行【窗口】→【动画】命令，打开【动画】调板，如图12-1-1所示，在此调板中可以创建动画帧，并且可以对动画帧进行单帧选择、多帧选择、复制、粘贴、删除等一系列编辑。

图12-1-1　【动画】调板

下面将介绍【动画】调板的各项按钮功能。

* 选择第一帧 ◄◄：如果调板中制作了多个帧，同时在选中其他帧的情况下，单击此按钮，即可选中第一帧。

* 选择上一帧 ◄|| ：单击此按钮，即可选中当前帧的上一帧。

* 播放动画 ▶ ：单击此按钮即可播放连续动画，在播放过程中该按钮将变成"停止动画"按钮 ■ ，单击此按钮即可停止播放动画。

* 选择下一帧 |▶ ：单击此按钮，即可选中当前帧的下一帧。

* 过渡动画帧 ｏｏｏ ：单击此按钮，将会弹出【过渡】对话框，在此对话框中可以通过设置创建过渡帧。

* 复制所选帧 ⬚ ：通过单击此按钮，即可将当前帧进行复制，同时创建为新帧。

* 删除所选帧 🗑 ：单击此按钮，即可删除当前所选帧。

- **转换为时间轴动画** ：单击此按钮，即可转换为【动画（时间轴）】调板，如图12-1-2所示，此调板是Photoshop CS3软件中制作动画的一种新方式，时间轴方式广泛运用在许多影视制作软件中，如Premiere、AfterEffects、Flash等。
- **调板菜单按钮** ：此按钮位于调板的右上方，单击该按钮，即可打开快捷菜单如图12-1-3所示，在此菜单中同样可以执行创建帧、删除单帧、删除动画等命令。

图12-1-2 【动画（时间轴）】调板　　　　图12-1-3 快捷菜单

12.2 创建动画

动画的形成是在一段时间内图像产生运动或改变，通过连续显示图像时，将会形成动态图像效果。利用【动画】调板可以创建动画，其中一帧表示一个动画动作，如果帧与帧之间显示的图像效果不同，那么在连续、快速地播放帧时，将会按顺序显示不同的图像效果，从而产生图像的变化和运动的错觉。

12.2.1 结合使用图层调板和动画调板

通过【图层】调板，可以控制图层的显示，而【动画】调板可以通过关键帧存放显示的图片，结合【图层】调板和【动画】调板的使用，在一个文件中存放两幅或两幅以上的不同图片，并且创建关键帧分别存放图片，通过播放即可产生两幅或两幅以上的图片交替动画。

下面通过一个简单实例讲解动画的制作。

实例解析12-1时尚互动

① 执行【文件】→【打开】命令，或按"Ctrl+O"组合键，打开配套光盘，"第12章\素材\12-1"中的素材图片"时尚美女1.tif"、"时尚美女2.tif"、"时尚美女3.tif"、"时尚美女4.tif"，如图12-2-1、图12-2-2、图12-2-3和图12-2-4所示。

② 选择工具箱中的【移动工具】 ，将素材图片"时尚美女2、3、4"分别拖动到"时尚美女1"的文件中，并单击图层的"指示图层可视性"按钮 ，隐藏图层，只显示"背景"图层，如图12-2-5所示。

③ 单击【动画】调板下方的"复制所选帧"按钮 ，新建"帧2"，并单击"图层1"的"指示图层可视性"按钮 ，显示该图层，如图12-2-6所示。

图12-2-1 "时尚美女1"

图12-2-2 "时尚美女2"

图12-2-3 "时尚美女3"

图12-2-4 "时尚美女4"

图12-2-5 显示背景图层

图12-2-6 显示图层1

❹ 单击【动画】调板下方的"复制所选帧"按钮 ，新建"帧3"，并单击"图层2"的"指示图层可视性"按钮 ，显示该图层，如图12-2-7所示。

❺ 单击【动画】调板下方的"复制所选帧"按钮 ，新建帧4"，并单击"图层3"的"指示图层可视性"按钮 ，显示该图层，如图12-2-8所示。

图12-2-7 显示图层2

图12-2-8 显示图层3

❻ 单击【动画】调板下方的"播放动画"按钮 ，即可预览连续动画，如图12-2-9所示。参见配套光盘"第12章\源文件\12-1时尚互动.psd"。

图12-2-9 播放连续动画

12

12.2.2　选择帧

　　在编辑动画帧或更改帧之前，首先应该选中动画帧，选择动画帧有许多种方法，其中可以单一选中一帧，还可以同时选中多帧。在【动画】调板中，可通过直接单击动画帧进行选择，也可以通过单击【动画】调板下方的"选择第一帧"按钮 、"选择上一帧"按钮 和 "选择下一帧"按钮 进行选择，除此之外，还可以配合快捷键对动画帧进行多帧选择。

　　（1）选择连续多帧：首先选择连续帧的起始帧，然后按住"Shift"键不放，单击连续帧的终止帧，即可将起始帧和终止帧之间帧一同选中，如图12-2-10所示。

　　（2）选择非连续多帧：首先按住"Ctrl"键不放，在【动画】调板中直接选择动画帧，即可同时选中非连续的动画帧，如图12-2-11所示。

图12-2-10　选择连续多帧

图12-2-11　选择非连续多帧

12.2.3　复制和粘贴帧

　　复制动画帧就是将当前选择帧的所有设置和属性一成不变地复制下来，单击【动画】调板右上方的菜单按钮 ，在弹出的快捷菜单中选择【复制单帧】命令，即可复制动画帧。通过复制帧之后，再次单击菜单按钮 ，在弹出的快捷菜单中选择【粘贴单帧】命令，将会打开【粘贴帧】对话框，如图12-2-12所示，在此对话框中可以选择粘贴帧的方式。

图12-2-12　【粘贴帧】对话框

> **提示**　执行"复制"和"粘贴"帧时，在选择多帧的情况下，快捷菜单中的【复制单帧】命令，将会变为【复制多帧】命令，同样【粘贴单帧】命令也会变为【粘贴多帧】命令。

- 替换帧：当选择此选项进行粘贴时，将会把复制的帧替换掉选择的当前帧。
- 粘贴在所选帧之上：选择此选项进行粘贴，将会把复制的帧粘贴到当前帧中，同时将会把复制帧的内容作为新图层粘贴到图像中。
- 粘贴在所选帧之前：选择此粘贴方式，将会把复制的帧粘贴到当前所选帧的前一帧。
- 粘贴在所选帧之后：选择此粘贴方式，将会把复制的帧粘贴到当前所选帧的后一帧。

12.2.4　过渡帧

　　过渡帧主要是在帧与帧之间自动添加过渡效果，单击【动画】调板下方的"过渡动画帧"按钮 ，将会打开【过渡】对话框，如图12-2-13所示，在此对话框中可以设置过渡帧的方式、数量以及过渡类型等。

- 过渡方式：在此下拉列表中有上一帧、下一帧、选区等选项，通过选项的选择可以控制过渡帧的对象。

图12-2-13 【过渡】对话框

- 要添加的帧数：在此输入框中，可以设置添加的过渡帧数量。
- 所有图层：选择此选项，将会对所有图层进行过渡效果的添加。
- 选中的图层：选择此选项，只会对当前选择的图层进行过渡效果的添加。
- 位置：如果帧与帧之间的图片位置有所改变，勾选此复选框，将会在两帧之间创建补间动画帧。
- 不透明度：勾选此复选框，在创建的过渡帧中，将会均匀地更改图片的不透明度。
- 效果：勾选此复选框，在创建的过渡帧中可对图层样式效果进行更改。

通过【过渡】对话框，可以均匀地改变两帧之间的图层属性，如图像的位置、不透明度等，它根据两帧不同的图像创建一系列连续变化的效果。

下面通过一个实例讲解如何创建过渡帧。

实例解析12-2幻影动画

① 执行【文件】→【打开】命令，或按"Ctrl+O"组合键，打开配套光盘，"第12章\素材\12-2"中的素材图片"局部写真1.tif"和"局部写真2.tif"，如图12-2-14和图12-2-15所示。

图12-2-14 素材图片"局部写真1"

图12-2-15 素材图片"局部写真2"

② 选择工具箱中的【移动工具】，将素材图片"局部写真2"拖动到"局部写真1"的文件中，并单击"图层1"的"指示图层可视性"按钮，隐藏该图层，如图12-2-16所示。

③ 单击【动画】调板下方的"复制所选帧"按钮，新建"帧2"，并单击"图层1"的"指示图层可视性"按钮，显示该图层，如图12-2-17所示。

图12-2-16 隐藏图层

图12-2-17 显示图层

④ 单击【动画】调板下方的"过渡动画帧"按钮 ，打开【过渡】对话框，在对话框中设置"要添加的帧数"为5，并设置其他选项如图12-2-18所示，单击"确定"按钮，将会在【动画】调板中自动添加过渡帧，并且会产生从透明逐渐变化到另一幅图片的效果。参见配套光盘"第12章\源文件\12-2幻影动画.psd"。

图12-2-18 创建【过渡】帧

12.2.5 指定循环

在播放连续动画时，可以指定动画的播放次数，通过单击【动画】调板左下角的下拉按钮，打开快捷菜单，如图12-2-19所示，在此菜单中有"一次"、"永远"和"其他"三个选项，可以通过菜单中的选项设置播放的次数。

- 一次：选择此选项，表示在播放动画时，按次序只播放一次。
- 永远：选择此选项，表示在播放动画时，将会一直循环播放。
- 其他：选择此选项，将会打开【设置循环次数】对话框，如图12-2-20所示，在打开的对话框中可以设置播放动画的次数。

图12-2-19 指定循环快捷菜单

图12-2-20 【设置循环次数】对话框

12.2.6 重新排列和删除帧

在【动画】调板中可以对动画帧的次序进行重新排列，也可以对动画帧进行删除，下面讲解排列帧和删除帧的方法。

（1）反向排列帧的顺序：单击【动画】调板右上方的菜单按钮，在弹出的快捷菜单中选择【反向帧】命令，即可快速地反转动画帧的顺序。反向排列帧的前后顺序如图12-2-21所示。

反向排列前

反向排列后

图12-2-21 反向排列帧的前后顺序

（2）更改帧的位置：在【动画】调板中直接拖动动画帧到需要的目标位置，即可快速更改动画帧的顺序。更改动画帧位置的前后顺序如图12-2-22所示。

更改前的位置　　　　　　　　　更改后的位置

图12-2-22 更改动画帧位置的前后顺序

（3）删除选中的帧：在【动画】调板中可以创建动画帧同时也能删除动画帧，首先选中动画帧，单击【动画】调板下方的"删除所选帧"按钮 ，将弹出询问对话框，如图12-2-23所示，单击"确定"按钮，即可删除所选帧。删除动画帧还可以直接将动画帧拖动到"删除所选帧"按钮上进行删除。通过单击【动画】调板右上方的菜单按钮，弹出快捷菜单，如图12-2-24所示，在此快捷菜单中，如果选择【删除单帧】命令，同样可以删除选择的动画帧，如果选择的是【删除动画】命令，将会删除整个动画。

图12-2-23 删除询问对话框　　　　图12-2-24 快捷菜单

> 【提示】　　在【动画】调板中，如果要同时删除多帧，首选需要按住Ctrl键或按住Shift键选中多帧，运用本节的删除方法，即可对多帧进行删除。

12.2.7 设置帧延迟时间

通过对动画帧延迟时间的设置，可以调整播放时动画帧的间隔时间，设置的延迟时间越短，播放时的动画将会越快，设置的延迟时间越长，播放时的动画将会越慢。

在【动画】调板中，单击动画帧下方的"0秒"的下拉按钮 0秒▼，即可弹出快捷菜单，如图12-2-25所示，在此快捷菜单中可以直接选择列表中的延迟时间，对动画帧的延迟时间进行设定。

设置延迟时间同样可以对多帧进行同时设定，首先同时选中多帧动画帧，然后单击动画帧下方的"0秒"的下拉按钮 0秒▼，在弹出的快捷菜单中可以选择"其他"选项，将会打开【设置帧延迟】对话框，在此对话框中可以设置延迟时间，如图12-2-26所示，单击"确定"按钮即可。在【动画】调板中，设置的延迟时间最短是"0"秒，最长可以是"240"秒。

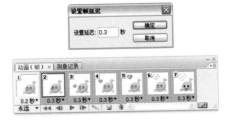

图12-2-25 设置单帧延迟时间　　　　　图12-2-26 设置多帧延迟时间

12.2.8 优化并存储动画

在Photoshop CS3软件中，制作完动画以后，必须通过优化后存储动画，才可以存储为"GIF"格式的动画图片，如果通过其他方式存储图片为"GIF"格式，存储的图片将无法产生动画效果。

执行【文件】→【存储为Web和设备所用格式】命令，即可打开【存储为Web和设备所用格式】对话框，如图12-2-27所示，在此对话框中可以对动画进行优化存储。

对话框中的四个不同优化设置。

- 原稿：原稿图像设置。
- 优化：选择此选项卡可以预览优化后的图像。
- 双联：选择此选项卡可以预览两个优化结果。
- 四联：选择此选项卡可以预览四个优化结果。

图12-2-27 【存储为Web和设备所用格式】对话框

在【存储为Web和设备所用格式】对话框中选择"四联"选项卡，将会在对话框中根据图像的大小展开4个优化预览图像，如图12-2-28所示，可以单击其中一个预览图像进行优化选择，在窗口的右侧中可以对图像的损耗、颜色、仿色、杂边、透明度以及格式的选择进行优化处理。

单击对话框右下侧的"图像大小"选项卡，在其中可以更改"宽度"、"高度"和"百分比"等参数，图像的大小进行调整，设置完图像大小以后，单击选项卡下方的"应用"按钮 应用 ，即可预览更改大小后的图像，如图12-2-29所示。

在"图像大小"选项卡的下侧，可以通过单击其中的按钮，对动画进行上一帧、下一帧、播放等图像预览，优化完图像以后单击对话框中的"存储"按钮 存储 ，即可存储为"GIF"格式的动画图片。

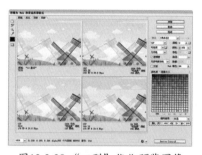

图12-2-28 "四联"优化预览图像

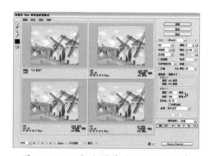

图12-2-29 更改图像大小后的预览

12.3 优化用于Web的图像

优化是在原始图像之上对图像的颜色、显示品质和文件大小等进行一系列微调。不同的文件格式有不同的优化效果，通过文件格式的转换，可以使图像在不同的场合显示出最优的品质。常用于Web的图像格式有：JPEG、GIF、PNG-8、PNG-24四种文件格式，其中JPEG格式和GIF格式，采用了有损压缩方式，使图像文件变得较小，传输速度也相应提高，同时得到较好的图像品质，所以广泛运用在互联网络中，而通过PNG-8格式与PNG-24格式，压缩后的图像文件较大，不便于互联网络中传输。

第2篇 实例精讲篇

通过对基础知识的学习，相信许多读者都跃跃欲试，想进一步证明或测试自己是否掌握了Photoshop CS3这个软件。本篇由6章构成，分类列举了各种各样较为复杂的实例并进行逐步讲解。将理论付诸于实践的时候到了！在应用基础知识的同时，充分发挥想象力，当完成一幅满意的作品时，Photoshop将带给你前所未有的成就感。

值得一提的是，对实例的学习千万不能模式化，任何效果都没有指定的套路，也许这个图片是用某种方法制作了某个效果，但是换个图片要达到同样的效果，方法却是大相径庭。逐步讲解的实例，是引领读者去思考、发掘制作案例的要点，并非刻板地去记住某种方法。Photoshop只是一个工具，真正的方法其实只存在于人的大脑中，所以在学习的过程中，请不要停止思考。

本篇精美效果图赏析

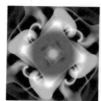

第13章
神奇的滤镜

　　滤镜可以实现图像的各种特殊效果。它具有非常神奇的作用。所有滤镜都分类放置在【滤镜】菜单中。看似简单的滤镜，要将它用得恰到好处却非常困难。滤镜通常需要同通道、图层等配合使用，才能取得令人惊叹的艺术效果。用户除了需要良好的艺术修养和丰富的想象力外，对滤镜的熟悉和操控能力也不可小视，这样才能有的放矢地应用滤镜，发掘滤镜功能的最高境界。

　　本章通过几个精彩的滤镜实例，引领读者进入一个玄妙的艺术空间，从这些经典的例子中去探索更深入的滤镜知识，从不断的创作和摸索中创作出具有迷幻色彩的艺术作品。

13.1 素描特效

　　本实例主要讲解如何制作"素描特效"（第13章\源文件\13.1素描特效.psd）。本实例通过对彩色素材进行【去色】操作，使其转换为灰度图片，再对素材进行【反向】操作后，通过设置【图层混合模式】，提取图像的线条，最后通过【滤镜】菜单中的【墨水轮廓】、【纹理化】命令，实现素描效果。

13.1.1 设计思路

　　本例是一个照片转素描的例子。为了达到较为逼真的素描效果，首先需要对素描的特点和绘制方法有大致的了解，素描是用线与面的表现方式来表达的。每一个物体在光照下都有亮灰暗三部分。从最深到最亮依次是：明暗交界线、暗部、反光、灰部、亮部。而素描的绘制都是通过简单的线条确定物体的轮廓，再通过明暗关系来完成整个素描的绘制。当对素描有了基础的了解后，在制作整个素描效果的例子时，就可以采用相同的步骤来完成。

　　本例制作的流程图如图13-1-1所示。

图13-1-1 制作的流程图

13.1.2 制作步骤

①执行【文件】→【打开】命令，或按"Ctrl+O"组合键，打开配套光盘"第13章\素材\13.1"中的素材图片"个性美女.tif"，如图13-1-2所示。

②执行【图像】→【调整】→【去色】命令，去掉图片颜色如图13-1-3所示。

图13-1-2 打开素材图片　　　　　　图13-1-3 去掉图片颜色

③按"Ctrl+J"组合键，将"背景"图层复制到新建"图层1"中，并执行【图像】→【调整】→【反相】命令，反转图片颜色，如图13-1-4所示。

④设置"图层1"的"图层混合模式"为颜色减淡，效果如图13-1-5所示。

图13-1-4 执行【反相】命令　　　　图13-1-5 设置"图层混合模式"：颜色减淡

⑤执行【滤镜】→【模糊】→【高斯模糊】命令，打开【高斯模糊】对话框，设置其参数为5像素，单击"确定"按钮，通过模糊后的效果如图13-1-6所示。

⑥选择"背景"图层，按"Ctrl+J"组合键，创建"背景 副本"图层，并设置"图层混合模式"为叠加，主要是让素描效果的颜色更深，如图13-1-7所示。

图13-1-6 设置【高斯模糊】参数　　　图13-1-7 设置"图层混合模式"：叠加

⑦ 执行【滤镜】→【画笔描边】→【墨水轮廓】命令，打开【墨水轮廓】对话框，并分别设置其参数为7、14、10，单击"确定"按钮，将为图像添加了一些线条效果，如图13-1-8所示。

⑧ 执行【滤镜】→【纹理】→【纹理化】命令，打开【纹理化】对话框，设置对话框中的"纹理"为画布，并分别设置"缩放"为56，"凸现"为6，"光照"为上，单击"确定"按钮，制作完成后的最终效果如图13-1-9所示。

图13-1-8 设置【墨水轮廓】参数　　　　　图13-1-9 设置【纹理化】参数

13.2 神秘梦境

本实例讲解如何制作"神秘梦境"的合成图片（第13章\源文件\13.2神秘梦境.psd）。本实例通过对一幅普通的风景素材进行【高斯模糊】后，利用【图层混合模式】为素材添加色彩，最后为图片添加点缀效果，达到神秘梦幻的意境效果。

13.2.1 设计思路

本例的重点在于梦幻意境的营造。怎样才能让一幅普普通通的风景图片变得像梦境一样神秘呢？首先既然是梦境，那么一定具有朦胧的视觉效果；其次是色彩，光艳的色彩总能让人感觉神秘；最后再加上星星点点的点缀，那么一幅神秘梦幻的画面就呈现在眼前了。

本例制作的流程图如图13-2-1所示。

图13-2-1 制作的流程图

13.2.2 制作步骤

① 执行【文件】→【打开】命令，或按"Ctrl+O"组合键，打开配套光盘"第13章\素材\13.2"中的素材图片"神秘梦境.tif"，如图13-2-2所示。

② 按"Ctrl+L"组合键，打开【色阶】对话框，并调整其参数为0、0.90、196，效果如图13-2-3所示。

图13-2-2 打开素材图片

图13-2-3 调整【色阶】参数

③ 执行【图像】→【调整】→【色相/饱和度】命令，打开【色相/饱和度】对话框，并设置其参数为0、-55、0，效果如图13-2-4所示。

④ 拖动"背景"图层到"创建新图层"按钮 上，创建"背景 副本"，并执行【滤镜】→【模糊】→【高斯模糊】命令，打开【高斯模糊】对话框，设置"半径"为2像素，效果如图13-2-5所示。

 使用【色相/饱和度】命令，将图片的色彩调整得更鲜明，让对比度更强烈，可以通过在对话框中设置参数调整"色阶"，也可以直接对照图片拖动滑块进行调整。

图13-2-4 设置【色相/饱和度】参数

图13-2-5 设置【高斯模糊】参数

⑤ 设置"背景 副本"的"图层混合模式"为强光，效果如图13-2-6所示。

⑥ 选择工具箱中的【画笔工具】 ，在属性栏上单击"切换画笔调板"按钮 ，打开"画笔预设"对话框，并选中"画笔笔尖形状"复选框，分别设置参数如图13-2-7所示。

图13-2-6设置 "图层混合模式"：强光　图13-2-7设置 "画笔笔尖形状"参数

⑦ 勾选"画笔预设"对话框中的"形状动态"复选框，分别设置参数如图13-2-8所示。

⑧ 勾选"画笔预设"对话框中的"散布"复选框，分别设置参数如图13-2-9所示。

⑨ 新建"图层1"，设置"前景色"为白色，在窗口中拖动鼠标，绘制原点图形如图13-2-10所示。

图13-2-8 设置"形状   图13-2-9 设置"散布"参数   图13-2-10 绘制原点图形
动态"参数

⑩ 在【图层】面板双击该图层，打开【图层样式】对话框，选择"外发光"复选框，设置"颜色"为嫩绿色（R:172，G:243，B:0），并设置其他参数，如图13-2-11所示。

⑪ 应用【图层样式】后的图像效果如图13-2-12所示。

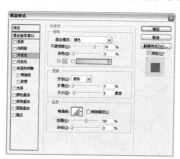

图13-2-11 设置"外发光"参数   图13-2-12 应用【图层样式】后的效果

⑫ 新建"图层2"，设置"前景色"为蓝色（R:0，G:135，B:243），选择工具箱中【画笔工具】 ，并在其属性栏选择"柔角100像素"画笔，在窗口中绘制颜色，如图13-2-13所示。

⑬ 设置"图层2"的"图层混合模式"为叠加，效果如图13-2-14所示。

图13-2-13 绘制蓝色   图13-2-14 设置"图层混合模式"：叠加

⑭ 新建"图层3"，设置"前景色"为绿色（R:28，G:224，B:8），选择工具箱中【画笔工具】 ，并在窗口中绘制颜色，如图13-2-15所示。

⑮ 设置"图层3"的"图层混合模式"为柔光，效果如图13-2-16所示。

图13-2-15 绘制绿色

图13-2-16 设置"图层混合模式"：柔光

⑯ 新建"图层4"，设置"前景色"为嫩绿色（R:146，G:233，B:25），选择工具箱中【画笔工具】，设置属性栏上的"不透明度"为50%，并在窗口中绘制颜色，如图13-2-17所示。

⑰ 设置"图层4"的"图层混合模式"为柔光，设置"不透明度"为50%，效果如图13-2-18所示。

图13-2-17 绘制嫩绿色

图13-2-18 设置"图层混合模式"：柔光

⑱ 新建"图层5"，设置"前景色"为白色，选择工具箱中【画笔工具】，设置属性栏上的"不透明度"为100%，并在窗口中绘制原点，如图13-2-19所示。

⑲ 在【图层】面板双击该图层，打开【图层样式】对话框，选择"外发光"复选框，设置"颜色"为黄色（R:255，G:240，B:0），并设置其他参数，如图13-2-20所示。

图13-2-19 绘制原点

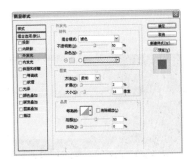

图13-2-20 设置"外发光"参数

⑳ 应用【图层样式】后的图像效果如图13-2-21所示。

㉑ 新建"图层6"，设置"前景色"为橘黄色（R:254，G:192，B:0），选择工具箱中的【画笔工具】，并在窗口中绘制颜色，如图13-2-22所示。

图13-2-21 应用【图层样式】后的效果

图13-2-22 绘制橘黄色

㉒ 设置"图层6"的"图层混合模式"为色相，效果如图13-2-23所示。

㉓ 新建"图层7"，设置"前景色"为蓝色（R:3，G:162，B:207），选择工具箱中【画笔工具】，在窗口中绘制颜色，如图13-2-24所示。

图13-2-23 设置"图层混合模式"：色相

图13-2-24 绘制蓝色

㉔ 设置"图层7"的"图层混合模式"为颜色，效果如图13-2-25所示。

㉕ 新建"图层8"，按"D"键，将工具箱下方的"前景色"与"背景色"恢复成默认的"黑白"色，执行【滤镜】→【渲染】→【云彩】命令，制作云彩效果，并选择工具箱中的【橡皮擦工具】，在窗口中擦除图像，效果如图13-2-26所示。

提示　　滤镜中的【云彩】命令，它所产生的效果是随机变化的，在制作过程中，如果对效果不满意，可以多按几次"Ctrl+F"组合键，重复执行【云彩】命令，从中选取满意的效果。

图13-2-25 设置"图层混合模式"：颜色

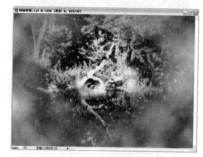

图13-2-26 擦除图像

㉖ 设置"图层8"的"图层混合模式"为颜色，效果如图13-2-27所示。

㉗ 新建"图层9"，设置"前景色"为黑色，选择工具箱中【画笔工具】 ✐，在窗口边缘绘制颜色，如图13-2-28所示。

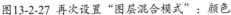
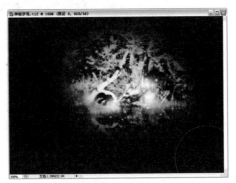

图13-2-27 再次设置"图层混合模式"：颜色　　　　　图13-2-28 绘制黑色

㉘ 设置"图层9"的"图层混合模式"为柔光，制作完成后的最终效果如图13-2-29所示。

图13-2-29 最终效果

13.3 彩色漩涡

本实例讲解如何制作"彩色漩涡"图片（第13章\源文件\13.3彩色漩涡.psd）。本实例应用了【滤镜】菜单下的【波浪】、【极坐标】、【旋转扭曲】、【水彩】、【径向模糊】等命令，制作出漩涡的形态，【极坐标】是在本例的学习中应该重点掌握的知识点，【渐变工具】在本例中也发挥了不小的作用，绚丽的色彩就是它的功劳。

13.3.1 设计思路

本例是一个滤镜综合应用的实例。通过对各种滤镜的组合使用，制作出一些让人叹为观止的效果。通过这个实例，可以充分感受到滤镜的神奇之处。正因为它是不定向的、随机的，才让我们在其中感受到了那么多的惊喜。当然滤镜的作用远不止这些，读者可以变换不同的参数，摸索出更多更绚丽的效果。

本例制作的流程图如图13-3-1所示。

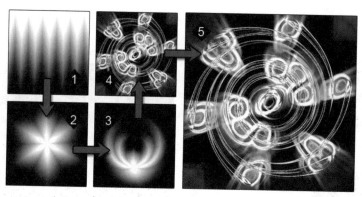

图13-3-1 制作的流程图

13.3.2 制作步骤

① 执行【文件】→【新建】命令，打开【新建】对话框，设置"名称"为彩色漩涡，"宽度"为8厘米，"高度"为8厘米，"分辨率"为150像素/英寸，"颜色模式"为RGB颜色，"背景内容"为白色，如图13-3-2所示。

② 选择工具箱中的【渐变工具】，单击属性栏上的"编辑渐变"按钮，打开"渐变编辑器"对话框，在"预设"中选择"前景到背景"渐变样式，如图13-3-3所示，单击"确定"按钮。

 在"渐变编辑器"对话框中的"前景到背景"渐变颜色，与工具箱下方的"前景色"和"背景色"有必然的联系。如果更改"前景色"与"背景色"的颜色，则"前景到背景"的渐变颜色也会有相应的改变。

图13-3-2 新建文件

图13-3-3 调整渐变色

③ 单击属性栏上的"线性渐变"按钮，在窗口中拖动鼠标，渐变效果如图13-3-4所示。

④ 执行【滤镜】→【扭曲】→【波浪】命令，打开【波浪】对话框，在"类型"中选择"三角形"单选项，设置其他参数如图13-3-5所示。

⑤ 通过【波浪】命令的调整后，图像成三角的波浪效果，如图13-3-6所示。

⑥ 执行【滤镜】→【扭曲】→【极坐标】命令，打开【极坐标】对话框，选择"平面坐标到极坐标"单选项，单击"确定"按钮，效果如图13-3-7所示。

图13-3-4 渐变效果

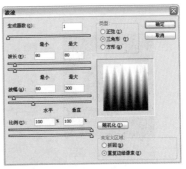

图13-3-5 设置【波浪】参数

图13-3-6 制作的效果1

图13-3-7 设置【极坐标】

⑦ 按"Ctrl+F"组合键，重复上一次的滤镜操作，效果如图13-3-8所示。

⑧ 执行【滤镜】→【扭曲】→【旋转扭曲】命令，打开【旋转扭曲】对话框，设置"角度"为999度，单击"确定"按钮，效果如图13-3-9所示。

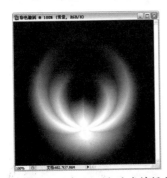

图13-3-8 重复上一次的滤镜操作

图13-3-9 设置【旋转扭曲】参数

⑨ 执行【滤镜】→【艺术效果】→【水彩】命令，打开【水彩】对话框，设置其参数为9、1、1，单击"确定"按钮，如图13-3-10所示。

⑩ 执行【滤镜】→【扭曲】→【波浪】命令，打开【波浪】对话框，在"类型"中选择"三角形"单选项，设置其他参数如图13-3-11所示。

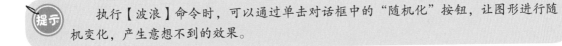

提示　执行【波浪】命令时，可以通过单击对话框中的"随机化"按钮，让图形进行随机变化，产生意想不到的效果。

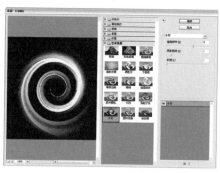

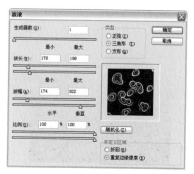

图13-3-10 设置【水彩】参数　　　　　　　图13-3-11 再次设置【波浪】参数

⑪ 通过【波浪】命令的调整后，制作的效果如图13-3-12所示。

⑫ 拖动"背景"图层到"创建新图层"按钮 上，创建"背景 副本"，执行【滤镜】→【模糊】→【径向模糊】命令，打开【径向模糊】对话框，设置"数量"为100，选择"缩放"单选项，效果如图13-3-13所示。

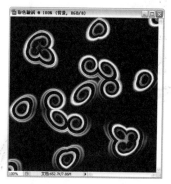

图13-3-12 制作的效果2　　　　　　　图13-3-13 设置【径向模糊】参数

⑬ 设置"背景 副本"的"图层混合模式"为线性减淡，效果如图13-3-14所示。

⑭ 选择"背景"图层，按"Ctrl+J"组合键，创建"背景 副本2"，执行【滤镜】→【扭曲】→【旋转扭曲】命令，打开【旋转扭曲】对话框，设置"角度"为999度，单击"确定"按钮，效果如图13-3-15所示。

图13-3-14 设置"图层混合模式"：线性减淡　　　图13-3-15 再次设置【旋转扭曲】参数

⑮ 设置"背景 副本2"的"图层混合模式"为差值，效果如图13-3-16所示。

⑯ 新建"图层1"，选择工具箱中的【渐变工具】■，单击属性栏上的"编辑渐变"下拉按钮■■■■▼，打开"渐变样式"下拉菜单，选择"透明彩虹"渐变样式，并单击属性栏上的"径向渐变"按钮■，在窗口中拖动鼠标，渐变效果如图13-3-17所示。

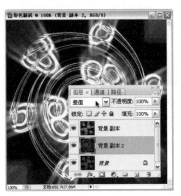

图13-3-16 设置"图层混合模式"：差值

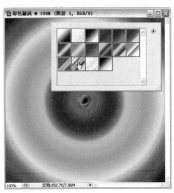

图13-3-17 渐变效果

⑰ 设置"图层1"的"图层混合模式"为颜色，制作完成后的最终效果如图13-3-18所示。

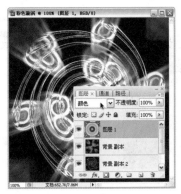

图13-3-18 最终效果

13.4 淡雅水墨

本实例讲解如何制作"淡雅水墨"的仿手绘图片（第13章\源文件\13.4淡雅水墨.psd）。本实例是学习应用【滤镜】命令来实现水墨画效果。制作过程中，应用到了【色阶】将素材颜色调整得鲜亮，再应用【减淡工具】对图像进行减淡处理，最后通过【特殊模糊】、【水彩】、【纹理化】、【水彩画纸】模拟出水墨画的笔触和纸张肌理。

13.4.1 设计思路

与之前讲到的素描效果一样，首先应该对水墨画有大致的了解。水墨画是国画的一种，它是用毛笔创作出来的，水墨画的笔触较大，并且向外扩散。在制作这个实例时，可以对素材图片与水墨画进行比对，不难发现素材图片的色彩偏暗、偏深，除了调整色彩之外，最重要的还是对水墨效果的处理，只要抓住水墨画的特征，相信将照片处理成水墨效果并不是一件困难的事。

本例制作的流程图如图13-4-1所示。

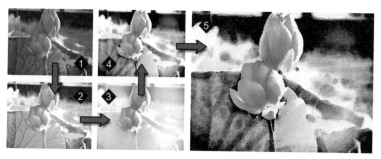

图13-4-1 制作的流程图

13.4.2 制作步骤

❶ 执行【文件】→【打开】命令，或按"Ctrl+O"组合键，打开配套光盘"第13章\素材\13.4"中的素材图片"荷花.tif"，如图13-4-2所示。

❷ 按"Ctrl+L"组合键，打开【色阶】对话框，并调整其参数为0、0.91、117，让图像的色彩更鲜明，对比度更强烈，效果如图13-4-3所示，单击"确定"按钮。

图13-4-2 打开素材图片

图13-4-3 调整【色阶】参数

❸ 选择工具箱中的【减淡工具】 ，在图像中涂抹，减淡图像的颜色，让图像中的背景颜色更亮，对比度更模糊一些，使图像中的"荷花"更加突出，效果如图13-4-4所示。

❹ 执行【滤镜】→【模糊】→【特殊模糊】命令，打开【特殊模糊】对话框，并分别设置其参数为100、100，设置"品质"为高，设置"模式"为正常，单击"确定"按钮，效果如图13-4-5所示。

图13-4-4 减淡图像颜色

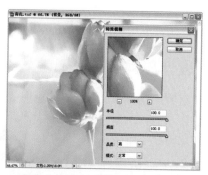

图13-4-5 设置【特殊模糊】参数

提示 使用【特殊模糊】可以对一幅图像进行精细模糊，能够减少图像中的褶皱或产生清晰边界。调整"半径"参数，可以控制不同像素的广度；调整"阈值"参数，可以决定像素的模糊范围。

⑤ 执行【滤镜】→【艺术效果】→【水彩】命令，打开【水彩】对话框，并分别设置"画笔细节"为14，"阴影强度"为1，"纹理"为3，如图13-4-6所示。

⑥ 按"Ctrl+F"组合键，重复上一次的滤镜操作，效果如图13-4-7所示。

图13-4-6 设置【水彩】参数

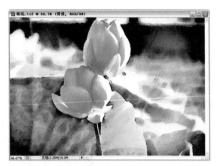
图13-4-7 重复上一次的滤镜操作

⑦ 执行【滤镜】→【纹理】→【纹理化】命令，打开【纹理化】对话框，并分别设置"纹理"为画布，设置"缩放"为200，"凸现"为2，"光照"为下，如图13-4-8所示。

⑧ 执行【滤镜】→【素描】→【水彩画纸】命令，打开【水彩画纸】对话框，并分别设置"纤维长度"为3，"亮度"为55，"对比度"69，如图13-4-9所示。

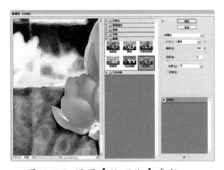
图13-4-8 设置【纹理化】参数

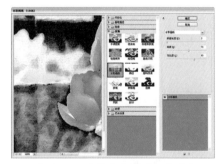
图13-4-9 设置【水彩画纸】参数

⑨ 执行完以上步骤后，制作完成的"淡雅水彩"最终效果如图13-4-10所示。本案例视频文件保存在"第13章\视频\13.4淡雅水墨.avi"，有助于读者更深入学习本案例的绘制过程。

13.5 燃烧的图腾

本实例讲解如何制作"燃烧的图腾"的合成图片（第13章\源文件\13.5燃烧的图腾.psd）。本实例绚丽的背景画面是通过应用【云彩】、【扩散】、【径向模糊】等滤镜命

图13-4-10 最终效果

令与素材图片相搭配制作出来的，其中也应用到了【色阶】和【图层混合模式】。图腾和文字的处理主要应用了【图层样式】，火一般热烈的色彩是【渐变映射】赋予的。

13.5.1 设计思路

在现实生活中，火焰是一种发光的自然现象，也是物质化学反应的一种现象，它并没有固定的颜色和形状。但是在设计领域中，根据视觉所观察到的效果，常常将火焰以红黄渐变的色调展示出效果。本例用黑色的背景更加衬托出明艳的色彩，渲染出热烈、燃烧的氛围。在Photoshop软件中，只要掌握了火焰的颜色层次，即可制作出更多逼真的燃烧特效。

本例制作的流程图如图13-5-1所示。

图13-5-1 制作的流程图

13.5.2 制作步骤

❶ 执行【文件】→【新建】命令，打开【新建】对话框，设置"名称"为燃烧的图腾，"宽度"为8厘米，"高度"为10厘米，"分辨率"为150像素/英寸，"颜色模式"为RGB颜色，"背景内容"为白色，如图13-5-2所示。

❷ 按D键，将工具箱下方的"前景色"与"背景色"恢复成默认的"黑白"色，并执行【滤镜】→【渲染】→【云彩】命令，制作云彩效果，如图13-5-3所示。

图13-5-2 新建文件

图13-5-3 制作云彩效果

❸ 执行【图像】→【调整】→【色阶】命令，打开【色阶】对话框，并调整其参数为88、0.40、232，效果如图13-5-4所示。

❹ 执行【文件】→【打开】命令，或按"Ctrl+O"组合键，打开配套光盘"第13章\素材\13.5"中的素材图片"图腾.tif"，如图13-5-5所示。

⑤ 选择工具箱中的【移动工具】▶⊕，将素材拖移到"燃烧的图腾"文件中，并按"Ctrl+T"组合键，打开【自由变换】调节框，调整图片的大小和位置，如图13-5-6所示，按Enter键确定。

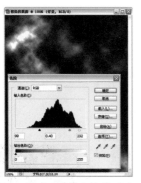
图13-5-4 调整【色阶】参数

图13-5-5 打开素材图片"图腾"

图13-5-6 调整"图腾"图片的大小和位置

⑥ 在【图层】面板双击该图层，打开【图层样式】对话框，选择"等高线"复选框，设置"等高线"为锥形，如图13-5-7所示。

⑦ 选择【图层样式】对话框中的"斜面和浮雕"复选框，设置其参数如图13-5-8所示。

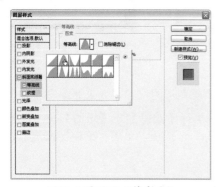
图13-5-7 设置"等高线"

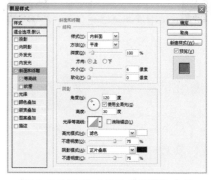
图13-5-8 设置"斜面和浮雕"参数

⑧ 选择"外发光"复选框，设置"颜色"为白色，设置其他参数如图13-5-9所示。

⑨ 应用【图层样式】后的图像效果如图13-5-10所示。

图13-5-9 设置"外发光"参数

图13-5-10 应用【图层样式】后的效果

13

⑩ 新建"图层2",按住Ctrl键单击"图层1"的缩览图,载入图形外轮廓选区,并填充选区颜色为白色,如图13-5-11所示。

⑪ 执行【滤镜】→【风格化】→【扩散】命令,打开【扩散】对话框,选择"正常"单选项,单击"确定"按钮,效果如图13-5-12所示。

⑫ 将"图层2"拖动到"图层1"的下方,执行【滤镜】→【模糊】→【径向模糊】命令,打开【径向模糊】对话框,设置"数量"为100,选择"缩放"单选项,效果如图13-5-13所示。

 提示 在【径向模糊】对话框中,可以在"中心模糊"预览中单击鼠标,决定模糊缩放的中心点位置。

图13-5-11 填充选区颜色
为白色

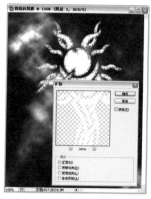
图13-5-12 执行【扩散】
命令

图13-5-13 设置【径向
模糊】参数

⑬ 按"Ctrl+J"组合键,复制多个图层,并分别调整图形的位置,效果如图13-5-14所示。

⑭ 将"图层2副本4"拖动到"图层1"的上方,执行【滤镜】→【扭曲】→【极坐标】命令,打开【极坐标】对话框,选择"平面坐标到极坐标"单选项,单击"确定"按钮,并调整图形的位置,效果如图13-5-15所示。

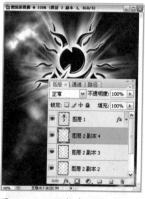
图13-5-14 调整各图层的位置

图13-5-15 调整图形的位置

⑮ 执行【文件】→【打开】命令,或按"Ctrl+O"组合键,打开配套光盘"第13章\素材\13.5"中的素材图片眩光背景.tif,如图13-5-16所示。

⑯ 选择工具箱中的【移动工具】，将素材拖移到"燃烧的图腾"文件中，并按"Ctrl+T"组合键，打开【自由变换】调节框，调整图片的大小和位置，如图13-5-17所示，按"Enter"键确定。

图13-5-16 打开素材图片"眩光背景"　　图13-5-17 调整图片的大小和位置

⑰ 选择工具箱中的【橡皮擦工具】，在窗口中擦除图片的边缘，使图片与背景能够融合，效果如图13-5-18所示。

⑱ 选择工具箱中的【横排文字工具】，在窗口中输入"黑色"文字，如图13-5-19所示。

⑲ 在"图层1"上单击鼠标右键，执行快捷菜单中的【复制图层样式】命令，并选择"文字"图层，单击鼠标右键，执行快捷菜单中的【粘贴图层样式】命令，文字效果如图13-5-20所示。

图13-5-18 擦除图片的边缘　　图13-5-19 输入"黑色"文字　　图13-5-20 复制图层样式

⑳ 新建"图层4"，按住"Ctrl"键单击"文字"图层的缩览图，载入文字外轮廓选区，并填充选区颜色为白色，如图13-5-21所示，按"Ctrl+D"组合键取消选区。

㉑ 拖动"图层4"到"文字"图层的下方，执行【滤镜】→【模糊】→【径向模糊】命令，打开【径向模糊】对话框，设置"数量"为100，选择"缩放"单选项，效果如图13-5-22所示。

㉒ 在"背景"图层上单击鼠标右键，执行【拼合图像】命令，合并所有图层，执行【图像】→【调整】→【渐变映射】命令，打开【渐变映射】对话框，并单击"编辑渐变"按钮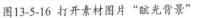，打开"渐变编辑器"对话框，设置：

位置0　颜色（R:0，G:0，B:0）；

位置45 颜色（R:255，G:132，B:0）；

位置90 颜色（R:255，G:255，B:0）；

位置100 颜色（R:255，G:255，B:255）；

图13-5-21 填充选区颜色为白色　　图13-5-22 再次设置【径向模糊】参数

单击"确定"按钮，制作完成后的最终效果如图13-5-23所示。

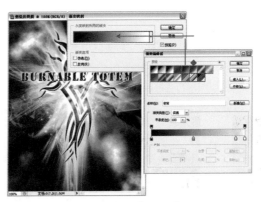

图13-5-23 最终效果

13.6 炫光特效

本实例主要讲解如何制作"炫光特效"（第13章\源文件\13.6炫光特效.psd）。本实例首先通过【渐变工具】制作出初步图形，利用【波浪】命令的特性，对图形进行变形操作。然后使用【图层样式】在图形上追加颜色。最后，复制图形并且对图形进行旋转，制作出一副丰富多彩的"炫光特效"。

13.6.1 设计思路

本例是一个典型的滤镜特效案例。通过对【渐变工具】、【波浪】、【图层样式】以及选择复制技巧的组合使用，制作出一些让人意想不到的效果。正因为【波浪】的变形是不定向的、随机的，所以会展示出许多额外的惊喜。通过这个实例，可以充分感受到配合滤镜使用的奇妙之处。当然滤镜的作用远不止这些，读者可以变换着将其他滤镜进行配合使用，摸索出更多更绚丽的滤镜特效。

本例制作的流程图如图13-6-1所示。

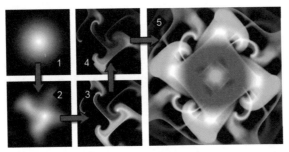

图13-6-1 制作的流程图

13.6.2 制作步骤

① 执行【文件】→【新建】命令，打开【新建】对话框，设置"名称"为炫光特效，"宽度"为8厘米，"高度"为8厘米，"分辨率"为150像素/英寸，"颜色模式"为RGB颜色，"背景内容"为白色，如图13-6-2所示。

② 设置"前景色"为黑色，按"Alt+Delete"组合键，填充"背景"，如图13-6-3所示。

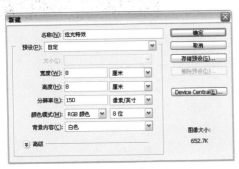 

图13-6-2 新建文件　　　　　　图13-6-3 填充"背景"颜色

③ 选择工具箱中的【渐变工具】，单击属性栏上的"编辑渐变"按钮，打开"渐变编辑器"对话框，在"预设"中选择"前景到透明"渐变样式，如图13-6-4所示，单击"确定"按钮。

④ 新建"图层1"，单击属性栏上的"径向渐变"按钮，在窗口中拖动鼠标，渐变效果如图13-6-5所示。

图13-6-4 选择渐变样式　　　　　图13-6-5 渐变效果

⑤ 执行【滤镜】→【扭曲】→【波浪】命令，打开【波浪】对话框，在"类型"中选择"正弦"单选项，设置其他参数如图13-6-6所示。

⑥ 通过【波浪】命令的调整后，制作的效果如图13-6-7所示。

 滤镜中的【波浪】命令，对图像可以产生不同幅度的波浪扭曲效果。对话框中的"生成器数"可以调整波浪的大小；调整"波长"参数，可以控制图像产生波浪的长度；调整"波幅"参数，可以控制波浪上下波动的幅度；调整"比例"参数，可以控制图像水平和垂直缩放比例。

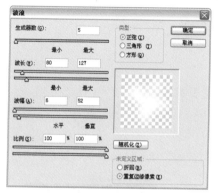

图13-6-6 设置【波浪】参数

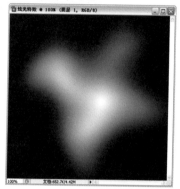

图13-6-7 执行【波浪】命令后的效果

⑦ 多次按"Ctrl+F"组合键，重复上一次的滤镜操作，效果如图13-6-8所示。

⑧ 双击该图层，打开【图层样式】对话框，选择"渐变叠加"复选框，单击"编辑渐变"按钮 ，打开"渐变编辑器"对话框，设置：

位置0 颜色（R:0，G:255，B:255）；

位置30 颜色（R:255，G:0，B:255）；

位置60 颜色（R:250，G:177，B:253）；

位置85 颜色（R:0，G:255，B:255）；

位置100 颜色（R:0，G:126，B:254）；

单击"确定"按钮，并设置其参数如图13-6-9所示。

图13-6-8 重复上一次的滤镜操作

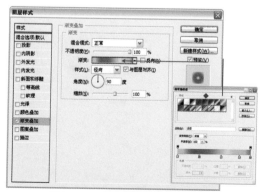

图13-6-9 设置"渐变叠加"参数

⑨ 应用【图层样式】后的图像效果，如图13-6-10所示。

⑩ 按"Ctrl+Alt+T"组合键，打开【自由变换】调节框，单击鼠标右键，执行【旋转90度（逆时针）】命令，旋转复制图像，同时设置"图层混合模式"为变亮，效果如图13-6-11所示，按Enter键确定。

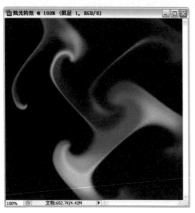

图13-6-10 应用【图层样式】后的效果

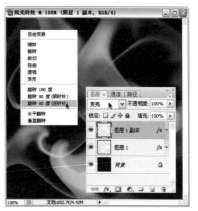

图13-6-11 旋转复制图形

⑪ 按"Ctrl+Shift+Alt+T"组合键，重复上一次的旋转复制操作，复制3个图形，效果如图13-6-12所示。

⑫ 单击【图层】面板下方的"创建新的填充或调整图层"按钮 ，在弹出的快捷菜单中执行【色阶】命令，打开【色阶】对话框，并设置其参数为32、1.39、181，单击"确定"按钮，制作完成后的最终效果如图13-6-13所示。

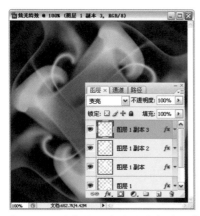

图13-6-12 重复上一次的旋转复制操作

图13-6-13 最终效果

13

第14章
文字设计

　　文字是人类文化的重要组成部分，也是人类思想感情交流的必然产物。文字往往是视觉媒体中重要的构成部分，它直观地赋予作品情感。在形形色色冲击着我们眼球的视觉艺术的世界中，文字不再是单一乏味的形态，人们开始探求文字的趣味性、生动性，极力突出文字的个性色彩，开发和创造一些独具魅力、赏心悦目的文字效果。

　　本章将通过三个文字设计的实例来讲解文字的设计。在学习的过程中，读者应发散自己的思维，举一反三，创作出更精美、更具观赏价值的文字效果。

14.1　插画风格文字

　　本实例讲解如何制作"插画风格文字"（第14章\源文件\14.1插画风格文字.psd）。本实例应用到了【横排文字蒙版工具】🚇创建文字选区，并将其转换为路径后，应用编辑路径的各种路径工具对文字路径进行编辑，制作出形态生动的字体。为文字添加【图层样式】制作字体效果，添加花草素材作点缀。

14.1.1　设计思路

　　本例的制作重点在于文字形态的表现，通过文字的适当变形，体现出插画风格的趣味性和灵活性，而难点在于画面颜色的搭配和素材的合理运用，在素材较多的情况下，容易产生"乱"的感觉，在排列的时候，应在乱中求整体，做到层次丰富却不杂乱无章。色彩的搭配，是体现画面情感的一个重要渠道。本例以清爽、讨喜的色彩贯穿整个画面，纯白搭配各种花花绿绿的色彩，既不会过于花哨，也不会太显平淡。

　　本例制作的流程图如图14-1-1所示。

图14-1-1　制作的流程图

14.1.2 制作步骤

❶ 执行【文件】→【新建】命令，打开【新建】对话框，设置"名称"为插画风格文字，"宽度"为10厘米，"高度"为8厘米，"分辨率"为150像素/英寸，"颜色模式"为RGB颜色，"背景内容"为白色，如图14-1-2所示。

❷ 选择工具箱中的【画笔工具】 ✐ ，在窗口中分别绘制颜色，如图14-1-3所示。

图14-1-2 新建文件

图14-1-3 绘制颜色

❸ 执行【文件】→【打开】命令，或按"Ctrl+O"组合键，打开配套光盘"第14章\素材\14.1"中的素材图片"花.tif"，如图14-1-4所示。

❹ 选择工具箱中的【移动工具】 ▶⊕ ，将素材拖移到"插画风格文字"文件中，按"Ctrl+T"组合键，打开【自由变换】调节框，在窗口中单击鼠标右键，执行【垂直翻转】命令，水平翻转图片，并调整大小和位置如图14-1-5所示，按Enter键确定。

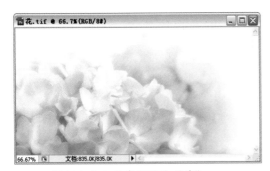

图14-1-4 打开素材图片"花"

图14-1-5 调整"花"图片的大小和位置

❺ 选择工具箱中的【橡皮擦工具】 ✐ ，并擦除图像边缘如图14-1-6所示。

❻ 执行【滤镜】→【画笔描边】→【成角的线条】命令，打开【成角的线条】对话框，设置"方向平衡"为50，"描边长度"为15，"锐化程度"为10，如图14-1-7所示，单击"确定"按钮。

❼ 设置"图层1"的"图层混合模式"为亮度，效果如图14-1-8所示。

❽ 按"Ctrl+Alt+T"组合键，打开【自由变换】调节框，并在窗口中单击鼠标右键，执行快捷菜单中的【垂直翻转】命令，垂直翻转图片，调整其位置如图14-1-9所示，按Enter键确定。

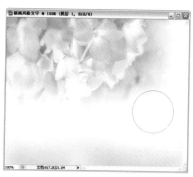

图14-1-6 擦除图像边缘

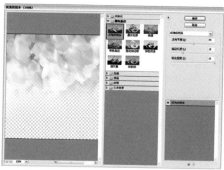

图14-1-7 设置【成角的线条】参数

图14-1-8 设置"图层混合模式"

图14-1-9 复制图片并垂直翻转

⑨ 选择工具箱中的【橡皮擦工具】 ，在窗口中擦除图像，如图14-1-10所示。

⑩ 选择工具箱中的【横排文字蒙版工具】 ，在窗口中输入文字，如图14-1-11所示。

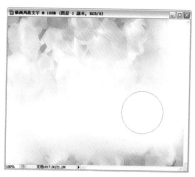

图14-1-10 擦除图像

图14-1-11 输入文字

⑪ 单击属性栏上的"提交所有当前编辑"按钮 ，确定输入的蒙版文字，将输入的文字转换为选区，如图14-1-12所示。

⑫ 选择【路径】面板，单击面板下方的"从选区生成工作路径"按钮 ，将选区转换为路径，并选择工具箱中的【直接选择工具】 ，调整文字路径如图14-1-13所示。

当使用【横排文字蒙版工具】 输入文字以后，直接选择其他任何工具，或者单击任何的图层等，都可以退出文字蒙版，将输入的文字转换为选区。

图14-1-12 输入的蒙版文字

图14-1-13 调整文字路径

⑬ 新建"图层2",设置"前景色"为白色,按"Ctrl+Enter"组合键,将路径转换为选区,并按"Alt+Delete"组合键,填充选区颜色如图14-1-14所示。

⑭ 双击"图层2",打开【图层样式】对话框,选择"描边"复选框,并设置"颜色"为白色,设置其他参数如图14-1-15所示。

图14-1-14 填充选区颜色为白色

图14-1-15 设置"描边"参数

⑮ 选择【图层样式】对话框中的"斜面和浮雕"复选框,设置其参数如图14-1-16所示。

⑯ 选择"外发光"复选框,设置"颜色"为粉红色(R:255,G:77,B:148),并设置其他参数如图14-1-17所示。

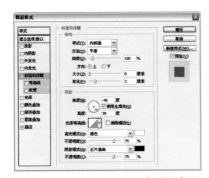

图14-1-16 设置"斜面和浮雕"参数

图14-1-17 设置"外发光"参数

⑰ 选择"内阴影"复选框,设置"颜色"为粉红色(R:255,G:189,B:229),并设置其他参数如图14-1-18所示。

⑱ 应用【图层样式】后的文字效果如图14-1-19所示。

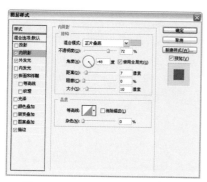

图14-1-18 设置"内阴影"参数1　　　　图14-1-19 应用【图层样式】后的效果

19 新建"图层3"，执行【选择】→【修改】→【扩展】命令，打开【扩展选区】对话框，设置其参数为10像素，并填充选区颜色为粉红色（R:255，G:78，B:148），如图14-1-20所示，按"Ctrl+D"组合键取消选区。

20 双击"内阴影"复选框，设置"颜色"为深紫色（R:125，G:2，B:80），并设置其他参数如图14-1-21所示。

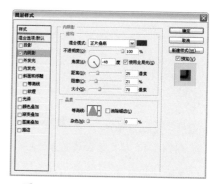

图14-1-20 填充选区颜色为粉红色　　　　图14-1-21 设置"内阴影"参数2

21 选择工具箱中的【移动工具】，调整图形位置，效果如图14-1-22所示。

22 执行【文件】→【打开】命令，或按"Ctrl+O"组合键，打开配套光盘"第14章\素材\14.1"中的素材图片"插画1.tif"，如图14-1-23所示。

图14-1-22 调整图形位置　　　　图14-1-23 打开素材图片"插画1"

㉓ 选择工具箱中的【移动工具】，将素材拖移到"插画风格文字"文件中，并按"Ctrl+T"组合键，打开【自由变换】调节框，调整图片的大小和位置，如图14-1-24所示，按Enter键确定。

㉔ 按"Ctrl+J"组合键，创建"图层4副本"，拖动该图层到"图层2"的上一层，并选择工具箱中的【橡皮擦工具】，在窗口中擦除图形，如图14-1-25所示。

图14-1-24 调整"插画1"图片的大小和位置

图14-1-25 擦除图形1

㉕ 执行【文件】→【打开】命令，或按"Ctrl+O"组合键，打开配套光盘"第14章\素材\14.1"中的素材图片"插画2.tif"，如图14-1-26所示。

㉖ 选择工具箱中的【移动工具】，将素材拖移到"插画风格文字"文件中，并按"Ctrl+T"组合键，打开【自由变换】调节框，调整图片的大小和位置，如图14-1-27所示，按Enter键确定。

图14-1-26 打开素材图片"插画2"

图14-1-27 调整"插画2"图片的大小和位置

㉗ 执行【文件】→【打开】命令，或按"Ctrl+O"组合键，打开配套光盘"第14章\素材\14.1"中的素材图片"插画3.tif"，如图14-1-28所示。

㉘ 选择工具箱中的【移动工具】，将素材拖移到"插画风格文字"文件中，并按"Ctrl+T"组合键，打开【自由变换】调节框，调整图片的大小和位置，如图14-1-29所示，按Enter键确定。

㉙ 执行【文件】→【打开】命令，或按"Ctrl+O"组合键，打开配套光盘"第14章\素材\14.1"中的素材图片"插画4.tif"，如图14-1-30所示。

㉚ 选择工具箱中的【移动工具】，将素材拖移到"插画风格文字"文件中，并按

"Ctrl+T"组合键，打开【自由变换】调节框，调整图片的大小和位置，如图14-1-31所示，按Enter键确定。

图14-1-28 打开素材图片"插画3"

图14-1-29 调整"插画3"图片的大小和位置

图14-1-30 打开素材图片"插画4"

图14-1-31 调整"插画4"图片的大小和位置

③① 按"Ctrl+J"组合键，创建"图层7副本"，拖动该图层到"图层6"的上一层，并选择工具箱中的【橡皮擦工具】 ，在窗口中擦除图形，如图14-1-32所示。

③② 新建"图层8"，按住Ctrl键不放，单击"图层3"的缩览图窗口，载入图形外轮廓选区，并执行【选择】→【修改】→【扩展】命令，打开【扩展选区】对话框，设置其参数为5像素，填充选区颜色为黑色，如图14-1-33所示。

图14-1-32 擦除图形2

图14-1-33 填充选区颜色为黑色

③③ 选择工具箱中的【橡皮擦工具】 ，在窗口中擦除图形，制作完成后的最终效果如图14-1-34所示。

图14-1-34 最终效果

14.2 草坪文字

本实例讲解如何制作"草坪文字"（第14章\源文件\14.2草坪文字.psd）。本实例应用【横排文字蒙版工具】🅣在素材中创建快速蒙版，并应用【多边形套索工具】🅟对蒙版边缘进行修饰。为文字添加【图层样式】制作出草坪的厚度。应用【云彩】、【添加杂色】滤镜和【加深工具】🖐、【减淡工具】🔍、【画笔工具】✏制作出背景。最后，添加昆虫素材作点缀。

14.2.1 设计思路

本例是一个象形文字的代表，但此象形非字体形态上的象形，而是文字本身的一种象形。本例的难点正是塑造真实的草坪效果。草的素材只是制作草坪文字的基本要素，通过对真实的草坪进行观察后，可以确定的至少有两点：首先，草坪是具有一定厚度的"块"，而并非单薄的"面"，换句话说，就是它是立体的；其次，整体上是规则的，修剪好的草坪是干净利落的，但是仔细观察其边缘，一定会存在一些长短粗细不一的草自然地形成绒毛状。抓住这两个特质，就能轻松地制作出真实的草坪效果。也可以发挥自己的想象，在文字上添加一些蝴蝶、瓢虫等小昆虫做点缀，那就更是锦上添花了。

本例制作的流程图如图14-2-1所示。

图14-2-1 制作的流程图

14.2.2 制作步骤

①执行【文件】→【新建】命令，打开【新建】对话框，设置"名称"为草坪文字，"宽度"为10厘米，"高度"为8厘米，"分辨率"为150像素/英寸，"颜色模式"为RGB颜色，"背景内容"为白色，如图14-2-2所示。

② 执行【文件】→【打开】命令，或按"Ctrl+O"组合键，打开配套光盘"第14章\素材\14.2"中的素材图片"草地.tif"，如图14-2-3所示。

图14-2-2 新建文件

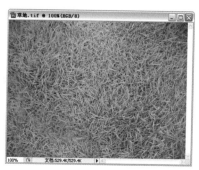

图14-2-3 打开素材图片"草地"

③ 选择工具箱中的【移动工具】，将素材拖移到"草坪文字"文件中，并按"Ctrl+T"组合键，打开【自由变换】调节框，调整大小和位置如图14-2-4所示，按Enter键确定。

④ 选择工具箱中的【横排文字蒙版工具】，在窗口中输入文字，如图14-2-5所示。

⑤ 单击属性栏上的"提交所有当前编辑"按钮，确定输入的蒙版文字，将输入的文字转为选区，单击工具箱下方的"以快速蒙版编辑"按钮，并选择工具箱中的【多边形套索工具】，在文字边缘绘制选区，选择文字边缘的部分小草，并按"Delete"键，删除文字蒙版的选区内容，如图14-2-6所示。

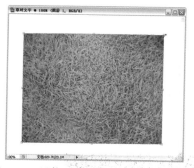

图14-2-4 调整"草地"图片的大小和位置

图14-2-5 输入文字

⑥ 运用以上同样的方法，使用【多边形套索工具】，分别在各文字的边缘绘制选区，并删除选区内容，如图14-2-7所示。

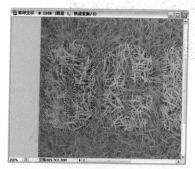

图14-2-6 删除蒙版的选区内容

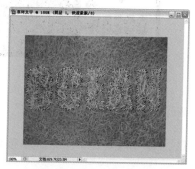

图14-2-7 删除选区内容

⑦ 单击工具箱下方的"以标准蒙版编辑"按钮 ，将制作的全透明图形转换为选区，如图14-2-8所示。

⑧ 按"Ctrl+J"组合键，将选区图片复制到新建"图层2"中，并单击"图层1"的"指示图层可视性"按钮 👁，隐藏图层，如图14-2-9所示。

图14-2-8 以标准蒙版编辑

图14-2-9 复制选区图片

提示 在快速蒙版中，红色半透明部分，是不被选择的部分，全透明的部分是被选择的区域，所以在蒙版中绘制选区后，必须将选区内的半透明蒙版删除，否则制作的选择区域无效。

⑨ 双击"图层2"，打开【图层样式】对话框，选择"光泽"复选框，并设置"颜色"为深绿色（R:24，G:84，B:3），设置其他参数如图14-2-10所示。

⑩ 选择【图层样式】对话框中的"斜面和浮雕"复选框，设置其参数如图14-2-11所示。

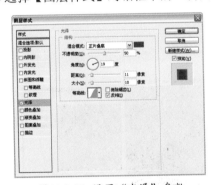

图14-2-10 设置"光泽"参数

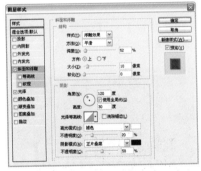

图14-2-11 设置"斜面和浮雕"参数

⑪ 选择【图层样式】对话框中的"投影"复选框，设置其参数如图14-2-12所示。

⑫ 应用【图层样式】后的文字效果如图14-2-13所示。

⑬ 新建"图层3"，按住"Ctrl"键不放，单击"图层2"的缩览图窗口，载入图形外轮廓选区，并向右下移动选区，填充选区颜色为深绿色（R:36，G:68，B:4），如图14-2-14所示，按"Ctrl+D"组合键取消选区。

⑭ 执行【滤镜】→【模糊】→【动感模糊】命令，打开【动感模糊】对话框，设置"角度"为-48度，设置"距离"为25像素，效果如图14-2-15所示。

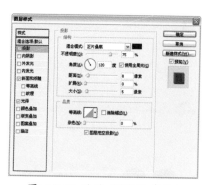

图14-2-12 设置"投影"参数1

图14-2-13 应用【图层样式】后的效果

图14-2-14 填充选区颜色

图14-2-15 设置【动感模糊】参数

⑮ 选择"背景"图层，设置"前景色"为绿色（R:53，G:114，B:12），设置"背景色"为嫩绿色（R:173，G:214，B:44），并执行【滤镜】→【渲染】→【云彩】命令，制作云彩效果，如图14-2-16所示。

⑯ 执行【滤镜】→【杂色】→【添加杂色】命令，打开【添加杂色】对话框，设置"数量"为3%，选择"高斯分布"单选项，勾选"单色"复选框，添加杂色效果如图14-2-17所示。

图14-2-16 制作云彩效果

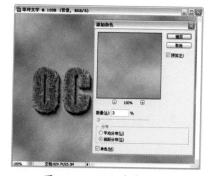

图14-2-17 添加杂色效果

⑰ 使用工具箱中的【加深工具】和【减淡工具】，在"背景"中涂抹，调整颜色如图14-2-18所示。

⑱ 新建"图层4"，设置"图层混合模式"为强光，设置"不透明度"为80%，并选择工具箱中的【画笔工具】，在窗口中绘制嫩绿色（R:197，G:219，B:80），效果如图14-2-19所示。

图14-2-18 调整"背景"颜色

图14-2-19 绘制颜色

⑲ 设置"前景色"为深绿色（R:25，G:56，B:3），选择工具箱中的【横排文字工具】【T】，在窗口中输入文字，如图14-2-20所示。

⑳ 双击"文字"图层，打开【图层样式】对话框，选择"投影"复选框，并设置"颜色"为深绿色（R:105，G:183，B:8），设置其他参数如图14-2-21所示。

图14-2-20 输入文字

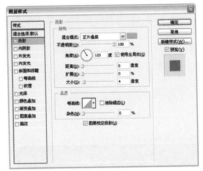

图14-2-21 设置"投影"参数2

㉑ 执行【文件】→【打开】命令，或按"Ctrl+O"组合键，打开配套光盘"第14章\素材\14.2"中的素材图片"蝴蝶.tif"，如图14-2-22所示。

㉒ 选择工具箱中的【移动工具】，将素材拖移到"草坪文字"文件中，并按"Ctrl+T"组合键，打开【自由变换】调节框，调整图片的大小和位置，如图14-2-23所示，按Enter键确定。

图14-2-22 打开素材图片"蝴蝶"

调整图片大小位置

图14-2-23 调整"蝴蝶"图片的大小和位置

㉓ 执行【图像】→【调整】→【色相/饱和度】命令，打开【色相/饱和度】对话框，设置"色相"为-30，"饱和度"为25，设置"明度"不变，调整"蝴蝶"的颜色如图14-2-24所示。

㉔ 双击"图层5"，打开【图层样式】对话框，选择"投影"复选框，设置其参数如图14-2-25所示。

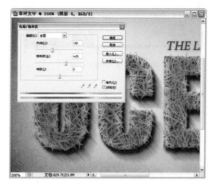

图14-2-24 设置【色相/饱和度】参数

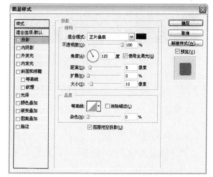

图14-2-25 设置"投影"参数3

㉕ 按"Ctrl+Alt+T"组合键，打开【自由变换】调节框，并移动复制图片如图14-2-26所示，按Enter键确定。

㉖ 运用同样的方法，复制多只"蝴蝶"，并分别调整图片的大小和位置，如图14-2-27所示。

图14-2-26 移动复制图片

图14-2-27 复制图片并调整位置

㉗ 执行【文件】→【打开】命令，或按"Ctrl+O"组合键，打开配套光盘"第14章\素材\14.2"中的素材图片"瓢虫.tif"，如图14-2-28所示。

㉘ 选择工具箱中的【移动工具】，将素材拖移到"草坪文字"文件中，并按"Ctrl+T"组合键，打开【自由变换】调节框，调整图片的大小和位置，如图14-2-29所示，按Enter键确定。

在窗口中复制"蝴蝶"图片，主要起到了点缀的作用，可以根据自己的意愿摆放"蝴蝶"的大小和位置。

图14-2-28 打开素材图片"瓢虫"

图14-2-29 调整"瓢虫"图片的大小和位置

㉙ 双击"图层6",打开【图层样式】对话框,选择"投影"复选框,设置其参数如图14-2-30所示。

㉚ 运用同样的方法,复制图片并分别调整大小和位置,制作完成后的最终效果如图14-2-31所示。本案例视频文件保存在"第14章\视频\14.2草坪文字.avi",有助于读者更深入学习本案例的绘制过程。

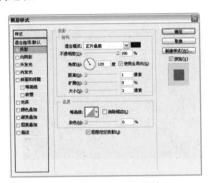

图14-2-30 设置"投影"参数4

图14-2-31 最终效果

14.3 立体焕彩文字

本实例讲解如何制作"立体焕彩文字"(第14章\源文件\14.3立体焕彩文字.psd)。本实例通过对单个文字的复制,并添加【图层样式】,打造出立体文字效果,通过复制的不同角度,分别制作不同立体视角的文字。调整【画笔】属性后,绘制背景中的繁星。

14.3.1 设计思路

本例利用平面软件来实现立体文字效果,虽然是立体字效,但是要达到好的效果,制作立体文字的步骤并不是本例的重点,这是非常容易的。其实不难看出,本例的关键是在色彩和点缀上,暗得几近黑色的背景,非常能衬托出主体物的鲜明。文字采用鲜艳的色调与背景中微微的暖色调交相辉映,仿佛文字的光辉。可爱的星形装饰图,增添了色彩的层次,整个画面冷暖呼应,色彩艳丽而和谐。背景中熠熠生辉的繁星,更是为画面增色不少。

本例制作的流程图如图14-3-1所示。

图14-3-1 制作的流程图

14.3.2 制作立体文字

① 执行【文件】→【新建】命令，打开【新建】对话框，设置"名称"为立体焕彩文字，"宽度"为16厘米，"高度"为11厘米，"分辨率"为150像素/英寸，"颜色模式"为RGB颜色，"背景内容"为白色，如图14-3-2所示。

② 设置"前景色"为褐色（R:69，G:7，B:11），按"Alt+Delete"组合键，填充背景颜色，并选择工具箱中的【加深工具】按钮 ⊙，在窗口中涂抹，调整颜色如图14-3-3所示。

图14-3-2 新建文件

图14-3-3 调整背景颜色

③ 选择工具箱中的【画笔工具】 ✐，在属性栏上单击"切换画笔调板"按钮 ▤，打开【画笔预设】对话框，并选中"画笔笔尖形状"复选框，分别设置参数，如图14-3-4所示。

④ 勾选【画笔预设】对话框中的"形状动态"复选框，分别设置参数，如图14-3-5所示。

⑤ 勾选【画笔预设】对话框中的"散布"复选框，分别设置参数，如图14-3-6所示。

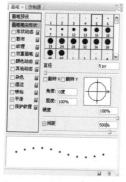

图14-3-4 设置"画笔笔尖形状"参数

图14-3-5 设置"形状动态"参数

图14-3-6 设置"散布"参数

⑥ 新建"图层1"，设置"前景色"为白色，并在窗口中拖动鼠标，绘制原点图形如图14-3-7所示。

⑦ 在【图层】面板双击该图层，打开【图层样式】对话框，选择"外发光"复选框，设置"颜色"为紫色（R:206，G:0，B:175），并调整其参数如图14-3-8所示。

图14-3-7 绘制原点图形

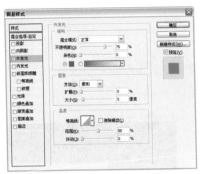

图14-3-8 调整"外发光"参数

⑧ 应用【图层样式】后的图像效果如图14-3-9所示。

⑨ 重复上述方法，在窗口中分别绘制其他颜色的原点，效果如图14-3-10所示。

图14-3-9 应用【图层样式】后的效果1

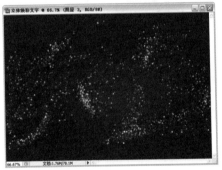

图14-3-10 绘制其他颜色的原点

⑩ 设置"前景色"为桃红色（R:235，G:70，B:99），选择工具箱中的【横排文字工具】 T，在窗口中输入文字，如图14-3-11所示。

⑪ 按"Ctrl+Alt+T"组合键，打开【自由变换】调节框，并按键盘上的方向键，向右向上各移动一次，移动复制文字如图14-3-12所示，按Enter键确定。

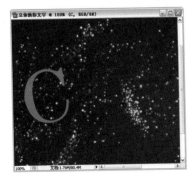

图14-3-11 输入文字1

图14-3-12 移动复制文字1

按"Ctrl+Alt+T"组合键，会打开【自由变换】调节框，在对文字或图像未做任何位置移动和图像的改变时，【图层】调板将不会自动创建图层副本，只有对文字或图像进行位置移动和图像的改变之后，此时【图层】调板将自动创建图层副本。

⑫ 多次按"Ctrl+Shift+Alt+T"组合键，重复上一次的移动复制操作，复制多个文字如图14-3-13所示。

⑬ 同时选中"图层C"到"图层C副本6"之间的所有图层，按"Ctrl+E"组合键，合并图层，在【图层】面板双击该图层，打开【图层样式】对话框，选择"内阴影"复选框，设置"颜色"为褐色（R:86，G:11，B:24），并调整其参数，如图14-3-14所示。

图14-3-13 复制多个文字1

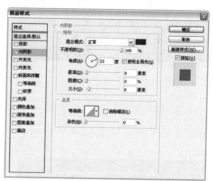
图14-3-14 调整"内阴影"参数1

⑭ 选择"内发光"复选框，并设置"颜色"为褐色（R:145，G:16，B:39），并调整其参数，如图14-3-15所示。

⑮ 选择"渐变叠加"复选框，单击"编辑渐变"按钮，打开【渐变编辑器】对话框，设置：

位置0 颜色（R:136，G:13，B:32）；

位置50 颜色（R:246，G:75，B:136）；

位置100 颜色（R:88，G:3，B:24）；

单击"确定"按钮，并设置其参数，如图14-3-16所示。

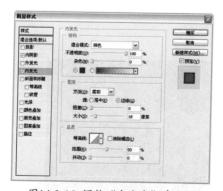
图14-3-15 调整"内发光"参数1

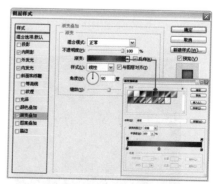
图14-3-16 设置"渐变叠加"参数1

⑯ 应用【图层样式】后的文字效果如图14-3-17所示。

⑰ 双击"图层C副本7",打开【图层样式】对话框,选择"投影"复选框,并设置"颜色"为褐色(R:129,G:20,B:35),并调整其参数,如图14-3-18所示。

图14-3-17 应用【图层样式】后的效果2

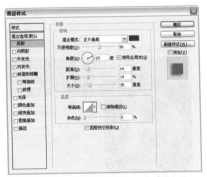

图14-3-18 调整"投影"参数2

⑱ 选择"斜面和浮雕"复选框,设置"高光模式"的颜色为桃红色(R:246,G:125,B:147),设置"阴影模式"为褐色(R:131,G:18,B:34),设置其他参数,如图14-3-19所示。

⑲ 应用【图层样式】后的文字效果,如图14-3-20所示。

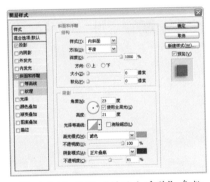

图14-3-19 设置"斜面和浮雕"参数

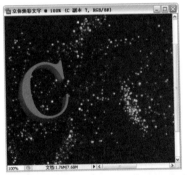

图14-3-20 应用【图层样式】后的效果3

⑳ 选择工具箱中的【横排文字工具】 T,在窗口中输入文字,如图14-3-21所示。

㉑ 按"Ctrl+Alt+T"组合键,打开【自由变换】调节框,并按键盘上的方向键,向左向上各移动一次,移动复制文字如图14-3-22所示,按Enter键确定。

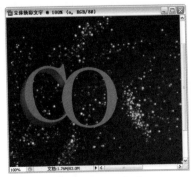

图14-3-21 输入文字2

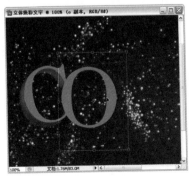

图14-3-22 移动复制文字2

22 多次按“Ctrl+Shift+Alt+T”组合键，重复上一次的移动复制操作，复制多个文字如图14-3-23所示。

23 同时选中“图层O”到“图层O副本7”之间的所有图层，按“Ctrl+E”组合键，合并图层，在【图层】面板双击该图层，打开【图层样式】对话框，选择“内阴影”复选框，并设置“颜色”为褐色（R:86，G:11，B:24），并调整其参数，如图14-3-24所示。

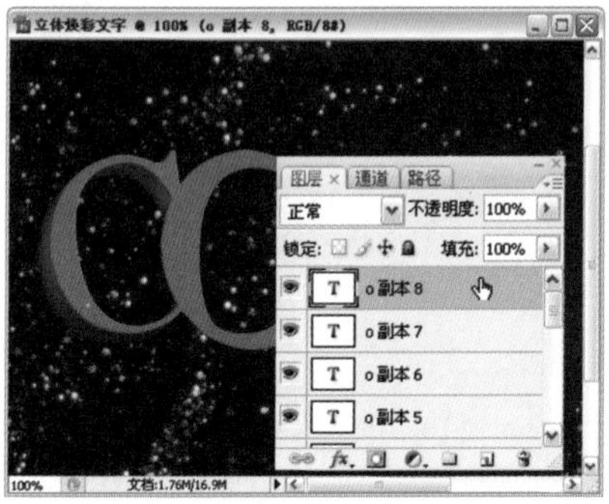

图14-3-23 复制多个文字2

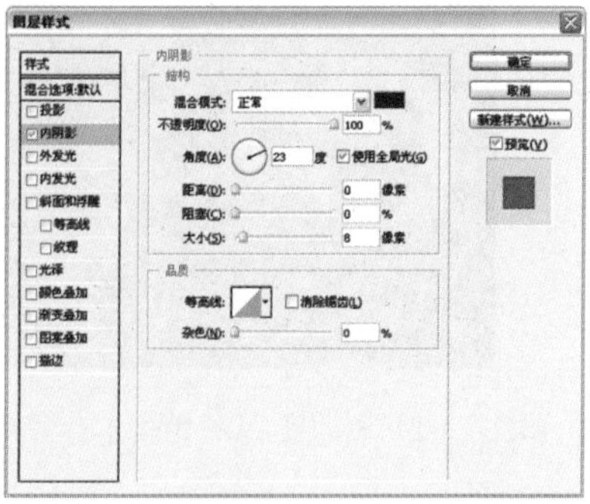

图14-3-24 调整“内阴影”参数2

24 选择“内发光”复选框，并设置“颜色”为褐色（R:145，G:16，B:39），并调整其参数，如图14-3-25所示。

25 选择“渐变叠加”复选框，单击“编辑渐变”按钮，打开【渐变编辑器】对话框，设置：

位置0 颜色（R:136，G:13，B:32）；

位置50 颜色（R:246，G:75，B:136）；

位置100 颜色（R:88，G:3，B:24）；

单击“确定”按钮，并设置其参数，如图14-3-26所示。

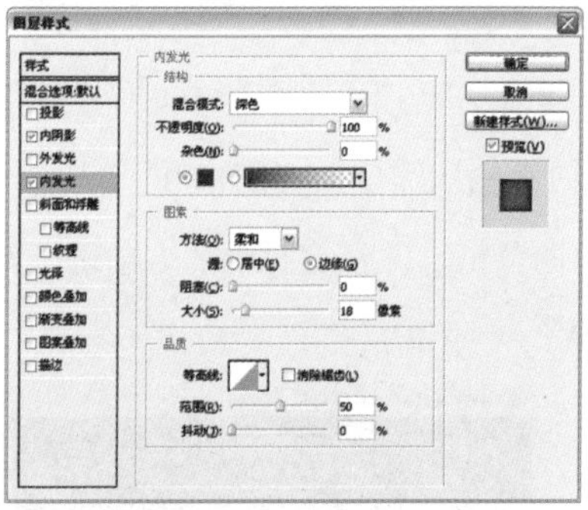

图14-3-25 调整“内发光”参数2

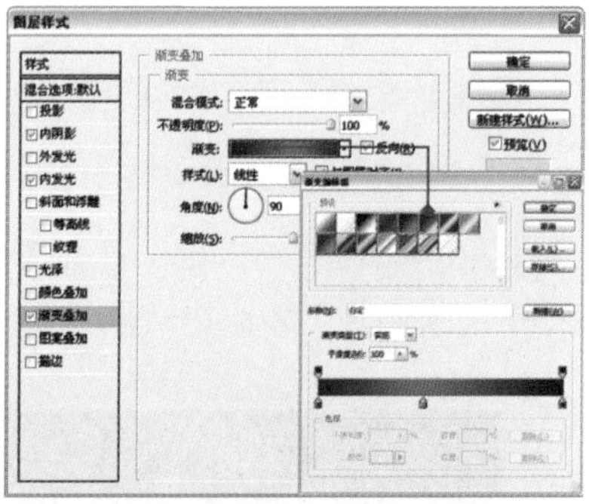

图14-3-26 设置“渐变叠加”参数2

26 应用【图层样式】后的文字效果如图14-3-27所示。

27 双击“图层C副本7”，打开【图层样式】对话框，选择“投影”复选框，并设置“颜色”为褐色（R:129，G:20，B:35），并调整其参数，如图14-3-28所示。

28 选择“斜面和浮雕”复选框，设置“高光模式”的颜色为桃红色（R:246，G:125，B:147），设置“阴影模式”为褐色（R:131，G:18，B:34），设置其他参数，如图14-3-29所示。

29 选择"渐变叠加"复选框，单击"编辑渐变"按钮 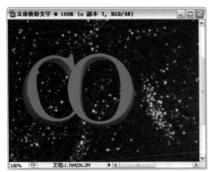，打开【渐变编辑器】对话框，设置：

位置0 颜色（R:241，G:72，B:100）；

位置100颜色（R:49，G:1，B:22）；

单击"确定"按钮，并设置其参数，如图14-3-30所示。

图14-3-27 应用【图层样式】后的效果4

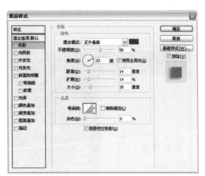

图14-3-28 调整"投影"参数2

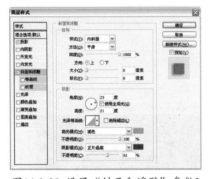

图14-3-29 设置"斜面和浮雕"参数3

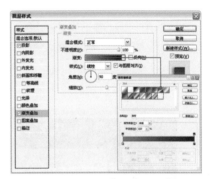

图14-3-30 设置"渐变叠加"参数3

30 应用【图层样式】后的文字效果如图14-3-31所示。

31 运用同样的方法，在窗口中制作其他立体文字效果，如图14-3-32所示。

图14-3-31 应用【图层样式】后的效果5

图14-3-32 制作其他立体文字效果

注意 在复制文字时，应注意立体文字的方向，并且注意调整文字的颜色。

新建"图层4"，设置"前景色"为白色，选择工具箱中的【画笔工具】 ，在属性栏设置"画笔"为圆形，在窗口中绘制圆圈，如图14-3-33所示。

新建 单击【图层】面板下方的"添加图层蒙版"按钮 ，添加蒙版，并将蒙版填充为黑色，效果如图14-3-34所示。

提示 当蒙版填充为"黑色"时，在窗口中的图像将被蒙版完全遮罩，所以此时当前图层中的图像将不会在窗口中呈现。

图14-3-33 绘制圆圈图形

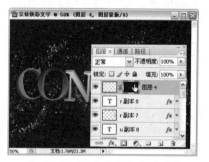
图14-3-34 填充蒙版颜色为黑色

按住"Ctrl"键单击"图层C副本7"的缩览图，载入文字选区，选择"图层4"的蒙版缩览图，将选区填充为白色，效果如图14-3-35所示。

再次按住"Ctrl"键单击"图层O副本8"的缩览图，载入文字选区，选择"图层4"的蒙版缩览图，将选区填充为白色，效果如图14-3-36所示。

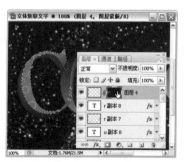
图14-3-35 填充蒙版颜色为白色

图14-3-36 再次填充蒙版颜色为白色

运用同样的方法，分别载入其他的文字选区，并且在"图层4"的蒙版中填充为白色，效果如图14-3-37所示。

图14-3-37 载入其他选区后填充蒙版颜色为白色

当蒙版填充为"白色"时，在窗口中的图像将不被蒙版遮罩，所以此时当前选区中的图像将在窗口中呈现。

14.3.3 制作装饰图形

① 选择工具箱中的【钢笔工具】 ，单击属性栏上的"路径"按钮 ，在窗口中绘制路径，如图14-3-38所示。

② 新建"图层5"，选择【画笔工具】 ，设置"画笔"大小为尖角2像素，选择【路径】面板，单击面板下方的"用画笔描边路径"按钮 ，将对路径进行描边，效果如图14-3-39所示。

图14-3-38 绘制路径　　　　　　　　图14-3-39 用画笔描边路径

③ 双击"图层5"，打开【图层样式】对话框，选择"外发光"复选框，并设置"颜色"为粉红色（R:244，G:111，B:111），并调整其参数，如图14-3-40所示。

④ 应用【图层样式】后的文字效果，如图14-3-41所示。

⑤ 选择工具箱中的【橡皮擦工具】 ，并在其属性栏选择"尖角16像素"画笔，对线条进行擦除处理，效果如图14-3-42所示。

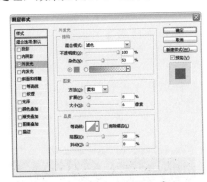

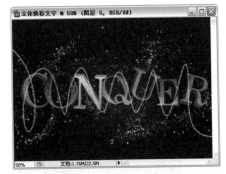

图14-3-40 调整"外发光"参数6　　　图14-3-41 应用【图层样式】后的效果6

 在此擦除线条，主要是为了让线条能够呈现出围绕文字的效果。

⑥ 新建"图层6"，设置"前景色"为绿色（R:138，G:176，B:74），选择工具箱中的【自定形状工具】 ，单击属性栏上的"填充像素"按钮 ，在"形状"下拉列表中选择"五角星"图案，并在窗口中拖动鼠标，绘制图形如图14-3-43所示。

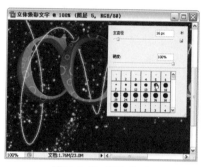

图14-3-42 擦除处理

图14-3-43 绘制图形

⑦ 双击"图层6"，打开【图层样式】对话框，选择"斜面和浮雕"复选框，设置其参数如图14-3-44所示。

⑧ 选择"渐变叠加"复选框，单击"编辑渐变"按钮 ，打开【渐变编辑器】对话框，设置：

位置0 颜色（R:112，G:111，B:63）；

位置100 颜色（R:143，G:196，B:74）；

单击"确定"按钮，并设置其参数，如图14-3-45所示。

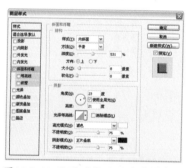

图14-3-44 设置"斜面和浮雕"参数

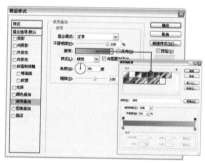

图14-3-45 设置"渐变叠加"参数

⑨ 应用【图层样式】后的文字效果，如图14-3-46所示。

⑩ 按"Ctrl+J"组合键，复制多个五角星图形，并分别更改图形的大小、位置和颜色，制作完成后的最终效果如图14-3-47所示。本案例视频文件保存在"第14章\视频\14.3立体焕彩文字.avi"，有助于读者更深入学习本案例的绘制过程。

图14-3-46 应用【图层样式】后的效果7

图14-3-47 最终效果

第15章
合成艺术

合成艺术在图像视觉处理飞速发展的今天，应用已是非常广泛，小到艺术照片，大到商业广告，可以说无处不在。应用图像的合成，可以达到一些意想不到的神奇效果。本章实例就带领读者在熟练应用软件的情况下，展开丰富的想象，将一些寻常的照片处理成非同一般的视觉效果。

看似复杂的合成技术，几乎都包含选取素材、图像润饰、调整色调、图像合成这一系列的处理。本章将通过"幻想世界"、"破碎美人"、"奇幻水晶球"三个实例，详细地讲述图像合成的方法。

15.1 幻想世界

本实例讲解如何制作"幻想世界"的合成图片，（第15章\源文件15.1\幻想世界.psd）。本实例通过对素材的抠选，将多个素材组合在一个画面中，并应用【调整】菜单下的命令，对素材的色调进行调整，使不同的素材在同一个画面中的色调统一。希望读者在学习本例的过程中，逐步掌握合成图像的制作方法。

15.1.1 设计思路

本例是一个典型的合成类案例。在开始制作之前，首先拟定将要制作的图形的大致效果，然后着手找寻合适的素材。合成的灵魂核心是将不相干的素材通过调色、变形、绘制等一系列的手法，将其融合到一个画面中。在制作的过程中，除了需要应用到非常多的软件知识，同时还会接触到一些美术技法，比如透视关系、近大远小、近清晰远模糊以及环境色的烘托等。

本例制作的流程图如图15-1-1所示。

图15-1-1 制作的流程图

15.1.2 合成南瓜房子

① 执行【文件】→【打开】命令，或按"Ctrl+O"组合键，打开配套光盘"第15章\素材\15.1"中的素材图片"荷叶背景.tif"，如图15-1-2所示。

② 用同样的方法打开素材"南瓜.tif"，如图15-1-3所示。

图15-1-2 打开素材"荷叶背景"图片

图15-1-3 打开素材"南瓜"图片

 在Photoshop软件中，双击"工作区"项，即可快速弹出【打开】对话框。

③ 在"南瓜"素材中，选择工具箱中的【钢笔工具】，单击属性栏上的"路径"按钮，沿着南瓜的外轮廓绘制路径，如图15-1-4所示。

④ 按"Ctrl+Enter"组合键，将路径转换为选区，如图15-1-5所示。

图15-1-4 绘制路径

图15-1-5 载入选区

⑤ 选择工具箱中的【移动工具】，将素材拖移到"荷叶背景"文件中，并按"Ctrl+T"组合键，打开【自由变换】调节框，调整南瓜的大小和位置，如图15-1-6所示，按Enter键确定。

⑥ 按"Ctrl+L"组合键，打开【色阶】对话框，并调整其参数为0、0.8、230，增强南瓜图片的对比度，单击"确定"按钮 确定 ，效果如图15-1-7所示。

⑦ 选择工具箱中的【橡皮擦工具】，并在其属性栏选择"柔角65像素"画笔，将南瓜的底部擦除，如图15-1-8所示。

⑧ 在【图层】面板双击该图层，打开【图层样式】对话框，选择"内阴影"复选框，并设置"混合模式"为柔光，"颜色"为橘色，并调整其参数如图15-1-9所示。

图15-1-6 将选区内容拖动到"荷叶背景"文件中

图15-1-7 调整【色阶】后的效果

图15-1-8 擦除部分多余图像

图15-1-9 设置内阴影参数

⑨ 应用【图层样式】后的图像效果如图15-1-10所示。

⑩ 按住Ctrl键，单击【图层】面板上的"创建新图层"按钮 ，在"图层1"的下方新建"图层2"。选择工具箱中【画笔工具】 ，并设置"前景色"为深绿色（R:57，G:62，B:7），为南瓜绘制投影，效果如图15-1-11所示。

图15-1-10 应用【图层样式】后的效果

图15-1-11 绘制投影

⑪ 执行【文件】→【打开】命令，或按"Ctrl+O"组合键，打开配套光盘"第15章\素材\15.1"中的素材图片"绿草.tif"，如图15-1-12所示。

⑫ 选择工具箱中的【移动工具】 ，将素材拖移到"荷叶背景"文件中，并按"Ctrl+T"组合键，打开【自由变换】调节框，调整图像的大小和位置，如图15-1-13所示，按Enter键确定。

⑬ 选择工具箱中的【橡皮擦工具】 ，将素材边缘擦除，如图15-1-14所示。

⑭ 选择工具箱中的【加深工具】 ，在图像中进行涂抹加深，如图15-1-15所示。

图15-1-12 打开素材"绿叶"图片

图15-1-13 将"绿叶"图片拖到当前文件中

图15-1-14 擦除多余图像

图15-1-15 涂抹加深

 　　在使用【橡皮擦工具】 ◢ 擦除图像时，可以通过按"["键和"]"键，快速调整工具大小，而且不会影响设置的工具属性。

⑮ 重复上述的方法，制作出如图15-1-16所示的效果。

⑯ 执行【图像】→【调整】→【亮度\对比度】命令，打开【亮度\对比度】对话框，设置其参数为–6、65，效果如图15-1-17所示。

图15-1-16 擦除多余图像

图15-1-17 调整【亮度\对比度】参数

⑰ 选择工具箱中的【加深工具】 ◕ ，在图像中进行涂抹加深，如图15-1-18所示。

⑱ 按"Ctrl+B"组合键，打开【色彩平衡】对话框，设置参数为72、40、–5，效果如图15-1-19所示。

图15-1-18 再次对图像涂抹加深

图15-1-19 调整【色彩平衡】参数1

15.1.3 制作门窗

① 执行【文件】→【打开】命令，或按"Ctrl+O"组合键，打开配套光盘"第15章\素材\15.1"中的素材图片"石门.tif"，如图15-1-20所示。

② 选择工具箱中的【移动工具】，将素材拖移到"荷叶背景"文件中，并按"Ctrl+T"组合键，打开【自由变换】调节框，调整图像的大小和位置，如图15-1-21所示，按Enter键确定，并在【图层】面板将其拖动到草丛图层的下方。

图15-1-20 打开素材"石门"图片

图15-1-21 将"石门"图片拖入到"荷叶背景"文件中

③ 选择工具箱中的【橡皮擦工具】，将素材边缘擦除保留石门，如图15-1-22所示。

④ 按"Ctrl+B"组合键，打开【色彩平衡】对话框，设置参数为20、32、-100，效果如图15-1-23所示。

图15-1-22 擦除图像

图15-1-23 调整【色彩平衡】参数2

> （提示） 执行【色彩平衡】命令时，可以根据图像的需求，在对话框中分别选择"阴影"和"高光"单选项，进行细节调整。

⑤ 选择工具箱中的【画笔工具】 ✐，并在其属性栏选择"柔角9像素"画笔，设置"前景色"为黑色，将图像涂黑，如图15-1-24所示。

⑥ 选择工具箱中的【钢笔工具】 ✎，单击属性栏上的"路径"按钮 █，在窗口中绘制路径，如图15-1-25所示。

图15-1-24 将图像涂黑

图15-1-25 绘制路径

⑦ 单击【图层】面板上的"创建新图层"按钮 █，新建图层，按"Ctrl+Enter"组合键，将路径转换为选区，设置"前景色"为黑色，按"Alt+Delete"组合键，填充选区，如图15-1-26所示。

⑧ 选择工具箱中的【橡皮擦工具】 ✐，在窗口中擦除如图15-1-27所示的部分，并在【图层】面板设置其图层"不透明度"为80%。

图15-1-26 填充黑色

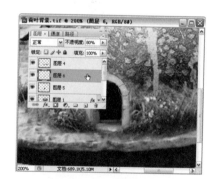

图15-1-27 擦除多余图像

⑨ 执行【文件】→【打开】命令，或按"Ctrl+O"组合键，打开配套光盘"第15章\素材\15.1"中的素材图片"木窗.tif"，如图15-1-28所示。

⑩ 选择工具箱中的【钢笔工具】 ✎，单击属性栏上的"路径"按钮 █，在窗口中绘制如图15-1-29所示的路径。

⑪ 按"Ctrl+Enter"组合键，将路径转换为选区，如图15-1-30所示。

⑫ 选择工具箱中的【移动工具】 ▶₊，将素材拖移到"荷叶背景"文件中，并按"Ctrl+T"组合键，打开【自由变换】调节框，调整图像的大小和位置，如图15-1-31所示，按Enter键确定。

⑬ 按"Ctrl+B"组合键，打开【色彩平衡】对话框，设置参数为27、40、−52，调整木窗的颜色，效果如图15-1-32所示。

图15-1-28 打开素材"木窗"图片

图15-1-29 绘制路径

图15-1-30 载入选区

图15-1-31 将"木窗"图片拖入"荷叶背景"文件中

图15-1-32 调整木窗颜色

⑭ 执行【图像】→【调整】→【亮度\对比度】命令，打开【亮度\对比度】对话框，设置其参数为15、73，调整木窗的亮度和对比度，效果如图15-1-33所示。

⑮ 执行【文件】→【打开】命令，或按"Ctrl+O"组合键，打开配套光盘"第15章\素材\15.1"中的素材图片"水草.tif"，如图15-1-34所示。

图15-1-33 调整【亮度\对比度】参数

图15-1-34 打开素材"水草"图片

⑯ 选择工具箱中的【移动工具】，将素材拖移到"荷叶背景"文件中，并按"Ctrl+T"组合键，打开【自由变换】调节框，单击鼠标右键，执行【水平翻转】命令，如图15-1-35所示，按Enter键确定。

⓱ 选择工具箱中的【橡皮擦工具】，在窗口中擦除如图15-1-36所示的部分。

图15-1-35 将"水草"图片拖入"荷叶背景"文件中　　　　　图15-1-36 擦除多余图像

⓲ 按"Ctrl+B"组合键，打开【色彩平衡】对话框，设置参数为27、40、–52，调整水草的颜色，效果如图15-1-37所示。

⓳ 单击"水草"文件窗口，使其处于工作状态。选择工具箱中的【椭圆选框工具】，在窗口中如图15-1-38所示的部分拖动鼠标，绘制选区。

图15-1-37 调整水草颜色　　　　　　　图15-1-38 绘制选区

⓴ 选择工具箱中的【移动工具】，将素材拖移到"荷叶背景"文件中，并按"Ctrl+T"组合键，打开【自由变换】调节框，单击鼠标右键，执行【水平翻转】命令，如图15-1-39所示，按Enter键确定。

㉑ 选择工具箱中的【橡皮擦工具】，在窗口中擦除如图15-1-40所示的部分。

图15-1-39 再次将部分水草素材拖入当前文件中　　　　图15-1-40 擦除多余图像

㉒ 按"Ctrl+B"组合键，打开【色彩平衡】对话框，设置参数为27、40、–52，效果如图15-1-41所示。

按"Alt+Ctrl+T"组合键，打开【自由变换】调节框，在窗口中单击鼠标右键，执行【水平翻转】命令，并调整图像的大小和位置，如图15-1-42所示，按Enter键确定。

 按"Alt+Ctrl+T"组合键，可对图像进行自由变换的同时，复制该图层。

图15-1-41 调整【色彩平衡】参数

图15-1-42 复制图像

15.1.4 制作局部细节

① 重复上述的方法，将"南瓜"素材导入到"荷叶背景"文件中，并调整其大小和位置，如图15-1-43所示。

② 选择工具箱中的【橡皮擦工具】 ，在窗口中擦除如图15-1-44所示的部分。

图15-1-43 再次导入南瓜素材

图15-1-44 擦除多余图像

③ 选择工具箱中的【模糊工具】 ，在窗口中如图15-1-45所示的部分涂抹，降低图像的清晰度，制作出径深效果。

④ 重复上述的方法，将"绿草"素材导入到"荷叶背景"文件中，调整其大小和位置，并选择工具箱中的【橡皮擦工具】 ，在窗口中擦除如图15-1-46所示的部分。

⑤ 执行【文件】→【打开】命令，或按"Ctrl+O"组合键，打开配套光盘"第15章\素材\15.1"中的素材图片"城门.tif"，如图15-1-47所示。

⑥ 选择工具箱中的【钢笔工具】 ，单击属性栏上的"路径"按钮 ，在窗口中绘制如图15-1-48所示的路径。

⑦　按"Ctrl+Enter"组合键，将路径转换为选区，选择工具箱中的【移动工具】 ，将素材拖移到"荷叶背景"文件中，并按"Ctrl+T"组合键，打开【自由变换】调节框，在窗口中单击鼠标右键，执行【水平翻转】命令，并调整图像的大小和位置，如图15-1-49所示，按Enter键确定。

图15-1-45 模糊图像

图15-1-46 擦除多余图像

图15-1-47 打开素材"城门"图片

图15-1-48 绘制路径

图15-1-49 将"城门"图片拖入"荷叶背景"文件中

⑧　按"Ctrl+B"组合键，打开【色彩平衡】对话框，设置参数为27、40、−52，调整城门的颜色，效果如图15-1-50所示。

⑨　执行【图像】→【调整】→【亮度\对比度】命令，打开【亮度\对比度】对话框，设置其参数为27、80，调整城门的亮度和对比度，效果如图15-1-51所示。

图15-1-50 调整【色彩平衡】参数

图15-1-51 调整【亮度\对比度】参数

⑩　应用同样的方法，制作出如图15-1-52所示的效果。

⑪　新建图层，选择工具箱中的【画笔工具】 ，设置"前景色"为橘色（R:231，G:115，B:30），在窗口中绘制如图15-1-53所示的效果。

图15-1-52 制作其余的房子

图15-1-53 绘制橘色像素

⑫ 在【图层】面板设置"图层混合模式"为柔光，最终效果如图15-1-54所示。

15.2 破碎美人

本实例讲解如何制作"破碎美人"（第15章\源文件\破碎美人.psd）。本例应用了【多边形套索工具】、【画笔工具】制作破碎人体，并通过调整位置、调整色调、添加投影等一系列的处理，制作出碎片质感，在制作的过程中，应用【加深工具】和【减淡工具】来处理碎片的暗调与高光，并制作出碎片的厚度，使图像具有逼真的破碎效果。

图15-1-54 最终效果

15.2.1 设计思路

本例是一个创意型的合成案例，通常创意合成能带给观者非常强烈的视觉感受。它无所不能，超越现实生活。本实例的重点和难点都在破碎人体效果的制作上，要制作出逼真的破碎效果，在开始制作之前，应该先在对破碎物品的观察上下一番苦功。破碎的人体应该有一定的厚度和质感，而不是像碎纸片一样轻薄，只要抓住了破碎效果的特点，本例的制作就不难了。

本例制作的流程图如图15-2-1所示。

图15-2-1 制作的流程图

15.2.2 制作背景

① 执行【文件】→【新建】命令，打开【新建】对话框，设置"名称"为破碎美人，"宽度"为16厘米，"高度"为12厘米，"分辨率"为150像素\英寸，"颜色模式"为RGB颜色，

"背景内容"为白色，如图15-2-2所示。

2️⃣ 设置"前景色"为深灰色（R:22，G:22，B:22），并按"Alt+Delete"组合键，填充"背景"颜色，如图15-2-3所示。

图15-2-2 新建文件　　　　　　　　　　图15-2-3 填充"背景"颜色

3️⃣ 选择工具箱中的【减淡工具】，在图像中进行涂抹，调整颜色如图15-2-4所示。

4️⃣ 执行【滤镜】→【杂色】→【添加杂色】命令，打开【添加杂色】对话框，设置"数量"为7%，选择"高斯分布"单选项，并勾选"单色"复选框，效果如图15-2-5所示。

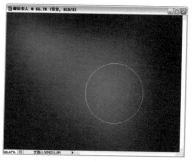

图15-2-4 调整颜色　　　　　　　　　　图15-2-5 设置【添加杂色】参数

5️⃣ 执行【文件】→【打开】命令，或按"Ctrl+O"组合键，打开配套光盘"第15章\素材\15.2"中的素材图片"蝴蝶1.tif"，如图15-2-6所示。

6️⃣ 选择【通道】面板，拖动"绿"通道到"创建新通道"按钮上，创建"绿 副本"通道，如图15-2-7所示。

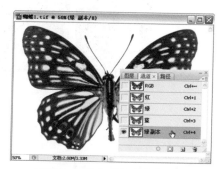

图15-2-6 打开素材图片"蝴蝶1"　　　　图15-2-7 创建"绿 副本"通道

7️⃣ 执行【图像】→【调整】→【反相】命令，反转图像颜色如图15-2-8所示。

8️⃣ 按"Ctrl+L"组合键，打开【色阶】对话框，并调整其参数为0、0.29、214，让通道的对比颜色更分明，效果如图15-2-9所示。

图15-2-8 反转图像颜色

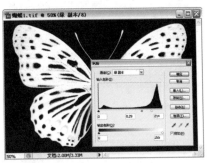
图15-2-9 调整【色阶】参数

9️⃣ 按住Ctrl键，同时单击"绿 副本"通道的缩览图，将其载入通道选区，如图15-2-10所示。

🔟 选择【图层】面板，执行【选择】→【修改】→【收缩】命令，打开【收缩选区】对话框，设置参数为3像素，收缩选区如图15-2-11所示。

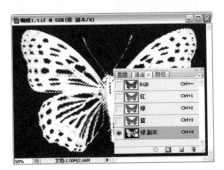
图15-2-10 载入通道选区

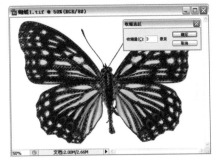
图15-2-11 收缩选区

 在通道中按住Ctrl键单击通道的缩览图，所载入的选区将是图像中的白色区域。

⓫ 选择工具箱中的【移动工具】，将选区图片拖移到"破碎美人"文件中，并按"Ctrl+T"组合键，打开【自由变换】调节框，调整图片的大小和位置，如图15-2-12所示，按Enter键确定。

⓬ 执行【图像】→【调整】→【去色】命令，去掉图片颜色如图15-2-13所示。

⓭ 按"Ctrl+J"组合键，创建"图层1副本"，并按"Ctrl+T"组合键，打开【自由变换】调节框，旋转图片如图15-2-14所示，按Enter键确定。

⓮ 按"Ctrl+E"组合键，向下合并图层，执行【滤镜】→【杂色】→【添加杂色】命令，打开【添加杂色】对话框，设置"数量"为7%，添加杂色效果如图15-2-15所示。

图15-2-12 调整图片的大小和位置

图15-2-13 去掉图片颜色

图15-2-14 旋转图片

图15-2-15 设置【添加杂色】参数

15.2.3 人物破碎效果

❶ 执行【文件】→【打开】命令，或按"Ctrl+O"组合键，打开配套光盘"第15章\素材\15.2"中的素材图片"人物.tif"，如图15-2-16所示。

❷ 选择工具箱中的【移动工具】 ，将素材拖移到"破碎美人"文件中，并按"Ctrl+T"组合键，打开【自由变换】调节框，调整图像的大小和位置，如图15-2-17所示，按Enter键确定。

图15-2-16 打开素材图片"人物"

图15-2-17 调整"人物"的大小和位置

❸ 执行【图像】→【调整】→【色彩平衡】命令，打开【色彩平衡】对话框，设置参数为−10、0、16，使人物的颜色体现出偏蓝的金属色，效果如图15-2-18所示。

❹ 选择工具箱中的【加深工具】 ，在图像中进行涂抹加深，调整颜色如图15-2-19所示。

图15-2-18 设置【色彩平衡】参数

图15-2-19 调整图像颜色

⑤ 选择工具箱中的【钢笔工具】 ，单击属性栏上的"路径"按钮 ，沿着嘴唇的外轮廓绘制路径，如图15-2-20所示。

⑥ 按"Ctrl+Enter"组合键，将路径转换为选区，执行【图像】→【调整】→【色相\饱和度】命令，打开【色相\饱和度】对话框，勾选"着色"复选框，并设置其参数为360、43、–13，更改嘴唇的颜色为红色，效果如图15-2-21所示。

图15-2-20 沿着嘴唇的外轮廓绘制路径

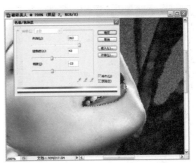
图15-2-21 设置【色相\饱和度】参数

⑦ 按"Ctrl+L"组合键，打开【色阶】对话框，并调整其参数为60、0.73、240，效果如图15-2-22所示。

⑧ 单击【图层】面板下方的"创建新图层"按钮 ，新建"图层3"，选择工具箱中【画笔工具】 ，并设置"前景色"为白色，为嘴唇绘制高光，效果如图15-2-23所示。

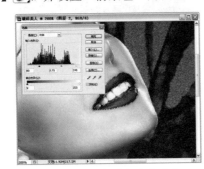
图15-2-22 调整【色阶】参数

图15-2-23 绘制嘴唇高光

⑨ 选择工具箱中的【橡皮擦工具】 ，并在其属性栏选择"柔角9像素"画笔，将擦除高光的边缘部分，如图15-2-24所示。

⑩ 在【图层】面板设置"图层混合模式"为叠加，效果如图15-2-25所示。

15

图15-2-24 擦除高光的边缘部分

图15-2-25 设置"图层混合模式"：叠加

⑪ 新建"图层4"，设置"前景色"为深红色（R:140，G:93，B:111），选择工具箱中【画笔工具】 ，并在其属性栏选择"柔角35像素"画笔，绘制人物的眼影颜色，如图15-2-26所示。

⑫ 在【图层】面板设置"图层混合模式"为亮光，设置"不透明度"为60%，添加的眼影效果如图15-2-27所示。

图15-2-26 绘制眼影颜色

图15-2-27 设置"图层混合模式"：亮光

⑬ 按"Ctrl+J"组合键，创建"图层2副本"，将该图层拖动到"图层2"的下方，设置"图层混合模式"为变亮，设置"不透明度"为60%，并调整图像位置如图15-2-28所示。

⑭ 选择工具箱中的【橡皮擦工具】 ，对图像进行擦除处理，效果如图15-2-29所示。

图15-2-28 调整图像位置

图15-2-29 擦除图像

⑮ 按住Ctrl键，同时单击"图层2"的缩览图，载入图形外轮廓选区，如图15-2-30所示。

⑯ 新建"图层5"，设置"前景色"为黑色，执行【选择】→【修改】→【羽化】命令，打开【羽化选区】对话框，设置其参数为5像素，并按"Alt+Delete"组合键，填充选区颜色如图15-2-31所示。

图15-2-30 载入图形外轮廓选区

图15-2-31 填充选区颜色

⑰ 拖动"图层5"到"图层2"的下方，并调整图形位置，选择工具箱中的【橡皮擦工具】，擦除图形效果如图15-2-32所示。

⑱ 选择工具箱中的【多边形套索工具】，在窗口中绘制选区，并按Delete键，删除选区内容，如图15-2-33所示。

图15-2-32 擦除图形效果

图15-2-33 删除选区内容

⑲ 选择工具箱中的【减淡工具】，在其属性栏选择"柔角2像素"画笔，在图像的边缘涂抹，添加边缘高光效果，使图像的边缘体现出厚度，如图15-2-34所示。

⑳ 新建"图层6"，设置"前景色"为黑色，选择工具箱中【画笔工具】，并在其属性栏选择"尖角1像素"画笔，单击属性栏上的"切换画笔调板"按钮，打开【画笔预设】对话框，勾选"形状动态"复选框，设置"控制"为渐隐，设置其参数为50，在窗口中拖动鼠标绘制裂纹效果，如图15-2-35所示。

图15-2-34 添加边缘高光效果1

图15-2-35 绘制裂纹效果

㉑ 选择"图层2"，选择工具箱中的【减淡工具】，在其属性栏选择"尖角1像素"画笔，在图像的边缘涂抹，添加边缘高光效果如图15-2-36所示。

㉒ 重复上述的方法，制作出其他脸部裂纹效果，如图15-2-37所示。

㉓ 选择工具箱中的【多边形套索工具】，在窗口中绘制选区，如图15-2-38所示。

㉔ 选择"图层2"，按"Ctrl+Shift+J"组合键，将选区图片剪切到新建"图层7"中，并按"Ctrl+T"组合键，打开【自由变换】调节框，旋转图片调整位置如图15-2-39所示，按Enter键确定。

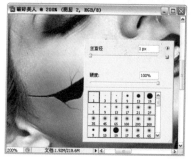

图15-2-36 添加边缘高光效果2

图15-2-37 制作其他脸部裂纹效果

 在选中图像的情况下，按"Ctrl+J"组合键，可以将选区图像复制到新建图层中，而且当前图像不会发生任何改变。

图15-2-38 绘制选区

图15-2-39 旋转图片调整位置

㉕ 选择工具箱中的【减淡工具】，在图像的边缘涂抹，添加边缘高光效果如图15-2-40所示。

㉖ 在【图层】面板双击该图层，打开【图层样式】对话框，选择"投影"复选框，并设置"不透明度"为100%，设置"距离"为5像素，"扩展"为18%，"大小"为16像素，添加碎片的投影效果如图15-2-41所示。

图15-2-40 添加边缘高光效果3

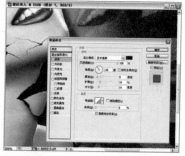

图15-2-41 设置"不透明度"

㉗ 选择工具箱中的【多边形套索工具】，在窗口中绘制选区，如图15-2-42所示。

㉘ 选择"图层2"，按"Ctrl+Shift+J"组合键，将选区图片剪切到新建"图层8"中，并按"Ctrl+T"组合键，打开【自由变换】调节框，旋转图片调整位置如图15-2-43所示，按Enter键确定。

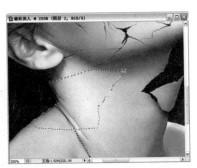

图15-2-42 绘制选区

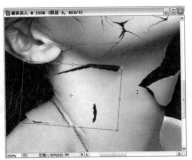

图15-2-43 旋转图片调整位置

㉙ 用同样的方法，为"图层8"添加"投影"效果，并选择工具箱中的【加深工具】，在图像中进行涂抹加深，调整图像颜色如图15-2-44所示。

㉚ 重复上述的方法，制作出其他碎片效果，如图15-2-45所示。

图15-2-44 调整图像颜色

图15-2-45 制作出其他碎片效果

15.2.4 蝴蝶破碎效果

① 执行【文件】→【打开】命令，或按"Ctrl+O"组合键，打开配套光盘"第15章\素材\15.2"中的素材图片"蝴蝶2.tif"，如图15-2-46所示。

② 选择工具箱中的【移动工具】，将素材拖移到"破碎美人"文件中，并按"Ctrl+T"组合键，打开【自由变换】调节框，调整图像的大小和位置，如图15-2-47所示，按Enter键确定。

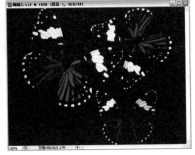

图15-2-46 打开素材图片"蝴蝶2"

图15-2-47 调整"蝴蝶2"图像的大小和位置

③ 在【图层】面板双击该图层，打开【图层样式】对话框，选择"投影"复选框，并设置"不透明度"为100%，设置"距离"为11像素，"扩展"为0%，"大小"为13像素，为蝴蝶添加投影效果如图15-2-48所示。

④ 使用同样的方法，制作出蝴蝶的碎片效果，并且将所有的蝴蝶碎片图层合并为"图层59"，效果如图15-2-49所示。

图15-2-48 设置"投影"参数　　　　　图15-2-49 制作蝴蝶碎片并合并图层

⑤ 按"Ctrl+J"组合键，创建"图层59副本"，并执行【滤镜】→【模糊】→【动感模糊】命令，打开【动感模糊】对话框，设置"角度"为90度，设置"距离"为50像素，效果如图15-2-50所示。

⑥ 在【图层】面板设置"图层混合模式"为溶解，设置"不透明度"为50%，效果如图15-2-51所示。

 "溶解"混合模式产生的像素溶解度，与图像的"不透明度"有直接的联系，如果图像的不透明度值越大，则产生的溶解效果越弱，如果图像的不透明度值越小，则产生的溶解效果越强。

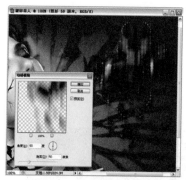

图15-2-50 设置【动感模糊】参数　　　　图15-2-51 设置"图层混合模式"：溶解

⑦ 执行【文件】→【打开】命令，或按"Ctrl+O"组合键，打开配套光盘"第15章\素材\15.2"中的素材图片"文字.tif"，如图15-2-52所示。

⑧ 选择工具箱中的【移动工具】，将文字拖移到"破碎美人"文件中，并按"Ctrl+T"组合键，打开【自由变换】调节框，调整文字的大小和位置，如图15-2-53所示，按Enter键确定。

图15-2-52 打开素材图片"文字"

图15-2-53 调整文字的大小和位置

9 在【图层】面板双击该图层,打开【图层样式】对话框,选择"投影"复选框,并设置"不透明度"为100%,设置"距离"为4像素,"扩展"为0%,"大小"为0像素,如图15-2-54所示。

10 应用【图层样式】后,制作完成的"破碎美人"最终效果如图15-2-55所示。本案例视频文件保存在"第15章\视频\15.2破碎美人.avi",有助于读者更深入学习本案例的绘制过程。

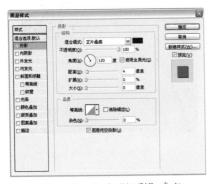

图15-2-54 设置"投影"参数

图15-2-55 最终效果

15.3 奇幻水晶球

本实例讲解如何制作"奇幻水晶球"(第15章\源文件\15.3奇幻水晶球.psd)。本实例通过对不同的素材添加相同的【蒙版】,令素材的可视范围在相同区域,分别对其色调进行调整,并应用几个【滤镜】和各种工具,制作出水晶球体质感。

15.3.1 设计思路

水晶球有一些其他物品所不具备的特色。它晶莹剔透,有沉重的质量感,并且当它放在一个固定环境中时,非常容易受到环境色的影响,具有纯度非常高,非常亮的反光。它的高光几近白色,而暗部就同时存在于高光的周围,越是亮的地方,它的暗部就越发地暗,几近黑色。正是这种强烈的对比,才能刻画出水晶球特有的质感。

本例制作的流程图如图15-3-1所示。

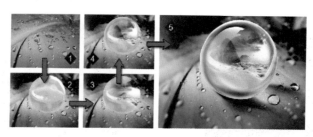

图15-3-1 制作的流程图

15.3.2 调整整体色调

1 执行【文件】→【打开】命令，或按"Ctrl+O"组合键，打开配套光盘"第15章\素材\15.3"中的素材图片"水珠.tif"，如图15-3-2所示。

2 选择工具箱中的【椭圆选框工具】○，在窗口中如图15-3-3所示的部分拖动鼠标，绘制选区。

图15-3-2 打开素材"水珠"图片

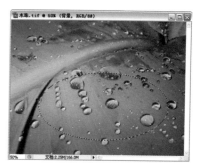

图15-3-3 绘制选区

3 执行【选择】→【修改】→【羽化】命令，打开【羽化选区】对话框，设置"羽化半径"为10像素，如图15-3-4所示，单击"确定"按钮 ▭确定▭ 。

4 按"Shift+Ctrl+I"组合键，将选区进行反向，如图15-3-5所示。

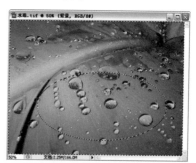

图15-3-4 设置【羽化选区】参数

图15-3-5 选区反向

5 执行【滤镜】→【模糊】→【高斯模糊】命令，打开【高斯模糊】对话框，设置"半径"为7像素，如图15-3-6所示，按"Ctrl+D"组合键，取消选择。

6 按"Ctrl+U"组合键，打开【色相\饱和度】对话框，勾选"着色"复选框，并分别调整其各项参数为185、25、0，将图像的颜色调整为偏蓝色，效果如图15-3-7所示。

提示 按"Ctrl+Alt+U"组合键，同样会打开【色相\饱和度】对话框，但是此时打开的对话框将保留上一次调整的参数设置。

图15-3-6 设置【高斯模糊】参数

图15-3-7 设置【色相\饱和度】参数1

⑦ 执行【图像】→【调整】→【亮度\对比度】命令，打开【亮度\对比度】对话框，设置参数为74、63，增强图像的亮度和对比度，效果如图15-3-8所示。

⑧ 选择工具箱中的【加深工具】，在图像中进行涂抹加深，使图像的对比度更强烈，效果如图15-3-9所示。

图15-3-8 设置【亮度\对比度】参数1

图15-3-9 加深图像

⑨ 执行【文件】→【打开】命令，或按"Ctrl+O"组合键，打开配套光盘"第15章\素材\奇幻水晶球"中的素材图片"玻璃球.tif"，如图15-3-10所示。

⑩ 选择工具箱中的【钢笔工具】，单击属性栏上的【路径】按钮，沿着玻璃球的外轮廓绘制路径，如图15-3-11所示。

图15-3-10 打开素材"玻璃球"图片

图15-3-11 绘制路径

⑪ 按"Ctrl+Enter"组合键，将路径转换为选区，如图15-3-12所示。

⑫ 选择工具箱中的【移动工具】 ，将素材拖移到"水珠"文件中，并按"Ctrl+T"组合键，打开【自由变换】调节框，调整其大小和位置，如图15-3-13所示，按Enter键确定。

图15-3-12 载入选区

图15-3-13 导入玻璃球素材

⑬ 按"Ctrl+U"组合键，打开【色相\饱和度】对话框，勾选"着色"复选框，并分别调整其各项参数为180、60、0，对玻璃球的颜色进行更改，使其颜色与背景的色更和谐，效果如图15-3-14所示。

⑭ 执行【文件】→【打开】命令，或按"Ctrl+O"组合键，打开配套光盘"第15章\素材\15.3"中的素材图片"云彩.tif"，如图15-3-15所示。

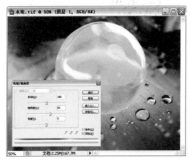
图15-3-14 设置【色相\饱和度】参数2

图15-3-15 打开素材"云彩"图片

⑮ 选择工具箱中的【移动工具】 ，将素材拖移到"水珠"文件中，并按"Ctrl+T"组合键，打开【自由变换】调节框，调整其大小和位置，如图15-3-16所示，按Enter键确定。

⑯ 执行【图像】→【调整】→【亮度\对比度】命令，打开【亮度\对比度】对话框，设置参数为50、100，使图像的亮度和对比度更加强烈，效果如图15-3-17所示。

图15-3-16 导入云彩素材

图15-3-17 设置【亮度\对比度】参数2

⑰ 在【图层】面板，按住Ctrl键，单击"图层1"的"图层缩览图"，载入选区，如图 15-3-18所示。

⑱ 单击【图层】面板上的"添加图层蒙版"按钮 ，为该图层添加图层蒙版，效果如图 15-3-19所示。

> **提示** 添加"图层蒙版"以后，在蒙版中所做的任何操作都不会影响到原图像。

图15-3-18 载入选区

图15-3-19 添加图层蒙版

⑲ 选择工具箱中的【画笔工具】 ，设置"前景色"为黑色，在蒙版中涂抹，将如图 15-3-20所示的部分进行隐藏。

⑳ 单击该图层的"图层缩览图"，按"Ctrl+B"组合键，打开【色彩平衡】对话框，设置 参数为100、−6、16，让图像的颜色偏红，效果如图15-3-21所示。

图15-3-20 编辑蒙版

图15-3-21 设置【色彩平衡】参数

㉑ 在【图层】面板，按住Ctrl键，单击"图层1"的"图层缩览图"，载入选区，执行【选 择】→【变换选区】命令，并按"Shift+Alt"组合键，拖动【自由变换】调节框，等比同心缩小 选区，如图15-3-22所示。

㉒ 执行【选择】→【修改】→【羽化】命令，打开【羽化选区】对话框，设置"羽化半 径"为5像素，如图15-3-23所示。

㉓ 按"Shift+Ctrl+I"组合键，将选区进行反向，如图15-3-24所示。

㉔ 执行【滤镜】→【扭曲】→【旋转扭曲】命令，打开【旋转扭曲】对话框，设置"角 度"为1140度，将玻璃球边缘的图像进行旋转扭曲，使其产生玻璃折射的视觉效果，如图15-3-25 所示，按"Ctrl+D"组合键，取消选择。

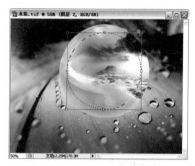

图15-3-22 缩小选区

图15-3-23 设置【羽化选区】参数

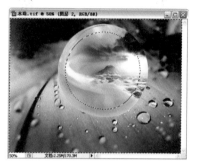

图15-3-24 选区反向

图15-3-25 设置【旋转扭曲】参数

㉕ 执行【图像】→【调整】→【亮度\对比度】命令，打开【亮度\对比度】对话框，设置参数为–64、60，效果如图15-3-26所示。

㉖ 执行【文件】→【打开】命令，或按"Ctrl+O"组合键，打开配套光盘"第15章\素材\15.3"中的素材图片"水墨画.tif"，如图15-3-27所示。

图15-3-26 设置【亮度/对比度】参数3

图15-3-27 打开素材"水墨画"图片

㉗ 选择工具箱中的【移动工具】，将素材拖移到"水珠"文件中，并按"Ctrl+T"组合键，打开【自由变换】调节框，调整其大小和位置，如图15-3-28所示，按Enter键确定。

㉘ 应用同样的方法为图层添加图层蒙版，效果如图15-3-29所示。

㉙ 选择工具箱中的【画笔工具】，设置"前景色"为黑色，在蒙版中涂抹，将如图15-3-30所示的部分进行隐藏。

㉚ 单击该图层的"图层缩览图"，调整图像的亮度和对比度，执行【图像】→【调整】→【亮度\对比度】命令，打开【亮度\对比度】对话框，设置参数为30、70，效果如图15-3-31所示。

图15-3-28 导入水墨画素材

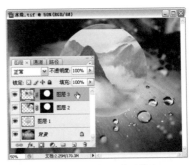

图15-3-29 添加图层蒙版

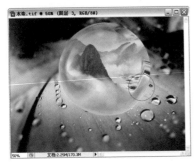

图15-3-30 编辑蒙版

图15-3-31 设置【亮度\对比度】参数4

㉛ 在【图层】面板设置"图层混合模式"为柔光，效果如图15-3-32所示。

15.3.3 制作水晶球质感

❶ 执行【文件】→【打开】命令，或按"Ctrl+O"组合键，打开配套光盘"第15章\素材\15.3"中的素材图片"树叶.tif"，如图15-3-33所示。

图15-3-32 设置"图层混合模式"：柔光

❷ 选择工具箱中的【移动工具】，将素材拖移到"水珠"文件中，并按"Ctrl+T"组合键，打开【自由变换】调节框，调整其大小和位置，如图15-3-34所示，按Enter键确定。

图15-3-33 打开素材"树叶"图片

图15-3-34 导入树叶素材

③ 在【图层】面板，按住Ctrl键，单击"图层1"的"图层缩览图"，载入选区，执行【滤镜】→【扭曲】→【旋转扭曲】命令，打开【旋转扭曲】对话框，设置"角度"为336度，效果如图15-3-35所示。

④ 执行【滤镜】→【扭曲】→【球面化】命令，打开【球面化】对话框，设置"数量"为100%，效果如图15-3-36所示。

图15-3-35 设置【旋转扭曲】参数

图15-3-36 设置【球面化】参数

⑤ 按两次"Ctrl+F"组合键，重复滤镜操作，效果如图15-3-37所示。

⑥ 用同样的方法为图层添加图层蒙版，效果如图15-3-38所示。

图15-3-37 重复滤镜操作

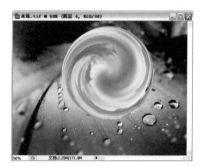
图15-3-38 添加图层蒙版

⑦ 选择工具箱中的【画笔工具】 ，设置"前景色"为黑色，在蒙版中涂抹，将如图15-3-39所示的部分进行隐藏。

⑧ 单击该图层的"图层缩览图"，按"Ctrl+U"组合键，打开【色相\饱和度】对话框，勾选"着色"复选框，并分别调整其各项参数为180、60、0，将图像的颜色调整为蓝色，使图像与玻璃球更加融合，效果如图15-3-40所示。

图15-3-39 编辑蒙版

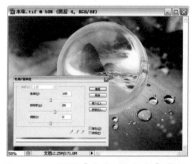
图15-3-40 设置【色相\饱和度】参数3

⑨ 单击【图层】面板上的"创建新图层"按钮 ，选择工具箱中的【画笔工具】 ，设置"前景色"为深蓝色（R:26，G:91，B:96），在如图15-3-41所示的部分涂抹上色。

⑩ 选择工具箱中的【橡皮擦工具】 ，擦除如图15-3-42所示的图像。

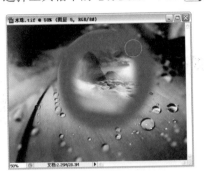 

图15-3-41 绘制深蓝色 　　　　　　　　　图15-3-42 擦除多余图像

⑪ 在【图层】面板，设置"图层混合模式"为强光，效果如图15-3-43所示。

⑫ 选择工具箱中的【钢笔工具】 ，单击属性栏上的【路径】按钮 ，在窗口中绘制路径，如图15-3-44所示。

图15-3-43 设置"图层混合模式"：强光 　　　图15-3-44 绘制路径

⑬ 设置前景色为白色，选择工具箱中的【渐变工具】 ，单击其属性栏上的"编辑渐变"按钮，打开【渐变编辑器】对话框，在"预设"中选择"前景到透明"，如图15-3-45所示。

⑭ 新建图层，按"Ctrl+Enter"组合键，将路径转换为选区，在窗口中拖动鼠标，为选区填充渐变色，制作出玻璃球的高光效果，如图15-3-46所示。

图15-3-45 设置"渐变编辑器"参数 　　　　　图15-3-46 填充渐变色

⑮ 选择工具箱中的【画笔工具】 ✐ ，设置"前景色"为白色，在窗口中如图15-3-47所示的位置进行涂抹，绘制球体反光。

⑯ 选择工具箱中的【画笔工具】 ✐ ，在属性栏设置"画笔"为混合画笔，并选择"交叉排线"，在窗口中绘制闪光效果，如图15-3-48所示。

图15-3-47 绘制反光

图15-3-48 绘制闪光

 如果在画笔快捷菜单中没有所需要的画笔样式，可以通过单击快捷菜单右上方的"三角形"按钮 ⊙ ，添加所需要的画笔样式。

⑰ 在【图层】面板选择背景图层，选择工具箱中的【椭圆选框工具】 ◯ ，在窗口中如图15-3-49所示的部分拖动鼠标，绘制选区。

⑱ 执行【选择】→【修改】→【羽化】命令，打开【羽化选区】对话框，设置"羽化半径"为5像素，如图15-3-50所示。

图15-3-49 绘制选区

图15-3-50 设置【羽化选区】参数

⑲ 新建图层，设置"前景色"为黑色，按"Alt+Delete"组合键，填充选区，如图15-3-51所示。

⑳ 选择工具箱中的【橡皮擦工具】 ✐ ，在其属性栏设置"不透明度"为50%，"流量"为50%，在窗口中擦除如图15-3-52所示的图像。

图15-3-51 填充选区为黑色

图15-3-52 擦除多余图像

㉑ 新建图层，选择工具箱中的【画笔工具】 ，设置"前景色"为白色，在窗口中如图15-3-53所示的位置绘制白色像素。

㉒ 在【图层】面板，设置"图层混合模式"为叠加，制作出透光的玻璃球投影，最终效果如图15-3-54所示。本案例视频文件保存在"第15章\视频\15.3奇幻水晶球.avi"，有助于读者更深入学习本案例的绘制过程。

图15-3-53 绘制白色像素

图15-3-54 最终效果

第16章
广告设计

所谓广告，就是将各种高度精练的信息通过艺术的手法向广大的消费群众传递。广告又划分为广义广告和狭义广告，广义广告包括商业广告和非商业广告，狭义广告是经济广告，也就是商业广告。其中，商业广告包括产品、促销、形象、服务广告4种类型。

本章将通过几个经典的实例，引领读者认识广告以及广告的制作。本章的实例为读者讲解了MP4广告、手机广告、地产广告的制作过程。通过本章的学习，希望读者可以掌握色彩的搭配和广告的结构等设计经验。

16.1 MP4广告

本实例主要制作一幅"MP4广告"（第16章\源文件\16.1MP4广告.psd）。本实例主要通过【黑白】、【色相/饱和度】、【色彩平衡】命令和"图层混合模式"等对图片的颜色进行追加和调整，使广告的整体颜色更加协调，并且运用【画笔工具】和【横排文字工具】，在广告中添加一些修饰物和文字信息，让广告中的主题更为突出。

16.1.1 设计思路

广告从设计的角度讲，它大致包含主题、形象和正文三大要素。鲜明的主题是广告的灵魂，它可以帮助消费者正确地理解广告的含义。形象能够有效地展示广告的主题，并且通过明艳的色彩、精美的画面制作等手法来吸引消费者的目光。在广告的大千世界中，形象在很多时候比文案更具说服力，它在广告设计领域中占有举足轻重的地位。正文是传递信息的主要方式，它可以让消费者轻易地明白广告所要表达的内容，因此往往需要应用简练的语言来准确地阐述广告所要表达的内容。弄清楚广告设计的要素，那么接下来的工作就变得清晰了。首先可以确定广告的主题是MP4，这是一个新兴的电子产物，所以在形象上将以时尚的风格作为主题的形象。正文的内容则是MP4的品牌以及型号。

本例制作的流程图如图16-1-1所示。

图16-1-1 制作的流程图

16.1.2 制作步骤

❶ 执行【文件】→【打开】命令，或按"Ctrl+O"组合键，打开配套光盘"第16章\素材\16.1"中的素材图片"城市背景.tif"，如图16-1-2所示。

❷ 执行【图像】→【调整】→【黑白】命令，打开【黑白】对话框，在对话框中勾选"色调"复选框，并调整其参数为197、40，将图像调整为偏蓝的单色图像，单击"确定"按钮，效果如图16-1-3所示。

图16-1-2 打开素材图片"城市背景"

图16-1-3 调整【黑白】参数

❸ 使用工具箱中的【减淡工具】 ⚫ 和【加深工具】 ☁ ，分别对图片进行涂抹，调整图片的颜色如图16-1-4所示。

❹ 执行【文件】→【打开】命令，或按"Ctrl+O"组合键，打开配套光盘"第16章\素材\16.1"中的素材图片"宇宙.tif"，如图16-1-5所示。

图16-1-4 调整图片的颜色

图16-1-5 打开素材图片"宇宙"

⑤ 选择工具箱中的【移动工具】，将素材拖移到"城市背景"文件中，并按"Ctrl+T"组合键，打开【自由变换】调节框，调整图像的大小和位置，如图16-1-6所示，按Enter键确定。

⑥ 执行【图像】→【调整】→【色相/饱和度】命令，打开【色相/饱和度】对话框，勾选"着色"复选框，并设置其参数为185、50、0，将图像调整成偏蓝的单色图像，效果如图16-1-7所示。

图16-1-6 导入宇宙素材

图16-1-7 设置【色相\饱和度】参数1

⑦ 单击【图层】面板下方的"添加图层蒙版"按钮，为"图层1"添加图层蒙版，设置前景色为黑色，并选择工具箱中【画笔工具】，在蒙版中绘制黑色，效果如图16-1-8所示。

⑧ 执行【文件】→【打开】命令，或按"Ctrl+O"组合键，打开配套光盘"第16章\素材\16.1"中的素材图片"人物.tif"，如图16-1-9所示。

图16-1-8 绘制黑色

图16-1-9 打开素材图片"人物"

当图层添加图层蒙版后，在蒙版中所执行的操作，将不会影响到原有图片，因此便于修改。

⑨ 选择工具箱中的【移动工具】，将素材拖移到"城市背景"文件中，并按"Ctrl+T"组合键，打开【自由变换】调节框，调整图像的大小和位置，如图16-1-10所示，按Enter键确定。

⑩ 执行【图像】→【调整】→【色彩平衡】命令，打开【色彩平衡】对话框，设置参数为–100、10、45，将人物调整成偏蓝的单色效果，使整体颜色更加和谐，如图16-1-11所示。

⑪ 使用工具箱中的【减淡工具】和【加深工具】，分别对图片进行涂抹，调整图片的高光和暗部颜色，如图16-1-12所示。

⑫ 新建"图层3"，设置"前景色"为嫩绿色（R:157，G:229，B:61），选择工具箱中【画笔工具】，设置属性栏上的"不透明度"和"流量"分别为50%，并在窗口中绘制颜色如图16-1-13所示。

图16-1-10 导入人物素材

图16-1-11 设置【色彩平衡】参数1

图16-1-12 调整图片的颜色

图16-1-13 绘制嫩绿色

⑬ 设置"图层3"的"图层混合模式"为色相，效果如图16-1-14所示。

⑭ 新建"图层4"，设置"前景色"为淡红色（R:218，G:176，B:117），选择工具箱中【画笔工具】 ，设置属性栏上的"不透明度"和"流量"分别为100%，并在窗口中绘制颜色如图16-1-15所示。

图16-1-14 设置"图层混合模式"：色相

图16-1-15 绘制淡红色

⑮ 设置"图层4"的"图层混合模式"为颜色加深，效果如图16-1-16所示。

⑯ 新建"图层5"，设置"前景色"为嫩绿色（R:167，G:237，B:0），选择工具箱中【画笔工具】 ，在窗口中绘制颜色如图16-1-17所示。

⑰ 设置"图层5"的"图层混合模式"为色相，效果如图16-1-18所示。

⑱ 执行【文件】→【打开】命令，或按"Ctrl+O"组合键，打开配套光盘"第16章\素材\16.1"中的素材图片"MP4.tif"，如图16-1-19所示。

图16-1-16 设置"图层混合模式"：颜色加深

图16-1-17 绘制嫩绿色

图16-1-18 设置"图层混合模式"：色相

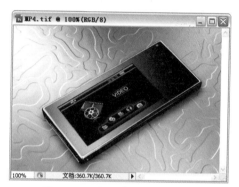

图16-1-19 打开素材图片"MP4"

⑲ 选择工具箱中的【钢笔工具】 ，单击属性栏上的【路径】按钮 ，在窗口中绘制路径，选择图像如图16-1-20所示。

⑳ 按"Ctrl+Enter"组合键，将路径转换为选区，选择工具箱中的【移动工具】 ，将选区图片拖移到"城市背景"文件中，并按"Ctrl+T"组合键，打开【自由变换】调节框，调整图像的大小和位置，如图16-1-21所示，按Enter键确定。

图16-1-20 绘制路径

图16-1-21 导入"MP4"素材图片

㉑ 执行【图像】→【调整】→【色相/饱和度】命令，打开【色相/饱和度】对话框，并设置其参数为36、–17、0，调整图像颜色如图16-1-22所示。

㉒ 执行【图像】→【调整】→【色彩平衡】命令，打开【色彩平衡】对话框，设置参数为100、73、–33，将图像调整成与背景色和谐的偏黄色，效果如图16-1-23所示。

图16-1-22 设置【色相\饱和度】参数2　　　图16-1-23 设置【色彩平衡】参数2

㉓ 在【图层】面板双击该图层，打开【图层样式】对话框，选择"外发光"复选框，并设置"颜色"为嫩绿色（R:211，G:255，B:78），设置其他参数如图16-1-24所示。

㉔ 添加"外发光"后的图像效果，如图16-1-25所示。

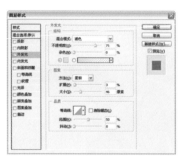

图16-1-24 设置"外发光"参数1　　　图16-1-25 添加"外发光"后的效果1

㉕ 选择工具箱中的【画笔工具】，在属性栏上单击"切换画笔调板"按钮，打开【画笔预设】对话框，并选中"画笔笔尖形状"复选框，分别设置参数如图16-1-26所示。

㉖ 勾选【画笔预设】对话框中的"形状动态"复选框，分别设置参数如图16-1-27所示。

㉗ 勾选【画笔预设】对话框中的"散布"复选框，分别设置参数如图16-1-28所示。

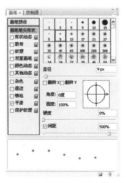

图16-1-26 设置"画笔笔尖形状"参数　图16-1-27 设置"形状动态"参数　图16-1-28 设置"散布"参数

㉘ 新建"图层7"，设置"前景色"为白色，并在窗口中拖动鼠标，绘制原点图形如图16-1-29所示。

㉙ 在【图层】面板双击该图层，打开【图层样式】对话框，选择"外发光"复选框，并设置"颜色"为棕色（R:188，G:117，B:5），设置其他参数如图16-1-30所示。

图16-1-29 绘制原点图形

图16-1-30 设置"外发光"参数2

㉚ 添加"外发光"后的图像效果如图16-1-31所示。

㉛ 新建"图层8",选择工具箱中【画笔工具】 ，并在其属性栏选择"缤纷蝴蝶"画笔，在窗口中绘制蝴蝶图形，如图16-1-32所示。

图16-1-31 添加"外发光"后的效果2

图16-1-32 绘制蝴蝶图形

㉜ 在【图层】面板双击该图层，打开【图层样式】对话框，选择"外发光"复选框，并设置"颜色"为棕色（R:188，G:117，B:5），设置其他参数如图16-1-33所示。

㉝ 添加"外发光"后的图像效果如图16-1-34所示。

图16-1-33 设置"外发光"参数3

图16-1-34 添加"外发光"后的效果3

㉞ 新建"图层9"，填充"颜色"为黑色，执行【滤镜】→【渲染】→【镜头光晕】命令，打开【镜头光晕】对话框，并设置其参数为100%，效果如图16-1-35所示。

㉟ 设置"图层9"的"图层混合模式"为颜色减淡，并使用工具箱中的【橡皮擦工具】 ，擦除高光部分，效果如图16-1-36所示。

在【镜头光晕】对话框中，可以直接在"光晕中心"预览窗口中单击鼠标，调整光晕的中心点位置，还可以通过选择"镜头类型"中的单选项，选择不同的光晕效果。

图16-1-35 设置【镜头光晕】参数

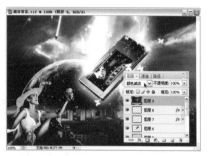
图16-1-36 擦除高光部分

㉚ 选择工具箱中的【横排文字工具】 T，设置"前景色"为黑色，在窗口中输入文字，单击属性栏上的"显示字符和段落调板"按钮 ，打开【字符】调板，并单击调板下方的"仿斜体"按钮 T 和"全部大写字母"按钮 TT，文字效果如图16-1-37所示。

㉛ 在【图层】面板双击该图层，打开【图层样式】对话框，选择"外发光"复选框，并设置其参数如图16-1-38所示。

图16-1-37 调整文字

图16-1-38 设置"外发光"参数4

㉜ 执行【文件】→【打开】命令，或按"Ctrl+O"组合键，打开配套光盘"第16章\素材\16.1"中的素材图片"标志.tif"，如图16-1-39所示。

㉝ 选择工具箱中的【移动工具】，将素材拖移到"城市背景"文件中，并按"Ctrl+T"组合键，打开【自由变换】调节框，调整图像的大小和位置，如图16-1-40所示，按Enter键确定。

图16-1-39 打开素材图片"标志"

图16-1-40 导入"标志"素材图片

⓵ 选择工具箱中的【横排文字工具】 T ，用同样的方法，在广告中输入其他文字，制作完成后的最终效果如图16-1-41所示。本案例视频文件保存在"第16章\视频\16.1MP4广告.avi"，有助于读者更深入学习本案例的绘制过程。

图16-1-41 最终效果

16.2 手机广告

本实例主要制作一个"手机广告"（第16章\源文件\16.2手机广告.psd）。本实例主要通过【渐变工具】和【加深工具】制作出广告的背景，通过【魔棒工具】、【套索工具】和【羽化】命令的巧妙运用，对素材图片进行选取，利用【色相/饱和度】和【色彩平衡】命令的特性，对素材图片的颜色进行调整。最后采取【画笔工具】和"画笔调板"的配合使用，在广告中添加了闪烁的星光效果，使整体画面更为丰富。

16.2.1 设计思路

通过前面的学习，读者对广告的基本要素都有了大致的了解。这里来探讨一下广告的风格，广告的风格是多种多样的，取决于广告的主题。大多的商业广告体现的是时尚的风格，因为绚丽的画面效果非常容易抓住消费者的目光。还有一些比较素净的风格，大多为了体现一种文化氛围。有的广告文案部分多于图案部分，往往这类广告对产品很注重事实，尤其是新产品的叙述部分或者是面向一些新的消费群体时。广告的风格也是商品最直接的表现，本例为手机广告，整个画面以金色为基调，大片璀璨的星河渲染出华丽贵气的视觉感受，也体现出这款手机比较华贵的特点。

本例制作的流程图如图16-2-1所示。

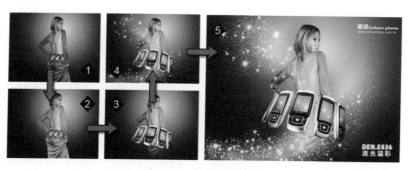

图16-2-1 制作的流程图

16.2.2 制作步骤

1 执行【文件】→【新建】命令，打开【新建】对话框，设置"名称"为手机广告，"宽度"为11厘米，"高度"为8厘米，"分辨率"为150像素\英寸，"颜色模式"为RGB颜色，"背景内容"为白色，如图16-2-2所示。

2 选择工具箱中的【渐变工具】，单击属性栏上的"编辑渐变"按钮 ▇▇▇ ，打开【渐变编辑器】对话框，设置：

位置0 颜色（R:251，G:227，B:156）；

位置50 颜色（R:178，G:113，B:10）；

位置100颜色（R:51，G:19，B:4）；

如图16-2-3所示，单击"确定"按钮。

> **提示** 在【渐变编辑器】对话框中，单击"新建"按钮 **新建(W)** ，可以将当前设置的渐变色存储到"预设"中，便于多次运用设置的渐变色。

图16-2-2 新建文件

图16-2-3 调整渐变色

3 单击属性栏上的"径向渐变"按钮 ▇ ，在窗口中拖动鼠标，渐变效果如图16-2-4所示。

4 选择工具箱中的【加深工具】 ▇ ，在窗口中涂抹，调整"背景"颜色，如图16-2-5所示。

图16-2-4 渐变效果

图16-2-5 调整"背景"颜色

5 执行【文件】→【打开】命令，或按"Ctrl+O"组合键，打开配套光盘"第16章\素材\16.2"中的素材图片"广告人物.tif"，如图16-2-6所示。

6 选择工具箱中的【魔棒工具】 ▇ ，单击属性栏上的"添加到选区"按钮 ▇ ，加选窗口中的白色区域，如图16-2-7所示。

7 按"Ctrl+Shift+I"组合键，"反向"选区，选择人物图像如图16-2-8所示。

图16-2-6 打开素材图片"广告人物"　　图16-2-7 加选白色区域　　图16-2-8 "反向"选区

⑧　选择工具箱中的【移动工具】，将选区图片拖移到"手机广告"文件中，按"Ctrl+T"组合键，打开【自由变换】调节框，并在窗口中单击鼠标右键，执行【水平翻转】命令，如图16-2-9所示，按Enter键确定。

⑨　执行【图像】→【调整】→【色相/饱和度】命令，打开【色相/饱和度】对话框，并勾选"着色"复选框，设置参数为40、80、0，将人物调整为偏黄色的单色图像，效果如图16-2-10所示。

图16-2-9 导入广告人物素材图片　　　　图16-2-10 设置【色相\饱和度】参数

⑩　选择工具箱中的【套索工具】，在窗口中拖动鼠标，选择人物的皮肤部分，并执行【选择】→【修改】→【羽化】命令，打开【羽化选区】对话框，设置其参数为5像素，如图16-2-11所示。

⑪　执行【图像】→【调整】→【色彩平衡】命令，打开【色彩平衡】对话框，设置参数为50、-43、-20，调整人物的皮肤颜色，效果如图16-2-12所示。

图16-2-11 设置【羽化选区】参数　　　　图16-2-12 设置【色彩平衡】参数1

提示　按"Ctrl+Alt+D"组合键，可以快速打开【羽化选区】对话框，按"Ctrl+B"组合键，可以快速打开【色彩平衡】对话框，按"Ctrl+Alt+B"组合键打开的【色彩平衡】对话框，将会保留上次设置的参数，在调整同样色调时可以使用。

⑫ 按"Ctrl+Shift+I"组合键，"反向"选区，并按"Ctrl+B"组合键，打开【色彩平衡】对话框，设置参数为50、–43、–20，调整人物的衣服和头发的颜色，效果如图16-2-13所示。

⑬ 选择工具箱中的【橡皮擦工具】 ，并擦除人物如图16-2-14所示。

图16-2-13 设置【色彩平衡】参数2

图16-2-14 擦除人物

⑭ 选择工具箱中的【加深工具】 ，在图像中进行涂抹加深，调整颜色如图16-2-15所示。

⑮ 执行【文件】→【打开】命令，或按"Ctrl+O"组合键，打开配套光盘"第16章\素材\16.2手机广告"中的素材图片"手机.tif"，如图16-2-16所示。

图16-2-15 调整图片颜色

图16-2-16 打开素材图片"手机"

⑯ 选择工具箱中的【移动工具】 ，将素材拖移到"手机广告"文件中，并按"Ctrl+T"组合键，打开【自由变换】调节框，调整图片的大小和位置，如图16-2-17所示，按Enter键确定。

⑰ 选择工具箱中的【画笔工具】 ，在属性栏上单击"切换画笔调板"按钮 ，打开【画笔预设】对话框，并选中"画笔笔尖形状"复选框，分别设置参数如图16-2-18所示。

⑱ 勾选【画笔预设】对话框中的"形状动态"复选框，分别设置参数如图16-2-19所示。

⑲ 勾选【画笔预设】对话框中的"散布"复选框，分别设置参数如图16-2-20所示。

⑳ 新建"图层3"，设置"前景色"为白色，并在窗口中拖动鼠标，绘制原点图形如图16-2-21所示。

图16-2-17 导入手机素材

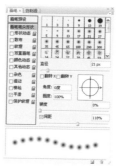

图16-2-18 设置"画笔笔尖
形状"参数

图16-2-19 设置"形状动态"
参数

图16-2-20 设置"散布"参数

图16-2-21 绘制原点图形

㉑ 用同样的方法，更改不同的"前景色"，并分别绘制其他原点效果，如图16-2-22所示。

㉒ 新建"图层4"，设置"前景色"为白色，选择工具箱中的【画笔工具】 ，在属性栏设置"画笔"为星形放射，在窗口中绘制闪光效果，如图16-2-23所示。

 如果在"画笔"下拉列表中没有"星形放射"画笔选项，可以通过单击列表右上方的"三角形"按钮 ，追加"混合画笔"样式。

图16-2-22 绘制其他原点图形

图16-2-23 绘制闪光效果

㉓ 新建"图层5"，设置"前景色"为黄色（R:255，G:223，B:4），选择工具箱中的【画笔工具】 ，在属性栏设置"画笔"为柔角100像素，在窗口中绘制颜色，如图16-2-24所示。

㉔ 在【图层】面板，设置"图层混合模式"为叠加，效果如图16-2-25所示。

图16-2-24 绘制黄色

图16-2-25 设置"图层混合模式":叠加

㉔ 选择工具箱中的【横排文字工具】$\boxed{T}$,在窗口中分别输入白色文字,制作完整后的最终效果如图16-2-26所示。

图16-2-26 最终效果

16.3 地产广告

本实例主要制作一个"地产广告"(第16章\源文件\16.3地产广告.psd)。本实例主要运用"图层蒙版"以及【画笔工具】等将几幅素材图片组合在一起,然后通过【亮度/对比度】、【色相/饱和度】、【曲线】命令等分别对图片的色彩进行调整,展示出一幅美丽动人的景象,最后在广告中添加文字信息,完成"地产广告"的制作。

16.3.1 设计思路

房地产广告在生活中是随处可见的,也是广告设计的一个常见种类。在设计地产广告之前,首先需要考虑销售楼盘的"概念"、"思路"等,其次了解市场、楼盘、消费者等基本概况,对这些信息进行分析,整理出一套在广告中向消费者表达的信息和主题,同时也要考虑如何使用优美的画卷和诱人的主题来吸引消费者的眼球,广告的最终目的是让消费者有想消费的想法。

本例制作的流程图如图16-3-1所示。

图16-3-1 制作的流程图

16.3.2 制作步骤

① 执行【文件】→【新建】命令,打开【新建】对话框,设置"名称"为地产广告,"宽度"为12厘米,"高度"为8厘米,"分辨率"为150像素\英寸,"颜色模式"为RGB颜色,

"背景内容"为白色，如图16-3-2所示。

②设置"前景色"为褐色（R:48，G:8，B:0），按"Alt+Delete"组合键，填充"背景"如图16-3-3所示。

图16-3-2 新建文件

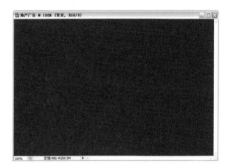

图16-3-3 填充"背景"颜色

③执行【文件】→【打开】命令，或按"Ctrl+O"组合键，打开配套光盘"第16章\素材\16.3"中的素材图片"湖水.tif"，如图16-3-4所示。

④选择工具箱中的【移动工具】 ，将素材拖移到"地产广告"文件中，并按"Ctrl+T"组合键，打开【自由变换】调节框，调整图像的大小和位置，如图16-3-5所示，按Enter键确定。

图16-3-4 打开素材图片"湖水"

图16-3-5 导入"湖水"素材图片

⑤选择工具箱中的【矩形选框工具】 ，在窗口中绘制矩形选区，并单击【图层】面板下方的"添加图层蒙版"按钮 ，为"图层1"添加图层蒙版，效果如图16-3-6所示。

⑥执行【图像】→【调整】→【亮度/对比度】命令，打开【亮度/对比度】对话框，设置其参数为58、51，使图像的亮度和对比度更强烈，单击"确定"按钮，效果如图16-3-7所示。

图16-3-6 添加图层蒙版

图16-3-7 设置【亮度\对比度】参数

提示 　　在蒙版中填充白色,此时的蒙版将成透明状态,图像将不会被蒙版遮罩,如果在蒙版中填充黑色,图像将会被蒙版完全遮罩。当使用选区新建蒙版时,系统自动在蒙版中将选择区域填充为白色,将选区以外的部分填充为黑色。

⑦ 执行【图像】→【调整】→【色相\饱和度】命令,打开【色相\饱和度】对话框,勾选"着色"复选框,并设置其参数为165、40、0,将图像调整成偏绿的单色效果,如图16-3-8所示。

⑧ 执行【文件】→【打开】命令,或按"Ctrl+O"组合键,打开配套光盘"第16章\素材\16.3"中的素材图片"湖边风景1.tif",如图16-3-9所示。

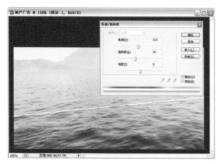

图16-3-8 设置【色相\饱和度】参数　　　　　图16-3-9 打开素材图片"湖边风景1"

⑨ 选择工具箱中的【移动工具】，将素材拖移到"地产广告"文件中,并按"Ctrl+T"组合键,打开【自由变换】调节框,调整图像的大小和位置,如图16-3-10所示,按Enter键确定。

⑩ 按住Ctrl键不放,单击"图层1"的图层蒙版缩览图窗口,载入蒙版选区,如图16-3-11所示。

图16-3-10 导入"湖边风景"素材图片　　　　图16-3-11 载入蒙版选区

⑪ 单击【图层】面板下方的"添加图层蒙版"按钮 ，为"图层2"添加图层蒙版,并选择工具箱中【画笔工具】 ，在蒙版中绘制黑色,效果如图16-3-12所示。

⑫ 执行【图像】→【调整】→【曲线】命令,打开【曲线】对话框,并调整"曲线"如图16-3-13所示,增强图像的亮度和对比度。

⑬ 执行【图像】→【调整】→【色相/饱和度】命令,打开【色相/饱和度】对话框,并设置其参数为-20、37、0,调整图像为偏黄色,效果如图16-3-14所示。

⑭ 执行【文件】→【打开】命令,或按"Ctrl+O"组合键,打开配套光盘"第16章\素材\16.3"中的素材图片"湖边风景2.tif",如图16-3-15所示。

图16-3-12 绘制黑色

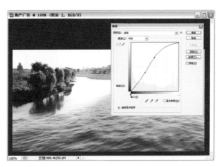

图16-3-13 调整"曲线"

图16-3-14 设置【色相\饱和度】参数

图16-3-15 打开素材图片"湖边风景2"

⑮ 选择工具箱中的【移动工具】 ，将素材拖移到"地产广告"文件中，并按"Ctrl+T"组合键，打开【自由变换】调节框，调整图像的大小和位置，如图16-3-16所示，按Enter键确定。

⑯ 使用同样的方法，在"图层3"中添加图层蒙版，并使用工具箱中的【画笔工具】 ，在蒙版中绘制黑色，效果如图16-3-17所示。

图16-3-16 导入"湖边风景2"素材图片

图16-3-17 编辑蒙版

⑰ 执行【图像】→【调整】→【曲线】命令，打开【曲线】对话框，并调整"曲线"如图16-3-18所示。

⑱ 执行【图像】→【调整】→【色相/饱和度】命令，打开【色相/饱和度】对话框，设置其参数为-10、18、0，将图像颜色调整成偏黄色，效果如图16-3-19所示。

⑲ 执行【文件】→【打开】命令，或按"Ctrl+O"组合键，打开配套光盘"第16章\素材\16.3"中的素材图片"建筑.tif"，如图16-3-20所示。

⒇ 选择工具箱中的【魔棒工具】，在图片中单击鼠标，选择天空区域如图16-3-21所示。

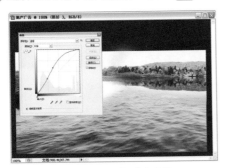

图16-3-18 调整"曲线"

图16-3-19 设置【色相\饱和度】参数

提示 在选择【魔棒工具】 时，可以对属性栏上的"容差"参数进行调整，根据不同图片的需要来设置参数，设置的容差值越大，在图像中选择的颜色范围越大；设置的容差值越小，在图像中设置的颜色范围越小。

图16-3-20 打开素材图片"建筑"

图16-3-21 选择天空区域

(21) 按"Ctrl+Shift+I"组合键，执行【反向】命令，反选图像如图16-3-22所示。

(22) 选择工具箱中的【移动工具】，将选区图像拖移到"地产广告"文件中，并按"Ctrl+T"组合键，打开【自由变换】调节框，调整图像的大小和位置，如图16-3-23所示，按Enter键确定。

图16-3-22 反选图像

图16-3-23 导入"建筑"素材图片

(23) 使用同样的方法，在"图层4"中添加图层蒙版，并使用工具箱中【画笔工具】，在蒙版中绘制黑色，效果如图16-3-24所示。

㉔ 执行【图像】→【调整】→【曲线】命令，打开【曲线】对话框，并调整"曲线"如图16-3-25所示，增强图像的亮度和对比度，使建筑物更清晰明亮。

图16-3-24 编辑蒙版

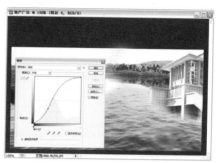
图16-3-25 调整"曲线"

㉕ 选择"图层1"，使用工具箱中的【减淡工具】，在图片中涂抹，调整图片颜色如图16-3-26所示。

㉖ 新建"图层5"，按住Ctrl键不放，单击"图层1"的图层蒙版缩览图窗口，载入蒙版选区，使用工具箱中【画笔工具】，在选区中分别绘制颜色，效果如图16-3-27所示。

图16-3-26 调整图片蓝色

图16-3-27 绘制合适颜色

㉗ 新建"图层6"，设置"前景色"为蓝色（R:6，G:92，B:153），选择工具箱中【画笔工具】，在选区中绘制颜色，如图16-3-28所示。

㉘ 设置"图层6"的"图层混合模式"为叠加，效果如图16-3-29所示。

图16-3-28 绘制蓝色

图16-3-29 设置"图层混合模式"：叠加

㉙ 新建"图层7"，设置前景色为淡黄色（R:242，G:242，B:188），选择工具箱中的【矩形选框工具】，在窗口中绘制矩形选区，并按"Alt+Delete"组合键，填充选区颜色如图16-3-30所示。

30 执行【文件】→【打开】命令，或按"Ctrl+O"组合键，打开配套光盘"第16章\素材\16.3"中的素材图片"标志.tif"，如图16-3-31所示。

图16-3-30 填充选区颜色为淡黄色

图16-3-31 打开素材图片"标志"

31 选择工具箱中的【移动工具】 ，将素材拖移到"地产广告"文件中，并按"Ctrl+T"组合键，打开【自由变换】调节框，调整图像的大小和位置，如图16-3-32所示，按Enter键确定。

32 执行【文件】→【打开】命令，或按"Ctrl+O"组合键，打开配套光盘"第16章\素材\16.3"中的素材图片"地图.tif"，如图16-3-33所示。

图16-3-32 导入"标志"素材图片

图16-3-33 打开素材图片"地图"

图16-3-34 导入"地图"素材图片

33 选择工具箱中的【移动工具】 ，将素材拖移到"地产广告"文件中，调整图像的大小和位置，并设置"图层混合模式"为正片叠底，效果如图16-3-34所示。

34 选择工具箱中的【横排文字工具】 T ，设置"前景色"为淡黄色（R:242，G:242，B:188），在窗口中输入文字，如图16-3-35所示。

35 使用以上方法，在广告中输入文字信息，制作完成后的最终效果如图16-3-36所示。本案例视频文件保存在"第16章\视频\16.3地产广告.avi"，有助于读者更深入学习本案例的绘制过程。

图16-3-35 输入文字

图16-3-36 最终效果

第17章
海报设计

　　海报是现代生活中非常普遍的一种传媒工具，又称为"招贴"或"宣传画"，属于户外广告的一种，常常出现在各街道、影剧院、展览会、公园等公共场所。海报包括的种类很多，如电影海报、商品促销海报等，其中运用最多的是商业海报，主要目的是吸引众人的目光，给广大消费者传达诱人的信息，让看海报的消费者产生消费的欲望。如今形形色色的商业海报设计，基本要素有三点：主题信息要简明富有号召力，图形要概括有力，色彩要鲜明醒目。

　　本章学习如何利用Photoshop CS3软件制作海报，结合海报的三个基本要素，为读者分别展示了"地产海报"、"电影海报"、"怀旧效果海报"三个实例的制作，通过这些海报的设计，读者能从中吸取实战的经验，同时能够掌握新的知识点和操作技巧。

17.1 地产海报

　　本实例讲解"地产海报"的制作（第17章\源文件\17.1地产海报.psd）。本实例通过【调整】菜单下的命令，以及【减淡工具】、【加深工具】工具的配合使用，对背景的色调进行调整，使画面和颜色更加明快清晰，同时使用【画笔工具】在宽阔的海洋中添加一些点缀的闪烁效果，让整幅画面展示出动人的画卷。最后使用【横排文字工具】在海报中添加主题和宣传信息。

17.1.1 设计思路

　　本例是一个房地产的宣传广告，除了在画面上要达到吸引顾客眼球的目的，还要注意地产广告构成的要素。首先是标题，一个具有吸引力的标题能使观者注目，它是画龙点睛之笔。标题一般较大，并且安排在比较醒目的位置。其次是地产相关信息，介绍该地产的理念、小区情况、周边环境等，有的海报还会给出一幅简单的地图。最后是地产开发商的各项相关信息，比如标志、销售电话、地址等。

　　本例制作的流程图如图17-1-1所示。

图17-1-1 制作的流程图

17.1.2 制作步骤

① 执行【文件】→【新建】命令，打开【新建】对话框，设置"名称"为地产海报，"宽度"为18.5厘米，"高度"为15厘米，"分辨率"为150像素/英寸，"颜色模式"为RGB颜色，"背景内容"为白色，如图17-1-2所示。

② 设置"前景色"为深蓝色（R:14，G:32，B:42），按"Alt+Delete"组合键，填充"背景"，如图17-1-3所示。

图17-1-2 新建文件

图17-1-3 填充"背景"

③ 执行【文件】→【打开】命令，或按"Ctrl+O"组合键，打开配套光盘"第17章\素材\17.1"中的素材图片"海面风景.tif"，如图17-1-4所示。

④ 选择工具箱中的【移动工具】，将素材拖移到"地产海报"文件中，并调整图片的位置，如图17-1-5所示。

图17-1-4 打开素材图片"海面风景"

图17-1-5 调整图片的位置

⑤ 执行【图像】→【调整】→【色相/饱和度】命令，打开【色相/饱和度】对话框，勾选"着色"复选框，并设置其参数为195、48、0，将图像调整成偏蓝的单色效果，如图17-1-6所示。

⑥ 使用工具箱中的【减淡工具】 和【加深工具】 ，分别对图片进行涂抹，调整图片的颜色如图17-1-7所示。

> （提示） 在此使用【减淡工具】 和【加深工具】 ，对图片的颜色进行调整，主要是将图片中的亮部和暗部区分出来，使对比更加强烈，让中心位置更突出。

图17-1-6 设置【色相/饱和度】参数

图17-1-7 调整图片的颜色

⑦ 选择工具箱中的【矩形选框工具】 ，在窗口中绘制矩形选区，并按Delete键，删除选区内容，如图17-1-8所示。

⑧ 选择工具箱中的【画笔工具】 ，在属性栏上单击"切换画笔调板"按钮 ，打开【画笔预设】对话框，并选中"画笔笔尖形状"复选框，分别设置参数如图17-1-9所示。

⑨ 勾选【画笔预设】对话框中的"形状动态"复选框，分别设置参数如图17-1-10所示。

图17-1-8 删除选区内容

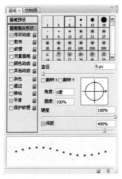

图17-1-9 设置"画笔笔尖形状"参数

图17-1-10 设置"形状动态"参数

⑩ 勾选【画笔预设】对话框中的"散布"复选框，分别设置参数如图17-1-11所示。

⑪ 新建"图层2"，设置"前景色"为白色，并在海面上拖动鼠标，绘制原点图形如图17-1-12所示。

图17-1-11 设置"散布"参数

图17-1-12 绘制原点图形

⑫ 在【图层】面板双击该图层，打开【图层样式】对话框，选择"外发光"复选框，并设置其参数如图17-1-13所示。

⑬ 添加"外发光"后的图像效果，如图17-1-14所示。

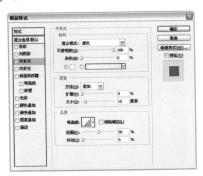
图17-1-13 设置"外发光"参数

图17-1-14 添加"外发光"后的图像效果

⑭ 新建"图层3"，选择工具箱中【画笔工具】，并在其属性栏选择"交叉排线"画笔，在海面上添加闪烁效果，如图17-1-15所示。

⑮ 执行【文件】→【打开】命令，或按"Ctrl+O"组合键，打开配套光盘"第17章\素材\17.1"中的素材图片"建筑.tif"，如图17-1-16所示。

图17-1-15 添加闪烁效果

图17-1-16 打开素材图片"建筑"

16 选择工具箱中的【移动工具】 ，将素材拖移到"地产海报"文件中，并按"Ctrl+T"组合键，打开【自由变换】调节框，调整图像的大小和位置，如图17-1-17所示，按Enter键确定。

17 执行【图像】→【调整】→【去色】命令，去掉图片颜色，并选择工具箱中的【减淡工具】 ，调整图片颜色，效果如图17-1-18所示。

图17-1-17 调整图像的大小和位置

图17-1-18 调整图片颜色

18 选择工具箱中的【橡皮擦工具】 ，对图片进行擦除处理，如图17-1-19所示。

19 设置"前景色"为深蓝色（R:82，G:117，B:145），选择工具箱中的【横排文字工具】 ，在窗口中输入文字，如图17-1-20所示。

图17-1-19 擦除处理

图17-1-20 输入文字

20 用同样的方法，在窗口中分别输入文字，并调整文字的大小和位置，如图17-1-21所示。

21 选择工具箱中的【钢笔工具】 ，单击属性栏上的【路径】按钮 ，在窗口中绘制路径，如图17-1-22所示。

图17-1-21 调整文字的大小和位置

图17-1-22 绘制路径

使用【钢笔工具】 ，绘制路径时，按住Ctrl键不放，可以快速切换到【直接选择工具】 ，对路径的摇柄进行调整，也可以通过按住Alt键不放，切换到【转换点工具】 ，掌握这两种快捷切换的方法，可以提高绘制路径的效率。

22 新建"图层5"，设置前景色为深蓝色（R:14，G:32，B:42），按"Ctrl+Enter"组合键，将路径转换为选区，并按"Alt+Delete"组合键，填充选区颜色如图17-1-23所示。

23 按"Ctrl+J"组合键，复制多个图形，并分别调整图形的大小和位置，如图17-1-24所示。

图17-1-23 填充选区颜色

图17-1-24 调整图形的大小和位置

24 执行【文件】→【打开】命令，或按"Ctrl+O"组合键，打开配套光盘"第17章\素材\17.1"中的素材图片"海鸥.tif"，如图17-1-25所示。

25 执行【滤镜】→【抽出】命令，打开【抽出】对话框，并选择对话框中的【缩放工具】 ，放大图片如图17-1-26所示。

图17-1-25 打开素材图片"海鸥"

图17-1-26 放大图片

26 选择对话框中的【边缘高光器工具】 ，设置"画笔大小"为1，在海鸥的边缘上绘制高光线，如图17-1-27所示。

27 绘制完边缘高光线后，选择对话框中的【填充工具】 ，在绘制的高光线中单击鼠标，填充图像如图17-1-28所示。

如果绘制的高光线不是完全闭合的情况下，使用【填充工具】 ，将无法填充所选区域。另外，在对话框中，被"涂抹"和"填充"选择的区域，将是被保留的图像，没有被选择的部分则是不需要的部分。

图17-1-27 绘制高光线

图17-1-28 填充图像

㉘ 单击【抽出】对话框中"确定"按钮后，将成功抠选出海鸥图片，如图17-1-29所示。

㉙ 选择工具箱中的【移动工具】，将素材拖移到"地产海报"文件中，并按"Ctrl+T"组合键，打开【自由变换】调节框，调整图像的大小和位置，如图17-1-30所示，按Enter键确定。

图17-1-29 抠选出的海鸥图片

图17-1-30 调整图像的大小和位置

㉚ 执行【文件】→【打开】命令，或按"Ctrl+O"组合键，打开配套光盘"第17章\素材\17.1"中的素材图片"标志.tif"，如图17-1-31所示。

㉛ 选择工具箱中的【移动工具】，将素材拖移到"地产海报"文件中，并按"Ctrl+T"组合键，打开【自由变换】调节框，调整图像的大小和位置，如图17-1-32所示，按Enter键确定。

图17-1-31 打开素材图片"标志"

图17-1-32 调整图像的大小和位置

㉜ 选择工具箱中的【横排文字工具】，设置"前景色"为白色，在窗口中输入文字信息，制作完成后的最终效果如图17-1-33所示。

图17-1-33 最终效果

17.2 电影海报

本实例讲解一幅"电影海报"的制作过程（第17章\源文件\17.2电影海报.psd）。本实例主要通过【亮度/对比度】、【色彩平衡】、【色阶】、【曲线】等命令对海报中的苹果颜色进行调整。运用【橡皮擦工具】、【画笔工具】、【减淡工具】和"图层混合模式"等将素材"烟云"融入到其中，为海报营造出魔幻的视觉感受。

17.2.1 设计思路

电影海报的设计讲求主题鲜明，能充分体现电影类型和内容，画面新颖别致，能激起消费者的好奇心，具有强烈的视觉冲击力，能吸引消费者的眼球。既然是电影海报，那么必不可少的是电影名称，一般电影名称采用较大的字体，其次是小字体介绍电影的导演、演员等，有时还会对电影的故事情节作简单的描述。值得注意的是，在设计电影海报的时候，画布的尺寸和海报的尺寸一样，一般要保证素材图片的像素达到300dpi。海报尺寸设置要与打印输出的相同，以保证画面不会模糊，并且图像的模式应设置为CMKY模式。

本例制作的流程图如图17-2-1所示。

 本例只讲述海报的制作方法，所以尺寸没有按照正规尺寸设置，并且依旧采用RGB模式制作。

图17-2-1 制作的流程图

17.2.2 处理背景和苹果颜色

① 执行【文件】→【新建】命令，打开【新建】对话框，设置"名称"为电影海报，"宽度"为13厘米，"高度"为20厘米，"分辨率"为150像素/英寸，"颜色模式"为RGB颜色，"背景内容"为白色，如图17-2-2所示。

② 设置"前景色"为黑色，按"Alt+Delete"组合键，填充"背景"如图17-2-3所示。

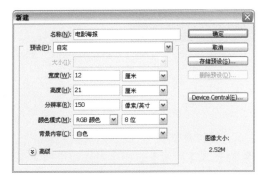

图17-2-2 新建文件   图17-2-3 填充"背景"颜色

③ 执行【文件】→【打开】命令，或按"Ctrl+O"组合键，打开配套光盘"第17章\素材\17.2"中的素材图片"月亮背景.tif"，如图17-2-4所示。

④ 选择工具箱中的【移动工具】，将素材拖移到"电影海报"文件中，并按"Ctrl+T"组合键，打开【自由变换】调节框，调整图像的大小和位置，如图17-2-5所示，按Enter键确定。

⑤ 执行【图像】→【调整】→【亮度/对比度】命令，打开【亮度/对比度】对话框，设置其参数为25、23，单击"确定"按钮，并设置【图层】面板上的"不透明度"为80%，效果如图17-2-6所示。

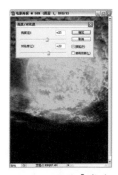

图17-2-4 打开素材图片"月亮背景"   图17-2-5 导入"月亮背景"   图17-2-6 设置【亮度/
                                                素材图片   对比度】参数

⑥ 执行【文件】→【打开】命令，或按"Ctrl+O"组合键，打开配套光盘"第17章\素材\17.2"中的素材图片"夜景.tif"，如图17-2-7所示。

⑦ 选择工具箱中的【移动工具】，将素材拖移到"电影海报"文件中，并按"Ctrl+T"组合键，打开【自由变换】调节框，调整图像的大小和位置，如图17-2-8所示，按Enter键确定。

⑧ 选择工具箱中的【橡皮擦工具】，将素材边缘擦除，如图17-2-9所示。

图17-2-7 打开素材图片"夜景"

图17-2-8 导入"夜景"
素材图片

图17-2-9 擦除素材边缘

执行【文件】→【打开】命令，或按"Ctrl+O"组合键，打开配套光盘"第17章\素材\17.2"中的素材图片"人物.tif"，如图17-2-10所示。

选择工具箱中的【磁性套索工具】，沿着人物的外轮廓移动鼠标，绘制选区如图17-2-11所示。

选择工具箱中的【移动工具】，将选区图片拖移到"电影海报"文件中，并按"Ctrl+T"组合键，打开【自由变换】调节框，调整图像的大小和位置，如图17-2-12所示，按Enter键确定。

 在使用【磁性套索工具】时，如果所选图像边缘不够明显，有工具不能计算的边缘位置，可以在当前位置单击鼠标，通过手动添加节点。此外，如果有工具计算错误的位置，可以通过按Delete键，删除计算错误的节点。

图17-2-10 打开素材图片"人物"

图17-2-11 绘制选区

图17-2-12 导入"人物"素材图片

选择工具箱中的【橡皮擦工具】，在窗口中擦除图像边缘，如图17-2-13所示。

执行【图像】→【调整】→【色阶】命令，打开【色阶】对话框，在对话框中设置其参数为41、1.12、253，加强图像的对比度，效果如图17-2-14所示。

选择工具箱中的【钢笔工具】，单击属性栏上的【路径】按钮，在窗口中绘制路径，如图17-2-15所示。

图17-2-13 擦除图像边缘

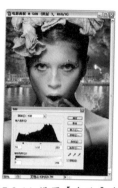

图17-2-14 设置【色阶】参数

图17-2-15 绘制路径

⑮ 按"Ctrl+Enter"组合键，将路径转换为选区，选择苹果，并按"Ctrl+J"组合键，将选区图像复制到新建"图层4"中，如图17-2-16所示。

⑯ 执行【图像】→【调整】→【色相/饱和度】命令，打开【色相/饱和度】对话框，勾选"着色"复选框，并设置其参数为–56、29、2，使青色的苹果变为红色，效果如图17-2-17所示。

图17-2-16 复制选区图像

图17-2-17 设置【色相/饱和度】参数

⑰ 执行【图像】→【调整】→【曲线】命令，打开【曲线】对话框，并调整"曲线"参数，使苹果的颜色更加红亮鲜艳，效果如图17-2-18所示。

⑱ 选择工具箱中的【钢笔工具】，在窗口中沿着指甲的外轮廓绘制路径，如图17-2-19所示。

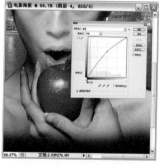

图17-2-18 调整"曲线"

图17-2-19 绘制路径

⑲ 新建"图层5"，按"Ctrl+Enter"组合键，将路径转换为选区，设置"前景色"为黑色，并按"Alt+Delete"组合键，填充选区颜色，将指甲处理为黑色，如图17-2-20所示。

⑳ 新建"图层6"，设置"前景色"为白色，选择工具箱中【画笔工具】 ✐ ，在指甲图形上绘制白色高光图形，塑造指甲亮度，效果如图17-2-21所示。

图17-2-20 填充选区颜色

图17-2-21 绘制白色高光图形

㉑ 选择工具箱中的【橡皮擦工具】 ✐ ，对高光图形进行擦除，让高光效果表现得更自然，如图17-2-22所示。

㉒ 使用以上同样的方法，在其他指甲图形上制作高光效果，如图17-2-23所示。

图17-2-22 擦除高光图形

图17-2-23 制作高光效果

17.2.3 制作烟云合成效果

① 新建"图层7"，按"D"键，将工具箱下方的"前景色"与"背景色"恢复成默认的"黑/白"色，并执行【滤镜】→【渲染】→【云彩】命令，制作云彩效果，如图17-2-24所示。

② 选择工具箱中的【橡皮擦工具】 ✐ ，擦除云彩效果，如图17-2-25所示。

③ 设置"图层7"的"图层混合模式"为滤色，效果如图17-2-26所示。

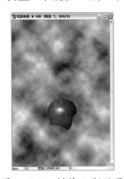

图17-2-24 制作云彩效果　　图17-2-25 擦除云彩效果　图17-2-26 设置"图层混合模式"：滤色

④ 按住Ctrl键不放，单击"图层7"的缩览图窗口，载入图形外轮廓选区，如图17-2-27所示。

⑤ 单击【图层】面板下方的"创建新的填充或调整图层"按钮 ⚫️，在弹出的快捷菜单中执行【色相/饱和度】命令，打开【色相/饱和度】对话框，勾选"着色"复选框，并设置其参数为211、51、0，效果如图17-2-28所示。

图17-2-27 载入图形外轮廓选区

图17-2-28 设置【色相/饱和度】参数

⑥ 执行【文件】→【打开】命令，或按"Ctrl+O"组合键，打开配套光盘"第17章\素材\17.2"中的素材图片"烟云.tif"，如图17-2-29所示。

⑦ 选择工具箱中的【移动工具】 ➤，将素材拖移到"电影海报"文件中，并调整图像的位置，如图17-2-30所示。

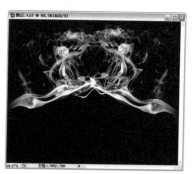

图17-2-29 打开素材图片"烟云"

图17-2-30 调整图像的位置

⑧ 设置"图层8"的"图层混合模式"为滤色，制作烟雾效果，如图17-2-31所示。

⑨ 选择工具箱中的【橡皮擦工具】 ⚫️，擦除烟云图片，使烟雾效果的过渡更自然，如图17-2-32所示。

⑩ 新建"图层9"，设置"前景色"为浅蓝色（R:165，G:179，B:230），按住Ctrl键不放，单击"图层4"的缩览图窗口，载入图形外轮廓选区，并选择工具箱中【画笔工具】 ✎，在选区边缘绘制颜色，为苹果添加蓝色的环境色，如图17-2-33所示。

⑪ 选择工具箱中的【减淡工具】 ⚫️，在选区图形上涂抹，调整出苹果边缘的高光，效果如图17-3-34所示。

图17-2-31 设置"图层混合模式":滤色

图17-2-32 擦除烟云图片

图17-2-33 绘制浅蓝色

图17-2-34 调整颜色

⑫ 新建"图层10",设置"前景色"为白色,选择工具箱中【画笔工具】，设置属性栏上的"不透明度"和"流量"都为50%,并在苹果边缘涂抹,刻画烟雾层次感,如图17-2-35所示。

⑬ 按住Ctrl键不放,单击"图层3"的缩览图窗口,载入图形外轮廓选区,并执行【选择】→【修改】→【扩展】命令,打开【扩展选区】对话框,设置其参数为20像素,如图17-2-36所示。

⑭ 新建"图层11",将其拖动到人物素材的下面,执行【选择】→【修改】→【羽化】命令,打开【羽化选区】对话框,设置其参数为15像素,使选区的边缘柔和。设置"前景色"为浅蓝色（R:90，G:153，B:205），并填充选区颜色,制作人物发光效果,如图17-2-37所示。

图17-2-35 绘制白色

图17-2-36 设置【扩展】参数　图17-2-37 设置【羽化】参数

⑮ 新建"图层12",设置"前景色"为浅蓝色（R:165，G:179，B:230），选择工具箱中【画笔工具】，设置属性栏上的"不透明度"和"流量"都为100%,并在人物边缘绘制颜色,如图17-2-38所示。

⓰ 选择工具箱中的【减淡工具】 🔍 ，在图形边缘涂抹，以调整发光颜色的层次感，效果如图17-2-39所示。

⓱ 新建"图层12"于最上层，设置"前景色"为蓝色（R:32，G:149，B:254），选择工具箱中【画笔工具】 ✏️ ，在窗口中绘制颜色如图17-2-40所示。

图17-2-38 绘制浅蓝色　　　　图17-2-39 调整颜色层次感效果　　　　图17-2-40 绘制蓝色

⓲ 设置"图层13"的"图层混合模式"为色相，将土黄色的头巾晕染成蓝色，使其与整体效果更融合，如图17-2-41所示。

⓳ 新建"图层14"，设置"前景色"为蓝色（R:69，G:163，B:200），选择工具箱中【画笔工具】 ✏️ ，在窗口中绘制颜色如图17-2-42所示。

⓴ 设置"图层14"的"图层混合模式"为颜色，制作夸张的蓝色眼妆，效果如图17-2-43所示。

图17-2-41 设置"图层混合模式"：　　　图17-2-42 绘制蓝色　　　　图17-2-43 设置"图层混合
　　　　　　　色相　　　　　　　　　　　　　　　　　　　　　　　　　　模式"：颜色

㉑ 新建"图层15"，设置"前景色"为深蓝色（R:12，G:83，B:137），选择工具箱中【画笔工具】 ✏️ ，在窗口中绘制颜色如图17-2-44所示。

㉒ 设置"图层15"的"图层混合模式"为正片叠底，增强画面整体的层次，效果如图17-2-45所示。

㉓ 选择工具箱中的【画笔工具】 ✏️ ，在属性栏上单击"切换画笔调板"按钮 📋 ，打开【画笔预设】对话框，并选中"画笔笔尖形状"复选框，分别设置参数如图17-2-46所示。

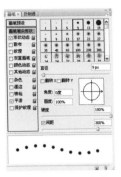

图17-2-44 绘制深蓝色　　图17-2-45 设置"图层混合　　图17-2-46 设置"画笔笔尖形状"
　　　　　　　　　　　　　　　模式":正片叠底　　　　　　　　参数

㉔ 勾选【画笔预设】对话框中的"形状动态"复选框,分别设置参数如图17-2-47所示。

㉕ 勾选【画笔预设】对话框中的"散布"复选框,分别设置参数如图17-2-48所示。

㉖ 新建"图层16",设置"前景色"为白色,并在窗口中拖动鼠标,绘制星星点点的装饰图形如图17-2-49所示。

图17-2-47 设置"形状动态"参数　　图17-2-48 设置"散布"参数　　图17-2-49 绘制原点图形

㉗ 设置【图层】面板上的"不透明度"为60%,效果如图17-2-50所示。

㉘ 执行【文件】→【打开】命令,或按"Ctrl+O"组合键,打开配套光盘"第17章\素材\17.2"中的素材图片"主题文字.tif",如图17-2-51所示。

㉙ 选择工具箱中的【移动工具】,将素材拖移到"电影海报"文件中,并调整图像的大小和位置,制作完成后的最终效果如图17-2-52所示。

图17-2-50 设置"不透明度"　　图17-2-51 打开素材图片"主题文字"　　图17-2-52 最终效果

17.3 怀旧效果海报

本实例讲解一幅"怀旧效果海报"的制作（第17章\源文件\17.3怀旧效果海报.psd）。本实例通过【曲线】、【云彩】、【亮度/对比度】和【去色】等命令对图片的颜色进行处理。并且运用了【画笔工具】、【纹理化】、【云彩】和"图层混合模式"等在海报中添加一些陈旧的纹理效果，最后通过文字的搭配，制作出一幅怀旧风格的海报。

17.3.1 设计思路

本例其实也是一个电影海报，在之前的学习中读者已经掌握了电影海报制作的基本要点，那么这个新的海报也就差不多了。而本例的看点在于"怀旧"的感觉，那些泛黄的回忆、老旧的照片都能给我们启示。赫黄的基色是怀旧风格的主打色调，色彩简单明了，一般只采用黑、白、黄三种颜色来表现，斑驳的色块、隐约可见的划痕，都是打造怀旧效果的利器。学习了很多色彩明丽的案例，本例将带领读者领略到单色的独特魅力。

本例制作的流程图如图17-3-1所示。

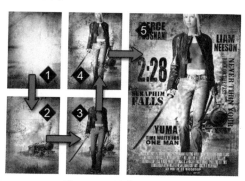

图17-3-1 制作的流程图

17.3.2 处理图像颜色

❶ 执行【文件】→【打开】命令，或按"Ctrl+O"组合键，打开配套光盘"第17章\素材\17.3"中的素材图片"墙壁.tif"，如图17-3-2所示。

❷ 执行【图像】→【调整】→【曲线】命令，打开【曲线】对话框，并调整"曲线"参数，加强背景色的亮度，如图17-3-3所示。

图17-3-2 打开素材图片"墙壁"

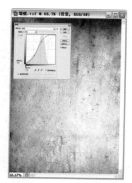

图17-3-3 调整"曲线"

③ 执行【滤镜】→【纹理】→【纹理化】命令，打开【纹理化】对话框，并分别设置"纹理"为画布，设置其参数为156、3，设置"光照"为右下，打造出背景的纹理质感，如图17-3-4所示。

④ 使用工具箱中的【减淡工具】 🔍 和【加深工具】 ✏ ，分别对图片进行涂抹，调整图片的颜色，使其明暗有致、对比突出，效果如图17-3-5所示。

图17-3-4 设置【纹理化】参数　　　　　　　图17-3-5 调整图片的颜色

⑤ 执行【文件】→【打开】命令，或按"Ctrl+O"组合键，打开配套光盘"第17章\素材\17.3"中的素材图片"火车.tif"，如图17-3-6所示。

⑥ 选择工具箱中的【移动工具】 ▶♣ ，将素材拖移到"墙壁"文件中，并按"Ctrl+T"组合键，打开【自由变换】调节框，调整图像的大小和位置，如图17-3-7所示，按Enter键确定。

⑦ 选择工具箱中的【橡皮擦工具】 ⬛ ，对图片进行擦除处理，将素材融合到背景图像中，如图17-3-8所示。

图17-3-6 打开素材图片"火车"　　　图17-3-7 导入"火车"素材图片　　　图17-3-8 擦除图片

⑧ 新建"图层2"，选择工具箱中【画笔工具】 ✏ ，并在其属性栏选择"圆形硬毛刷"画笔，设置"前景色"为棕色（R:150，G:128，B:47），在窗口中绘制斑驳的锈迹，如图17-3-9所示。

⑨ 新建"图层3"，选择工具箱中【画笔工具】 ✏ ，并在其属性栏选择"硬画布蜡笔"画笔，设置"前景色"为棕色（R:104，G:24，B:25），在窗口中绘制斑驳的锈迹，如图17-3-10所示。

⑩ 执行【文件】→【打开】命令，或按"Ctrl+O"组合键，打开配套光盘"第17章\素材\17.3"中的素材图片"主题人物.tif"，如图17-3-11所示。

图17-3-9 圆形硬光刷绘制棕色

图17-3-10 硬画布蜡笔绘制棕色

图17-3-11 打开素材图片"主题人物"

⑪ 选择工具箱中的【钢笔工具】，单击属性栏上的【路径】按钮，在窗口中绘制路径，如图17-3-12所示。

⑫ 按"Ctrl+Enter"组合键，将路径转换为选区，选择人物，选择工具箱中的【移动工具】，将选区图片拖移到"墙壁"文件中，并按"Ctrl+T"组合键，打开【自由变换】调节框，调整图像的大小和位置，如图17-3-13所示，按Enter键确定。

⑬ 执行【图像】→【调整】→【去色】命令，去掉图片颜色，使其成灰度效果显示，如图17-3-14所示。

 按"Ctrl+Shift+U"组合键，可以直接执行"去色"命令。

图17-3-12 绘制路径

图17-3-13 导入"主题人物"素材图片

图17-3-14 去掉图片颜色

⑭ 执行【图像】→【调整】→【亮度/对比度】命令，打开【亮度/对比度】对话框，设置参数为40、10，加强图像对比度，效果如图17-3-15所示。

 执行滤镜中的【云彩】命令，它所产生的效果是随机的，其中效果的"颜色"是根据工具箱下方"前景色"与"背景色"的变化而变化的。

⑮ 单击【图层】面板下方的"创建新的填充或调整图层"按钮，在弹出的快捷菜单中执行【色相/饱和度】命令，打开【色相/饱和度】对话框，在对话框中勾选"着色"复选框，设置其参数为35、30、0，图像呈现出泛黄的做旧效果，如图17-3-16所示。

⑯ 按"D"键，将工具箱下方的"前景色"与"背景色"恢复成默认的"黑/白"色，并执行【滤镜】→【渲染】→【云彩】命令，制作云彩效果，如图17-3-17所示。

图17-3-15 设置【亮度/对比度】参数　　图17-3-16 设置【色相/饱和度】参数　　　图17-3-17 制作云彩效果

⑰ 设置"图层5"的"图层混合模式"为叠加，增加画面层次，效果如图17-3-18所示。

⑱ 新建"图层6"，选择工具箱中【画笔工具】 🖉 ，并在其属性栏选择"大涂抹炭笔"画笔样式，设置"前景色"为白色，在窗口中绘制图形如图17-3-19所示。

⑲ 设置"图层6"的"图层混合模式"为叠加，表现高光效果，如图17-3-20所示。

图17-3-18 设置"图层混合模式"　　　图17-3-19 绘制图形　　　　图17-3-20 设置"图层混合模式"
　　　　　增加画面层次　　　　　　　　　　　　　　　　　　　　　　　表现高光效果

⑳ 选择工具箱中的【横排文字工具】 T ，设置"前景色"为黑色，在窗口中输入文字，如图17-3-21所示。

㉑ 用同样的方法，在窗口中输入其他文字，制作完成后的最终效果如图17-3-22所示。本案例视频文件保存在"第17章\视频\17.3怀旧效果海报.avi"，有助于读者更深入学习本案例的绘制过程。

图17-3-21 输入文字　　　　　图17-3-22 最终效果

第18章
动画效果

　　GIF的意思是"图像互换格式"，它是一种图像文件格式。GIF最多支持256种色彩的图像。GIF格式的特点是它可以把多幅彩色图像存于一个文件中，并依次显示到屏幕上，就可构成一种简单的动画效果。GIF分为静态和动画两种，它支持透明背景图像，由于GIF格式的文件很小，所以被广泛应用到网络上。

　　本章将通过三个小案例，展示当前比较流行的动画效果，并详细讲解动态图像的制作和输出方法。

18.1　闪烁的心形

　　本实例讲解如何制作"闪烁的心形"的动画图片（第18章\源文件\18.1闪烁的心形.psd）。本实例运用常用工具以及命令，首先制作出"心形"图像以及"文字"、"背景"等静态效果，然后通过【动画】调板和【图层】调板的结合使用，制作出一幅闪烁的动态心形图片。

18.1.1 设计思路

　　本例是一个逐帧动画效果的实例。所谓逐帧动画，即它的每个帧都是关键帧。动画效果的形成是创建的几个帧之间的跳转。逐帧动画可以制作一些非常特别的效果，比如跑步、转身等。动画效果的连续性与两个动作之间的变化帧的多少有紧密关系，帧越多，动画质量越高，文件也会越大。最常见的逐帧动画就是传统动画片。

　　本例制作的流程图如图18-1-1所示。

图18-1-1　制作的流程图

18.1.2 制作步骤

① 执行【文件】→【新建】命令，打开【新建】对话框，设置"名称"为闪烁的心形，"宽度"为4厘米，"高度"为4厘米，"分辨率"为150像素/英寸，"颜色模式"为RGB颜色，"背景内容"为白色，如图18-1-2所示。

② 设置前景色为粉红色（R:254，G:54，B:136），按"Alt+Delete"组合键，填充"背景"颜色，并选择工具箱中的【减淡工具】🔍，调整颜色如图18-1-3所示。

图18-1-2 新建文件

图18-1-3 调整背景图形颜色

③ 新建"图层1"，选择工具箱中【画笔工具】✏️，并在其属性栏选择"粗边圆形钢笔"画笔，设置"前景色"为粉红色（R:254，G:213，B:229），在窗口中的边缘绘制颜色如图18-1-4所示。

④ 新建"图层2"，设置"前景色"为紫红色（R:252，G:102，B:225），选择工具箱中的【自定形状工具】，单击属性栏上的"填充像素"按钮 🔲，在"形状"下拉列表中选择"红桃"图案，并在窗口中拖动鼠标，绘制图形如图18-1-5所示，按"Ctrl+T"组合键调整图形。

⑤ 选择工具箱中的【减淡工具】🔍，在图形上涂抹，调整图像颜色如图18-1-6所示。

图18-1-4 绘制颜色

图18-1-5 绘制心形图形

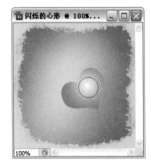

图18-1-6 调整心形图像颜色

⑥ 按住Ctrl键不放，单击"图层2"的缩览图窗口，载入图形外轮廓选区，并执行【选择】→【变换选区】命令，打开【变换选区】调节框，按住"Alt+Shift"组合键不放，拖动调节框的角点，从中心等比放大选区如图18-1-7所示，按Enter键确定。

⑦ 新建"图层3"，设置"前景色"为白色，执行【选择】→【修改】→【羽化】命令，打开【羽化选区】对话框，设置其参数为5像素，并按"Alt+Delete"组合键，填充选区颜色如图18-1-8所示。

⑧ 新建"图层4"，执行【选择】→【修改】→【扩展】命令，打开【扩展选区】对话框，设置其参数为10像素，并填充选区颜色如图18-1-9所示。

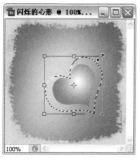

图18-1-7 放大选区

图18-1-8 填充羽化选区颜色

图18-1-9 填充扩展选区颜色

⑨ 执行【选择】→【修改】→【收缩】命令，打开【收缩选区】对话框，设置其参数为5像素，并按Delete键，删除选区内容如图18-1-10所示，按"Ctrl+D"组合键取消选区。

⑩ 按"Ctrl+Alt+T"组合键，打开【自由变换】调节框，并放大复制图形如图18-1-11所示，按Enter键确定。

⑪ 新建"图层5"，使用工具箱中的【画笔工具】 ，在窗口中绘制白色闪烁的星星图形，如图18-1-12所示。

> **注意** 在此放大图形时，需要按住"Alt+Shift"组合键不放，拖动调节框的角点，从中心等比放大图形。

图18-1-10 删除选区内容

图18-1-11 放大复制图形

图18-1-12 绘制星星图形

⑫ 合并除"图层4副本"以外的所有图层，并运用同样的方法，使用工具箱中的【画笔工具】 ，在窗口中绘制白色闪烁的星星图形，如图18-1-13所示。

⑬ 设置"前景色"为粉红色（R:255，G:229，B:239），选择工具箱中的【横排文字工具】 ，在窗口中输入文字，并单击属性栏上的"创建文字变形"按钮 ，打开【变形文字】对话框，设置"样式"为扇形，设置其参数为–30、0、0，如图18-1-14所示。

⑭ 双击"文字"图层，打开【图层样式】对话框，选择"投影"复选框，并设置"颜色"为深紫色（R:160，G:4，B:95），并调整其参数如图18-1-15所示。

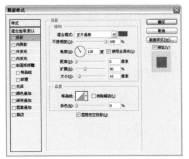

图18-1-13 合并图层并绘制　　图18-1-14 输入文字并变形　　图18-1-15 调整"投影"参数
　　　　　星星图形

⑮ 应用【图层样式】后的文字效果如图18-1-16所示。

⑯ 执行【窗口】→【动画】命令，打开【动画】调板，在"帧1"下方的数字上单击鼠标右键，选择快捷菜单中的"0.2秒"选项，设置"延迟时间"为0.2秒，并在【图层】面板中，单击"图层4副本"的"指示图层可视性"按钮 ，隐藏该图层，如图18-1-17所示。

图18-1-16 应用【图层样式】后的效果　　　图18-1-17 设置"延迟时间"并隐藏图层

⑰ 单击【动画】调板下方的"复制所选帧"按钮 ，新建"帧2"，并单击"图层4副本"的"指示图层可视性"按钮 ，显示该图层，如图18-1-18所示，单击"播放动画"按钮 ，即可播放连续动画。

⑱ 执行【文件】→【存储为Web和设备所用格式】命令或按"Ctrl+Shift+Alt+S"组合键，打开【存储为Web和设备所用格式】对话框，在对话框中单击"保存"按钮，将文件存储为"GIF"格式即可，如图18-1-19所示。

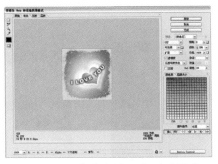

图18-1-18 新建"帧2"并显示图层　　　　图18-1-19 存储为"GIF"动画图片

18.2 动态头像

本实例讲解如何制作一幅"动态头像"效果（第18章\源文件\18.2动态头像.psd）。本实例首选打开一幅图片，然后使用工具箱中的【画笔工具】，在图像中分别绘制线条和原点图像，最后利用【动画】调板中【过渡】命令的特性，在两帧之间创建补间动画效果。

18.2.1 设计思路

本例是一个补间动画实例。补间动画与逐帧动画不同，它是两个关键帧之间的过渡，而非直接跳转。补间动画中至少存在两个关键帧，软件将通过这两个关键帧之间的位移、形状、颜色和不透明度等，进行自动补间，所以看到的补间动画是渐变的、柔和的过程。

本例制作的流程图如图18-2-1所示。

图18-2-1 制作的流程图

18.2.2 制作步骤

① 执行【文件】→【打开】命令，或按"Ctrl+O"组合键，打开配套光盘"第18章\素材\18.2"中的素材图片"头像.tif"，如图18-2-2所示。

② 新建"图层1"，设置"不透明度"为50%，选择工具箱中【画笔工具】，设置"画笔"大小为尖角1像素，在窗口中按住Shift键不放垂直拖动鼠标，绘制白色线条如图18-2-3所示。

③ 新建"图层2"，设置"不透明度"为80%，使用【画笔工具】，在窗口中绘制原点图形如图18-2-4所示。

图18-2-2 打开素材图片"头像"　　图18-2-3 绘制白色线条　　图18-2-4 绘制原点图形

④ 新建"图层3"和"图层4"，单击图层的"指示图层可视性"按钮 👁，隐藏"图层1"和"图层2"，运用同样的方法，使用【画笔工具】 ✏，在窗口中分别绘制不同的线条和原点图形，如图18-2-5所示。

⑤ 在"帧1"下方的数字上单击鼠标右键，选择快捷菜单中的"0.2秒"选项，设置"延迟时间"为0.2秒，并在【图层】面板中，单击图层的"指示图层可视性"按钮 👁，隐藏"图层3"和"图层4"，显示"图层1"和"图层2"如图18-2-6所示。

图18-2-5 绘制线条和原点图形

图18-2-6 设置"延迟时间"并显示图层

⑥ 单击【动画】调板下方的"复制所选帧"按钮 ▣，新建"帧2"，并单击"指示图层可视性"按钮 👁，隐藏"图层1"和"图层2"，显示"图层3"和"图层4"，如图18-2-7所示。

⑦ 单击【动画】调板下方的"过渡动画帧"按钮 ⬡，打开【过渡】对话框，在对话框中设置"要添加的帧数"为3，设置其他参数如图18-2-8所示，单击"确定"按钮。

图18-2-7 新建"帧2"并显示图层

图18-2-8 设置【过渡】参数

⑧ 执行【过渡】命令后，【动作】调板将在"帧1"和"帧2"之间自动生成过渡帧，如图18-2-9所示，单击"播放动画"按钮 ▶，即可播放连续动画。

⑨ 执行【文件】→【存储为Web和设备所用格式】命令或按"Ctrl+Shift+Alt+S"组合键，打开【存储为Web和设备所用格式】对话框，在对话框中单击"保存"按钮，将文件存储为"GIF"格式即可，如图18-2-10所示。

图18-2-9 连续播放动画

图18-2-10 存储为"GIF"动画图片

18.3 闪字动画

本实例讲解"闪字动画"的制作方法（第19章\源文件\18.3闪字动画.psd）。本实例通过【文字工具】和【图层样式】的运用，制作出文字效果，然后运用【画笔工具】以及"图层蒙版"等在文字中添加"杂点"和素材图片，最后通过【动画】调板制作出闪烁文字效果。

18.3.1 设计思路

本例是现在网络上非常流行的闪字动画效果，因为它闪烁的效果非常可爱耀眼，所以广受网友们的好评，通常大家都利用现成的闪字素材制作闪字动画，其实利用Photoshop可以根据自己的喜好来制作更有创意、更具备个性的闪字效果。

本例制作的流程图如图18-3-1所示。

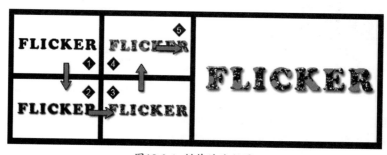

图18-3-1 制作的流程图

18.3.2 制作步骤

❶ 执行【文件】→【新建】命令，打开【新建】对话框，设置"名称"为闪字动画，"宽度"为6厘米，"高度"为4厘米，"分辨率"为150像素/英寸，"颜色模式"为RGB颜色，"背景内容"为白色，如图18-3-2所示。

❷ 选择工具箱中的【横排文字工具】 T ，在窗口中输入文字，如图18-3-3所示。

图18-3-2 新建文件

图18-3-3 输入文字

❸ 双击"文字"图层,打开【图层样式】对话框,选择"斜面和浮雕"复选框,并设置其参数,如图18-3-4所示。

❹ 勾选【图层样式】对话框中的"投影"复选框,分别设置参数,如图18-3-5所示。

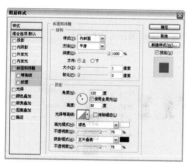

图18-3-4 设置"斜面和浮雕"参数

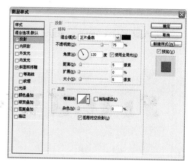

图18-3-5 设置"投影"参数

❺ 新建"图层1",设置"前景色"为白色,选择工具箱中【画笔工具】 ✎,并在其属性栏选择"干画笔尖浅描"画笔,在文字上绘制杂点效果,如图18-3-6所示。

❻ 按住Ctrl键单击"文字"的缩览图,载入文字选区,并单击【图层】面板下方的"添加图层蒙版"按钮 ⬭,添加选区蒙版如图18-3-7所示。

图18-3-6 绘制杂点效果

图18-3-7 添加选区蒙版

❼ 新建"图层2",单击图层的"指示图层可视性"按钮 👁,隐藏"图层1",运用同样的方法,使用【画笔工具】 ✎,在窗口中绘制不同的杂点效果,如图18-3-8所示。

❽ 执行【文件】→【打开】命令,或按"Ctrl+O"组合键,打开配套光盘"第19章\素材\18.3"中的素材图片"心形.tif",如图18-3-9所示。

图18-3-8 绘制不同的杂点效果

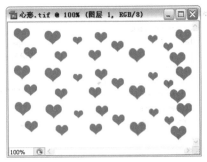

图18-3-9 打开素材图片

⑨ 选择工具箱中的【移动工具】 ，将素材拖移到"闪字动画"文件中，并调整图像的位置，如图18-3-10所示。

⑩ 按住Ctrl键单击"文字"的缩览图，载入文字选区，并单击【图层】面板下方的"添加图层蒙版"按钮 ，添加选区蒙版如图18-3-11所示。

图18-3-10 调整图像的位置

图18-3-11 添加选区蒙版

⑪ 按"Ctrl+J"组合键，创建"图层3副本"，并单击图层缩览图和蒙版缩览图之间的"连接"按钮 ，选择图层缩览图窗口，在窗口中将图形向左移动，如图18-3-12所示。

⑫ 在"帧1"下方的数字上单击鼠标右键，选择快捷菜单中的"0.2秒"选项，设置"延迟时间"为0.2秒，并在【图层】面板中，单击图层的"指示图层可视性"按钮 ，隐藏"图层2"和"图层3副本"，显示"图层1"和"图层3"如图18-3-13所示。

图18-3-12 移动图形

图18-3-13 设置"延迟时间"并显示图层

⑬ 单击【动画】调板下方的"复制所选帧"按钮 ，新建"帧2"，并单击"指示图层可视性"按钮 ，隐藏"图层1"和"图层3"，显示"图层2"和"图层3副本"如图18-3-14所示。

⓮ 执行【文件】→【存储为Web和设备所用格式】命令或按"Ctrl+Shift+Alt+S"组合键，打开【存储为Web和设备所用格式】对话框，在对话框中单击"保存"按钮，将文件存储为"GIF"格式即可，如图18-3-15所示。

图18-3-14 新建"帧2"并显示图层

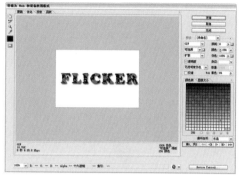

图18-3-15 存储为"GIF"动画图片

电子工业出版社.
PUBLISHING HOUSE OF ELECTRONICS INDUSTRY

《征服 Photoshop CS3 基础与实践全攻略》读者交流区

尊敬的读者：

感谢您选择我们出版的图书，您的支持与信任是我们持续上升的动力。为了使您能通过本书更透彻地了解相关领域，更深入的学习相关技术，我们将特别为您提供一系列后续的服务，包括：

1. 提供本书的修订和升级内容、相关配套资料；
2. 本书作者的见面会信息或网络视频的沟通活动；
3. 相关领域的培训优惠等。

请您抽出宝贵的时间将您的个人信息和需求反馈给我们，以便我们及时与您取得联系。

您可以任意选择以下三种方式与我们联系，我们都将记录和保存您的信息，并给您提供不定期的信息反馈。

1．短信

您只需编写如下短信： B07980+您的需求+您的建议

发送到1066 6666 789（本服务免费，短信资费按照相应电信运营商正常标准收取，无其他信息收费）

为保证我们对您的服务质量，如果您在发送短信24小时后，尚未收到我们的回复信息，请直接拨打电话（010）88254369。

2．电子邮件

您可以发邮件至jsj@phei.com.cn**或**editor@broadview.com.cn。

3．信件

您可以写信至如下地址：北京万寿路173信箱博文视点，邮编：100036。

如果您选择第2种或第3种方式，您还可以告诉我们更多有关您个人的情况，及您对本书的意见、评论等，内容可以包括：

（1）您的姓名、职业、您关注的领域、您的电话、E-mail地址或通信地址；

（2）您了解新书信息的途径、影响您购买图书的因素；

（3）您对本书的意见、您读过的同领域的图书、您还希望增加的图书、您希望参加的培训等。

如果您在后期想退出读者俱乐部，停止接收后续资讯，只需发送"B07980+退订"至10666666789即可，或者编写邮件"B07980+退订+手机号码+需退订的邮箱地址"发送至邮箱：market@broadview.com.cn 亦可取消该项服务。

同时，我们非常欢迎您为本书撰写书评，将您的切身感受变成文字与广大书友共享。我们将挑选特别优秀的作品转载在我们的网站（www.broadview.com.cn）上，或推荐至CSDN.NET等专业网站上发表，被发表的书评的作者将获得价值50元的博文视点图书奖励。

我们期待您的消息！

博文视点愿与所有爱书的人一起，共同学习，共同进步！

通信地址：北京万寿路 173 信箱　博文视点（100036）　　电话：010-51260888

E-mail：jsj@phei.com.cn，editor@broadview.com.cn

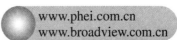

www.phei.com.cn
www.broadview.com.cn

反侵权盗版声明

　　电子工业出版社依法对本作品享有专有出版权。任何未经权利人书面许可，复制、销售或通过信息网络传播本作品的行为；歪曲、篡改、剽窃本作品的行为，均违反《中华人民共和国著作权法》，其行为人应承担相应的民事责任和行政责任，构成犯罪的，将被依法追究刑事责任。

　　为了维护市场秩序，保护权利人的合法权益，我社将依法查处和打击侵权盗版的单位和个人。欢迎社会各界人士积极举报侵权盗版行为，本社将奖励举报有功人员，并保证举报人的信息不被泄露。

举报电话：（010）88254396；（010）88258888

传　　真：（010）88254397

E-mail：　dbqq@phei.com.cn

通信地址：北京市万寿路 173 信箱

　　　　　电子工业出版社总编办公室

邮　　编：100036